AI 시대의

빅데이터 분석과 기계학습

유진은 저

학지사

머리말

AI(Artificial Intelligence: 인공지능), 빅데이터, 기계학습에 대한 근래의 뜨거워진 관심을 반영하여 관련 서적이 우후죽순으로 쏟아져 나오고 있다. 최근 AI와 빅데이터가 전 세계적인 화두가 되면서 한국교원대학교(이하 교원대) 대학원에서 공부하는 현장 교사들이 지역 및 학교급에 관계없이 관심을 가지고 활발하게 의견을 나누는 모습을 볼 수 있다. 어떤 적극적인 교사들은 나에게 추천도서를 문의하기도 한다. 교육학을 포함한 사회과학 분야에서도 AI · 빅데이터와 관련한 책이 속속 번역 · 저술되고 있으나, 대부분 입문용 교양서로 분류된다. 교양서는 전반적인 트렌드를 소개하며 입문자에게 생각할 거리를 던져 줄 수는 있으나, 한 단계 더 높은 수준의 지식을 공부하고 싶은 독자가 필요로 하는 정보는 제공하지 못한다. 반면, AI, 빅데이터, 기계학습을 전공한 학자가 집필한 전문서는 전공자용으로, 대중의 관심과 무관하게 저술되며 전공자만큼 공부하지 않고서는 도무지 따라갈 수가 없는 어려운 수준이다.

이 책은 입문용 교양서와 전공자용 전문서 사이의 간극을 좁히기 위한 실무서로 집필하였다. 통계 및 컴퓨터 프로그래밍에 대한 약간의 배경지식을 가지고 있는 독자를 대상으로 전통적인 자료분석 기법은 물론이고 새로운 기법인 기계학습 기법들을 소개하고 R 프로그램을 활용하여 자료를 분석하는 예시를 제공한다.

매우 다양한 기계학습 기법이 있는데, 이 책은 사회과학 연구에 특화된 기계학습기법을 중심으로 구성하였다. 기계학습에서는 예측을 중시하나, 사회과학 연구에서는 설명도 가능해야 한다. 이를테면, 어떤 학생이 학업성취도가 떨어질 것인지를 단순히 예측하는 데에 그치지 않고 왜 떨어지는지, 어떤 조치를 취해야 할 것인지에 대한 설명이 따라야 하기 때문이다. 따라서 딥러닝, SVM과 같은 블랙박스 모형은 제외하였다.

이 책의 구성을 자세하게 설명하면 다음과 같다. 제1장에서는 빅데이터와 기계학습을 개관하며 주요 용어를 설명하고, 제2장부터 제5장에 걸쳐 주요 프로그램인 R을 기초와 응용으로 나누어 다루었다. 제2장과 제3장에서는 R 기초로 R 객체, 데이터프레임부터 시작하여 척도에 따른 기술통계 산출을 설명한다. R 응용인 제4장과 제5장에서는 자료병합 및 간단한 결측치 대체를 포함한 전처리 전반을 예시와 함께 자세하게 설명하였다. 다음으로 제6장과 제7장에서는 각각 연속형 · 범주형 반응변수에 대한 전통적인 통계분석 기법을 제시하며 이후 설명될 기계학습 기법과 관련된 데이터 분석에 대한 기본 지식 함양을 꾀하였다. 제8장에서는 결측자료 처리 기법을 비모수 기법과 모수 기법의 대표적 기법으로 설명하였다. 제9장에서는 기계학습에서의 모형평가가 어떻게 이루어지는지를 제6장과 제7장의 예시로 설명하였다. 제10장과 제11장에서는 가장 인기 있는 기계학습 기법 중 하나인 랜덤포레스트를 의사결정나무모형과 함께 설명하였다. 제12장과 제13장에서는 벌점회귀모형으로 분류되는 LASSO, ridge, Enet을 다루었다. 랜덤포레스트, 딥러닝과 같은 블랙박스 기법과 달리 벌점회귀모형은 설명이 가능한 기계학습 기법이므로 사회과학 자료분석 시 큰 장점을 지닌다. 제14장과 제15장에서는 사회과학 빅데이터 분석 시 비지도학습 기법으로 널리 쓰이는 텍스트마이닝을 다루었다. 특정 연구자의 특정한 설계 없이 얻는 빅데이터는 연구자가 관심을 가지는 변수의 값을 모르는 경우가 많기 때문에 빅데이터 시대에 비지도학습 기법의 중요성 또한 부각되고 있다. 구체적으로 웹크롤링, 키워드 분석 그리고 토픽모형을 실제 예시와 함께 설명하였다.

2015년 『양적연구방법과 통계분석』, 2019년 『교육평가: 연구하는 교사를 위한 학생평가』에 이어, 2021년 『빅데이터 분석과 기계학습』을 세 번째 국문 단독저서로 출간하게 되었다. 내가 혼자 열심히 공부했다기보다는 많은 분의 도움 또는 희생으로 가능했던 일이라고 생각한다. 먼저, 내가 이렇게 공부할 수 있는 여건을 만들어 주신 부모님과 그 부모님을 있게 한 조부모님 덕이다. 부모님은 IMF 시절에 맏딸을 유학까지 보내 주셨고, 지금은 돌아가신 할아버지와 할머니도 공부 잘하는 손녀를 자랑스럽게 생각하시며 물적 · 정서적 지원을 아끼지 않으셨다. 대학원 시절부터 지금까지 정서적 지지를 보내 준 동생들에게도 감사하는 마음이다. 특히 San Francisco에서의 연구년 때 내가 기계학습 공부에 전념할 수 있도록 집을 공유해 준 동생 부부에게 고마운 마음이 크다. 그 덕에 연구년 기간 동안 편하게 머무르며 세계적인 석학에게서 MOOC만으로는 배울 수 없었던 최신 기계학습 기법들을 배울 수 있었다. 책을 쓴다고 새벽에도, 밤에도, 주말에도 책상 앞에 앉아 있는 아내 · 엄마를 감내해 준 남편과 아들에게도 고맙다.

학부 시절 지도교수이셨던 박성익 교수님과의 인연이 지금까지 이어진 것에도 매우 감사드린다. 박 교수님께서는 첫 번째 책을 출판할 때부터 저서 출판에 관한 여러 유용한 조언을 해 주셨다. 그간 교원대학교 대학원에서 개설한 기계학습 강좌를 듣고 같이 학술지 논문을 쓴 노민정 박사, 권순보, 김형관, 정태순, 구미령 선생에게도 고마운 마음이다. 특히 정태순, 권순보 선생은 이 책의 예시 자료 구성에 많은 도움을 주었다. 김형관, 구미령 선생은 초고를 읽었고, 김은지, 박근혜, 김정열 선생은 편집 및 교정을 도와주었다. 끝으로, 연구에 전념할 수 있는 환경을 제공해 준 한국교원대학교에도 감사드린다. 많은 분의 도움으로 출간된 이 책이 앞으로 AI, 빅데이터, 기계학습을 좀 더 알아 가고 싶은 열정적인 연구자에게 든든한 실무서로서 도움이 되기를 기대한다.

2021년 6월

유진은

인공지능, 빅데이터, 기계학습	개관	제1장. 인공지능, 빅데이터, 기계학습
빅데이터 분석을 위한 R 실습	R 기초	제2장. R 기초 I: R 객체와 데이터프레임
		제3장. R 기초 II: 척도와 기술통계
	R 응용	제4장. R 응용 I: 자료병합 및 결측치 대체
		제5장. R 응용 II: 자료 전처리
	전통적 자료분석 기법	제6장. OLS 회귀모형
		제7장. 로지스틱 회귀모형
빅데이터 분석을 위한 기계학습	기계학습의 기초	제8장. 결측자료 대체
		제9장. 모형평가
	지도학습: 비모수모형	제10장. 의사결정나무모형
		제11장. 랜덤포레스트
	지도학습: 선형모형	제12장. LASSO
		제13장. Enet과 ridge
	비지도학습	제14장. 텍스트마이닝: 키워드 분석
		제15장. 텍스트마이닝: 토픽모형

차례

제2장 R 기초: R 객체와 데이터프레임 35

제3장 R 기초 II: 척도와 기술통계 59

제4장 R 응용 I: 자료병합 및 결측치 대체 75

제5장 R 응용 II: 자료 전처리 91

제6장 OLS 회귀모형 109

제7장 로지스틱 회귀모형 137

제8장 결측자료 대체 155

제9장 모형평가 171

제10장 의사결정나무모형 195

제11장 랜덤포레스트 215

제12장 LASSO 233

제13장 Enet과 ridge 259

제14장 텍스트마이닝: 키워드 분석 285

제15장 텍스트마이닝: 토픽모형 309

제1장

인공지능, 빅데이터, 기계학습

1. 인공지능, 빅데이터, 기계학습
2. 기계학습 개관
3. 교육 분야 AI 및 빅데이터 연구 현황

<필수 용어>

인공지능, 빅데이터, 기계학습, 대용량 자료, 예측, 과적합, 편향-분산 상충 관계, 교차검증

<학습목표>

1. 인공지능, 빅데이터, 기계학습 간 관계를 이해한다.
2. 기계학습의 정의와 구성요소를 설명할 수 있다.
3. 예측모형과 설명모형 간 차이를 설명할 수 있다.
4. 과적합 및 편향-분산 상충 관계를 이해하고 설명할 수 있다.
5. 기계학습에서 교차검증의 역할을 이해하고 설명할 수 있다.

1 인공지능, 빅데이터, 기계학습

1) 자료 수집 및 분석의 중요성

역사적으로 인간은 자연 · 사회 현상으로부터 규칙을 도출하기 위하여 노력해 왔다. 특히 산업혁명 이전 농업이 주가 되는 나라에서 농업 생산성은 국민에게는 생활을 영위하고 위정자에게는 민심을 얻는 문제로, 급기야는 정권 존폐와도 직결되었다. 전근대 농경사회에서 심한 가뭄이 들어 농작물이 고사하는 상황에 위정자가 비가 올 때까지 기우제를 올렸던 것은 익히 알려진 사실이다. 파종 및 수확 시기를 제대로 맞히고 가뭄 · 홍수와 같은 기상이변으로 인한 농작물 피해를 줄이는 것은 국가적으로도 중요한 사안이었으므로 기상 현상을 관측하고 기록함으로써 규칙을 도출하려는 시도가 지속되었다. 우리나라는 이미 삼국시대부터 기상 및 기후 현상은 물론이고 천문현상까지 관측하고 기록한 바 있다. 특히 조선 세종 때(1436년) 세계 최초의 기상관측 장비인 '측우기'를 개발하고 측우기 규격과 관측방법을 표준화함으로써 전국 350곳에서 구축한 우량관측망(조하만 등, 2015)은 국가 차원에서 자료 수집 및 분석을 중요시했다는 것을 입증한다.

또 다른 국가 차원에서의 조사 및 기록은 세금 징수 및 징병을 목적으로 하는 인구조사에서 그 기원을 찾아볼 수 있다. 무려 기원전 3600년 고대 바빌로니아 시대와 기원전 3000년 이집트와 중국에서 인구조사가 이루어졌다는 기록이 있다. 기원전 435년 로마에서는 '켄소르(censor)'라는 인구조사를 전담하는 관리도 있었다고 한다. 우리나라 최초의 인구조사 기록은 고조선을 다룬 『한서지리지(漢書地理志)』에서 찾아볼 수 있다(남애리, n.d.). 신라시대 '신라장적'에 노역 납부 및 조세 징수 대상자를 꼼꼼하게 기록하였으며, 고려시대 '호구조사(戶口調査)'라는 명칭으로 인구조사가 실시되었음을 『고려사』 『고려사절요』 등의 문헌에서 확인할 수 있다. 조선시대에는 호패법을 통하여 세금 징수 및 균역 부과가 이루어졌다.

이러한 노력은 근대 이후 보다 체계적인 자료 수집 및 분석으로 구체화되며 '통계학'이라는 학문으로 발전하였다. 통계학에서는 표집(sampling)을 통하여 자료를 수집하고 분석함으로써 표집으로부터 도출된 결과를 모집단(population)으로 일반화하는 것이 주요 목적이다. 표집을 어떻게 하느냐에 따라 분석 결과가 달라질 수 있기 때문에 전통적인 통계학에서는 표집에 많은 관심을 기울여 왔다. 특히 대규모 조사일수록 표집 설계, 자료 수집 및 관리에 상당한 시간과 비용이 든다. 이를테면 한국아동청소년패널조사, 한국교육종단조사, 한국교육고용패널조사와 같은 패널조사(panel study)는 다단계 표집(multistage sampling)을 통하여 모집단에서 표본을 추출하여 조사한다. 따라서 전통적인 통계학에서는 표본에 대한 통계치로 모집단을 추정하는 추리통계(inferential statistics, 추론통계) 기법이 발전하게 되었다.

그러나 소위 빅데이터 시대로 불리는 현재는 IT 기술의 발달로 인하여 표집을 통한 조사 없이도 데이터가 넘쳐나는 상황이다. 사람들의 전자상거래 기록, 인터넷 검색 기록, 웨어러블(wearable) 기기를 통해 측정된 건강 자료 등이 컴퓨터 서버에 쌓이고 있으며, 이는 조사연구로부터 얻은 정형자료(structured data)[1] 분석만으로는 상상도 할 수 없었던 일들을 가능하게 한다. 특히 기업이 앞장서서 이러한 비정형자료(unstructured data)의 집합인 '빅데이터'를 활용하고 있다. 이를테면 아마존의 도서 추천 시스템, 넷플릭스의 영화 추천 시스템, IBM 왓슨의 의료보험 데이터 분석 등이 그러하다. 빅데이터의 중요성을 확인할 수 있는 대표적 사례로 구글의 자동번역 시스템을 들 수 있다. 구글은 수천만 권의 책과 웹사이트 자료를 활용하여 수십 개 언어 간 자동번역 시스템 개발에 성공했는데, 이때 놀라운 점은 컴퓨터에게 문법을 가르치지 않고도 컴퓨터가 사람이 번역한 문서를 활용하여 스스로 패턴을 학습했다는 점이다. IBM도 캐나다 의회의 문서를 활용해 영어 · 불어 자동번역 시스템 개발을 시도했으나 실패한 바 있는데, 이는 기술의 차이보다는 사용한 자료의 규모 차이 때문이라고 평가된다(박성현 등, 2018, p. 63). 컴퓨터의 계산 속도가 빨라지고 대용량 자료 처리가 가능해지면서 현대통계학 또한 표집을 통한 자료 수집 및 분석으로부터 대용량 자료 및 빅데이터 분석을 통한 유용한 정보 창출로 관심이 이동하는 형국이다.

4차 산업혁명 시대인 현재 각종 정형 · 비정형자료가 쏟아지고 있으며, 이는 자료의 디지털화를 촉진하고, 디지털화는 다시 자료 생성을 촉진하고 있다(박성현 등, 2018). 4차 산업혁명 시대의 '새로운 석유'라 불리는 데이터를 빠르고 유용하게 확보

---

1) 정형자료와 비정형자료는 다음 항에서 자세히 설명하였다.

하며 이를 어떻게 잘 활용하느냐가 국가의 성패를 가르는 정보 전쟁 시대가 도래하였다. 따라서 빅데이터 시대에는 빅데이터를 잘 분석할 수 있는 기계학습 기법의 중요성이 강조될 수밖에 없다. 이에 발맞추어 우리 정부에서도 2019년 12월 17일 인공지능 경쟁력을 세계 수준으로 끌어올리기 위해 10년간 1조원을 투자하는 'AI(artificial intelligence, 인공지능) 국가전략'을 발표하였다. 정부는 전 국민의 AI 평생교육을 추구하며 SW(software, 소프트웨어) 및 AI 역량을 미래사회 필수 역량으로 보고, 2020년 후기부터 교육대학원에 AI융합교육 전공을 신설 · 운영하도록 교원양성과정 추가 승인 계획을 발표하였다. 교대 · 사범대 교육과정에 SW · AI 관련 내용을 필수 이수하도록 교사자격 취득 기준 또한 개정하였다.

증거기반연구(evidence-based research)를 중시하며 그 결과를 정책에 반영하는 현대사회에서 자료 수집 및 분석의 중요성이 점점 더 커지고 있다. 빅데이터 분석 및 기계학습이 무엇인지, 어떻게 구현되는지 등에 대한 기본적인 지식이 필수다. 이 장에서는 인공지능과 빅데이터의 정의로부터 시작하여 빅데이터 분석기법으로 주목받고 있는 기계학습 기법의 주요 개념 및 장단점을 알아보겠다. 교육 분야의 인공지능, 빅데이터, 기계학습 연구 현황 또한 살펴보겠다.

2) 인공지능과 빅데이터

(1) 인공지능의 정의

옥스퍼드사전에서 인공지능은 '지적인 인간의 행동을 모방할 수 있는 컴퓨터 시스템을 연구하고 개발하는 것'으로 정의된다(Oxford Learner's Dictionaries, n. d.).[2] 박성현 등(2018, pp. 43-44)에 따르면, 인공지능은 궁극적으로는 인간 두뇌의 기능을 기계(컴퓨터)로 실현하는 것을 목적으로 하며, 다음과 같이 인식, 지식의 체계화, 학습 분야로 나눌 수 있다.

① 인식에 대한 분야: 시각에 의한 2차원 패턴의 인식, 3차원 세계의 인식, 음성의 인식, 언어의 인식 등을 연구한다. 인식 연구는 지식과 추론 규칙을 사용한 검색

2) The study and development of computer systems that can copy intelligent human behaviour.

에 입각해서 이루어지며, 화상 이해, 로봇 비전, 음성 이해, 자연언어 이해로 나뉜다.

② 지식의 체계화에 관한 분야: 각종 사실로서의 지식을 어떠한 형식으로 컴퓨터에 기억시키는가 하는 지식 표현 문제, 추론 규칙으로서의 지식을 어떠한 형식으로 만들어서 입력되는 정보와 사실 지식에서 추론 규칙을 작용해 희망하는 결론을 얻느냐 하는 검색 문제, 정리 증명 등 주어진 문제를 푸는 순서를 발견하는 문제 해결 등을 다루는 분야다.

③ 학습에 관한 분야: 외부로부터 정보를 얻어 사실 지식을 축적하여, 추론 규칙을 자가 형성하며, 더 나아가서는 몇 가지 지식의 구조가 그 어떤 의미에서 유사하다는 것을 검출해서 이들을 통합하는 메타 지식을 형성해 가는 방법을 연구한다.

(2) 빅데이터의 정의

모집단을 정의하고 표집 후 수집된 표본 자료는 행(row)을 사례, 열(column)을 변수로 하는 표(table) 형태로 정리할 수 있다. 이러한 자료를 정형자료(structured data)라 한다. 전통적인 자료분석에서 쓰는 정형자료는 보통 열의 개수보다 행의 개수가 더 많은 긴(tall) 자료 형태를 띠며, 기존 통계 기법은 이러한 정형자료분석 시 적합한 기법이다. 반면, 비정형자료(unstructured data)는 소리(sound), 이미지(image), 텍스트(text) 자료와 같이 표 형태로 정리하기 힘든 자료를 뜻한다. 따라서 비정형자료는 기존 통계 기법으로 분석하기도 어렵다. 그러나 비정형자료는 빅데이터 분석에서 간과할 수 없는 중요한 자료다. 빅데이터라고 하면 통상적인 데이터베이스가 저장·관리할 수 없을 정도로 용량이 큰 데이터를 떠올리는데, 비정형성 또한 빅데이터의 특징 중 하나이기 때문이다. 빅데이터의 특징을 3V라고 하여 어마어마한 양(volume), 다양한 형태(variety), 빠른 자료 생성 속도(velocity)로 일컫는데, 빅데이터에서 비정형자료가 차지하는 비중이 90% 이상이라고 한다(박성현 등, 2018). 따라서 빅데이터 분석에 있어 기존 분석기법과 다른 새로운 분석기법의 필요성이 부각되었고, 기계학습이 기존 통계 기법의 대안으로 활용되고 있다.

(3) 빅데이터, 기계학습, 데이터사이언스

빅데이터 시대가 도래하였다. 이미 일반인들도 스마트워치로 걸음 수, 혈압, 수면 상태 등을 측정하고 있다. 특히 의학 · 보건 분야에서 웨어러블 기기를 통한 빅데이터가 축적되고 있다. 이를테면 렌즈의 일렉트릭 센서를 통해 눈물의 당 함량을 실시간으로 측정하고 이 정보를 스마트폰 앱과 연동하여 당뇨병 위험도를 지속적으로 확인할 수 있다. 또는 입냄새를 나노 센서로 인식하여 특정 질병을 미리 감지하는 첨단의 다양한 웨어러블 기기가 꾸준히 개발되고 있다(박성현 등, 2018, p. 69). 기업은 고객의 방대한 검색과 전자상거래 데이터를 분석하여 다양한 마케팅 활동을 하고 있다. 공공부문도 위험조기경보 시스템 구축 및 맞춤형 서비스 제공 목적으로 빅데이터를 활용하기 위해 다양한 노력을 기울이고 있다. 이를테면 보건복지부는 위기 가구 사전 발굴 및 지원(보건복지부, 2018), 환경정책연구원은 개인 맞춤형, 사전 예방 중심의 환경 정책 서비스 제공 목적으로 빅데이터를 활용하고 있다(강성원 등, 2017).

빅데이터를 분석하여 의미 있는 패턴을 도출하고 분류하고자 하는 시도가 지속되고 있다. 빅데이터 분석기법으로 기계학습이 주목받고 있으며, 빅데이터를 활용하여 정보를 창출하고 활용하는 '데이터사이언스(data science)'가 새로운 학문으로 급부상하였다.[3] 데이터사이언스에서는 원자료(raw data)를 수집하고 저장한 후 전처리(pre-processing)하는 과정이 필요하다. 전처리 과정과 관련한 데이터 프로세싱 기술은 컴퓨터공학이 선도하고 있다. 이렇게 정제된 자료로 시각화(visualization), 탐색(exploration), 그리고 패턴 찾기 및 예측모형 등을 수행하는데, 이때 통계학과 함께 해당 학문 영역의 내용학적 지식이 바탕이 된다. 정리하자면, 내용학적 지식과 더불어 통계학과 컴퓨터공학 지식이 빅데이터 분석 시 필수적이다.

3) '데이터사이언스'라는 용어는 Naur(1974)의 『*Concise Survey of Computer Methods*』라는 책에서 처음 등장하였다.

2 기계학습 개관

이 절에서는 기계학습의 정의로부터 시작하여 주요 개념 및 장단점을 전반적으로 개관할 것이다. 유진은(2019)의 「기계학습: 대용량/패널자료와 학습분석학 자료분석으로의 활용」을 부분적으로 인용하였다.

1) 기계학습의 정의

기계학습의 권위자인 Mitchell(1997)은 기계학습을 과제(task), 경험(experience), 수행 측정(performance measure)이라는 단어로 정의하였다. 어떤 과제(task)를 수행하고 그 수행을 측정(performance measure)하여 경험(experience)이 쌓이면서 점점 수행이 향상되는 컴퓨터 프로그램이 있다면, 그 컴퓨터 프로그램에서 학습(learning)이 이루어졌다고 본다. Samuel(1959)의 체커(Checkers) 게임 프로그램의 경우 체커 게임(과제)은 프로그램 내부 게임들을 통해(경험) 얼마나 이기고 졌는지 알아봄으로써(수행 측정) 점점 이길 확률을 높여 나가게 된다. 즉, 컴퓨터 프로그램이 학습을 통해 수행을 점점 좋게 만들 수 있는 것이다. 정리하면, 기계학습(machine learning)은 기계(또는 컴퓨터)로 하여금 자료(데이터)를 이용하여 학습(learning)을 하도록 함으로써 과제를 더 잘 수행하도록 하는 방법이라고 할 수 있다. 기존의 컴퓨터 프로그래밍이 규칙 기반(rule-based)으로 세부 사안에 대하여 하나하나 구체적으로 지시를 해야 했다면, 기계학습에서는 하나하나 프로그래밍을 하지 않아도 컴퓨터가 자료를 이용하여 학습함으로써 문제 해결 능력을 향상하고 예측까지 할 수 있게 된다.

인공지능 또는 기계학습의 역사를 살펴보면, Turing(1950)의 논문에서 'thinking machines'라는 용어가 처음 쓰였고, Samuel(1959)이 'machine learning', 즉 '기계학습'이라는 용어를 처음으로 만들었다. Turing과 Samuel 모두 현재 기준으로는 컴퓨터공학자에 가깝다. 이러한 전통이 이어져 내려와 컴퓨터공학자들이 그간 기계학습 기법 분야를 주도해 왔다. 그러나 기계학습 기법은 통계학, 산업공학 등의 다른 학문 영역에서도 병렬적으로 발전되어 왔으며, 통계학에서는 통계학습(statistical learning)으로, 산업공학에서는 예측분석(predictive analytics) 등으로 불린다. 특히 통계학과 기계학습 기법과의 관계는 밀접하다. 이를테면 인공지능의 신경망(neural networks)은 통계학에서는 'projection pursuit regression'이라는 이름으로 연구된 바 있고 (Hastie, Tibshirani, & Friedman, 2009), 신경망의 'weight decay'는 통계학에서의 'ridge regression'과 상통한다.

굳이 비교하자면 기계학습이 자료로부터의 학습을 통한 예측에 초점을 맞추는 반면, 통계학습은 모형화를 통한 변수 간 관계 도출에 무게가 실린다. 따라서 변수 간 관계를 중시하는 사회과학 자료분석 시 상대적으로 통계학습이 더 유리하다고 생각할 수 있다. 그러나 기법이 급속도로 발전하며 학문 영역 간 교류가 활발해지면서 이러한 비교는 점차 무의미해지고 있는 실정이다. 즉, 기계학습, 통계학습, 예측분석 등의 용어를 엄밀히 구별하지 않는 경우가 보다 일반적이다. 컴퓨터공학과 통계학에서 발전되어 온 데이터마이닝(data mining) 또한 기계학습과 종종 혼용되어 왔다. 그러나 데이터마이닝과 기계학습을 구분하는 데 학자 간 명확히 합의된 기준이 있다고 말하기 힘들다. 따라서 이 책에서는 기계학습, 통계학습, 예측분석, 데이터마이닝 등을 모두 '기계학습'으로 통칭할 것이다.

2) 기계학습의 주요 개념

(1) 예측, 과적합, 편향-분산 상충 관계, 교차검증

설명을 목적으로 하는 전통적인 자료분석 기법과 달리 기계학습 기법은 예측을 목적으로 한다. '예측'과 관련된 기계학습의 주요 개념으로 과적합, 편향-분산 상충 관계, 교차검증(Cross-Validation: 이하 CV) 등이 있다. 과적합, 편향-분산 상충 관계, CV는 서로 연결된 개념이다. 간단히 설명하자면, 기계학습에서는 예측을 목적으로 하므로 모형 과적합을 줄이기 위하여 편향-분산 상충 관계를 고려하며 CV 기법을 쓴다고 말할 수 있다. 각각의 주요 개념을 다음 항에서 자세히 설명할 것이다.

① 예측

자료분석의 3대 영역을 탐색적 자료분석(exploratory data analysis), 추론(inference), 예측(prediction)으로 볼 수 있다(Shmueli, 2010). 탐색적 자료분석의 경우 그 자체로도

의미가 있으나 보통 추론 또는 예측을 위한 예비 단계로 활용된다. 일반적으로 자료 분석의 주된 목적은 추론과 예측이라 한다. 추론에서는 이론 및 선행 연구에 바탕을 두며, 특정 통계(또는 수학) 모형에 기반하여 자료가 생성되었다고 가정하고 연구자가 설정한 가설을 검정한다. 전통적인 통계 분석에서 추론이 중시되어 왔다. 반면, 예측 연구에서는 이론 및 선행 연구가 상대적으로 덜 중시되며, 특정 모형을 가정하지 않거나 통계적 가설검정을 하지 않는 경우가 빈번하다. 즉, 예측 연구에서는 모형이나 이론을 최소로 하며 새로운 자료가 어떤 양상을 보일지 예측을 잘하는 것이 가장 중요한 관심사가 된다.

전통적인 통계 분석에서 추론을 중시하는 반면, 기계학습에서는 예측에 초점을 맞춘다. 학습 부진 학생에 대하여 연구를 한다고 해 보자. 추론을 목적으로 하는 연구에서는 이론 및 선행 연구에 기반하여 연구모형을 만들고 가설을 검정한다. 그 결과로 도출되는 모형은 통계적으로 유의한 변수로 구성되어 있으며, 그 모형을 통하여 학습 부진 학생이 어떠한 특징을 가진 학생인지 설명할 수 있다. 반면, 예측을 목적으로 하는 연구에서는 보통 명확한 연구모형이 없으며, 통계적 가설검정을 하지 않는 경우가 많다. 그러나 어떤 변수가 학습 부진과 관련된 중요한 변수인지 뽑아낼 수는 있다. 특히 새로운 학생 자료가 있을 때 이를테면 학기말까지 기다리지 않고도 고위험군, 저위험군 등으로 학습 부진 학생을 판별함으로써 재빨리 해당 학생들에게 필요한 도움을 제공할 수 있다는 것이 장점이 된다. 즉, 학습 부진 학생의 특징에 대하여 연구모형을 만들고 가설을 검정하는 것은 추론을 목적으로 하는 접근이며, 예측을 목적으로는 하는 연구에서는 이론 및 선행 연구를 최소화하고도 새로운 학생이 학습 부진 학생군에 속할 것인지 아닌지 판별하는 것이 중요하다.

기계학습의 '예측'에 대한 오개념이 빈번하므로, 회귀모형을 예로 들어 다시 설명하겠다. 연구자가 이론 및 선행 연구에 근거하여 소수의 변수를 파악하고 수집한 자료에 대하여 모형을 적합하는 것이 전통적인 통계 분석 절차라고 하였다. 전통적인 회귀모형에서도 이론과 선행 연구에 근거하여 소수의 변수를 파악하고 변수 간 관계를 상정한다. 그리고 자료 수집 후 전체 자료를 활용하여 잔차 제곱을 최소화하는 회귀계수를 찾아 회귀모형을 적합한다. 이러한 절차로 도출된 회귀모형을 예측모형(prediction model)이라고 생각하는 경우가 있다. 그러나 이렇게 기존 방식으로 도출된 회귀모형은 연구자가 수집한 자료를 잘 설명하는 모형이지, 새로운 자료를 잘 예측하는 모형이라고 말하기 힘들다. 새로운 자료를 예측하려면 자료 분할을 통한 모형타당화 과정이 필요하다. 즉, 전체 자료에 대해 모형을 적합하는 기존의 회귀모형은 사실상 예측은 간과하고 설명에 초점을 맞춰 온 것이다. 반면, 예측을 중시하는 기계학습 기법에서는 모형적합뿐만 아니라 모형평가를 통하여 예측오차를 최대로 줄이는 모형을 찾아내고자 CV와 같은 타당화 기법을 활용한다. 정리하면, 모형평가를 통하여 예측오차를 최대로 줄인 모형이 예측모형이며, 예측모형은 현재 자료에 대한 설명보다는 새로운 자료를 잘 예측하는 데 초점을 맞추는 모형이라고 할 수 있다. 더 자세한 설명은 제9장의 모형평가에서 다루겠다.

② 과적합

우리나라에서 기계학습 또는 인공지능을 대표하는 단어가 된 알파고는 기계학습 기법 중 'Monte Carlo tree search' 알고리즘 및 신경망(neural networks)을 적용한 'policy network'와 'value network'를 이용하였다(Silver et al., 2016). 이세돌과의 대국 결과에서 확인할 수 있듯이, 알파고는 인간 고수를 상대로 탁월한 문제 해결력을 보여 주었다. 그러나 여러 겹의 층(layer)을 지닌 신경망 모형 구축 시 신경망이 추정해야 하는 가중치가 기하급수적으로 증가하므로 과적합(overfitting) 문제가 발생할 수 있다. 과적합이란, 쉽게 설명하자면 자료의 오차까지 모두 모형화함으로써 모형이 필요 이상으로 복잡해지는 것을 뜻한다. 과적합 모형은 그 모형을 적합시킨 자료는 매우 잘 설명할 수 있으나, 새로운 자료에 대해서는 잘 들어맞지 않는다. 즉, 과적합 모형은 일반화 가능성이 제한된다는 문제점이 발생하며, 이는 예측을 중시하는 기계학습에서 치명적인 문제로 작용한다.

과적합 문제를 처리하기 위하여 CV가 주로 활용된다. CV는 관련 항에서 자세하게 설명하겠다. 또는 축소추정 기법인 규제화(regularization)를 이용할 수 있다. 규제화 기법은 통계학에서는 벌점회귀모형(penalized regression)으로 불린다. 벌점회귀모형은 회귀계수 추정 시 OLS(Ordinary Least Squares, 최소제곱법)에 벌점함수(penalty function)를 추가하는 모형으로, 능형회귀(ridge regression), LASSO(Least Absolute Shrinkage and Selection Operator), Enet(elastic net), SCAD(Smoothly Clipped Absolute Deviation),

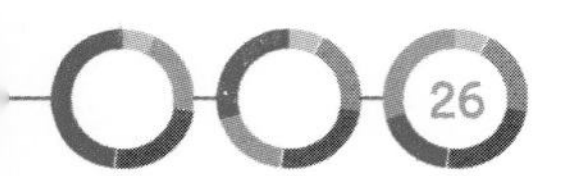

mcp(minimax convex penalty), Mnet 등의 여러 변형이 있다. 이 중 능형회귀를 제외한 벌점회귀모형에서는 벌점함수를 이용하여 반응변수와 관련이 적은 변수의 회귀계수들을 0으로 만듦으로써 자연스럽게 변수 선택이 이루어진다. 따라서 벌점회귀모형을 통하여 과적합 문제를 다룰 수 있다. 벌점회귀모형은 이 책의 제12장과 제13장에 다루겠다.

③ 편향–분산 상충 관계

기계학습에서는 예측을 중시하므로, 현재 자료를 잘 설명하는 모형보다는 새로운 자료를 잘 예측할 수 있는 모형을 우위에 놓는다. 특히 기법 간 비교가 목적일 경우 기계학습에서는 전체 자료를 훈련자료(training data)와 시험자료(test data)로 나눈 후 훈련자료로 모형을 구축하고 시험자료로 모형 예측력을 비교한다. 벌점회귀모형으로 예를 들면, 과적합을 줄이기 위하여 CV(교차검증)를 통하여 벌점화 정도를 선택하여 모형을 구축한다. 이 모형을 다시 시험자료에 적용하여 예측오차(prediction error)를 구하고 예측력이 좋은 모형을 선택하는 것이다. 연속형 반응변수 모형에서 MSE (Mean Square Error)를 기본으로 하는 측도가 가장 많이 쓰인다. MSE는 편향(bias)을 제곱한 값에 분산(variance)을 더한 것이다. 그런데 MSE 값을 구성하는 편향과 분산은 [그림 1.1]에서와 같이 서로 상충(tradeoff) 관계에 있다. 즉, 편향이 커지면 분산이 작아지고, 반대로 분산이 커지면 편향이 작아지는 관계다. 바로 이것이 기계학습에서의 중요한 개념 중 하나인 'bias-variance tradeoff'(편향–분산 상충 관계)로, 과적합(overfitting, 과대적합)과 연결지어 이해할 필요가 있다.

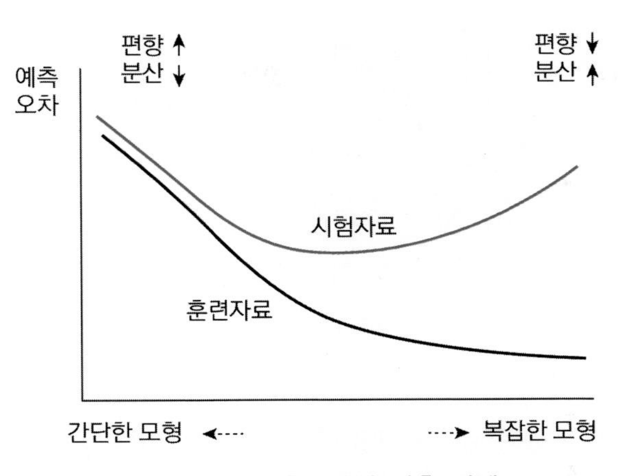

[그림 1.1] 편향-분산 상충 관계

과적합 모형은 변수 또는 변수 간 관계를 모형에 필요 이상으로 많이 투입하여 편향이 작은 대신 분산이 큰 모형이다(Hastie et al., 2009). 반대로 과소적합 모형(underfitted model)은 중요한 변수 또는 변수 간 관계를 모형에서 포함하지 않아 분산이 작아지는 대신 편향이 커지게 된다. 훈련자료로 점점 더 복잡한 모형을 만들게 되면 예측오차는 계속 줄어들게 된다. 그러나 훈련자료로 적합한 모형을 새로운 자료인 시험자료에 적용할 때 예측오차는 어느 지점부터 증가하게 된다. 즉, 필요 이상으로 복잡한 모형을 적합하여 과적합이 일어난 것이다. 시험자료에서의 예측력이 가장 낮은 모형을 선택하여 과적합을 줄이고 일반화 가능성을 높여야 한다.

[그림 1.2]에서 과소적합, 적합, 과적합 예시를 제시하였다. 그림에서 점은 자료값을, 선은 적합된 모형을 나타낸다. 원자료는 2차 함수 모형에 오차를 포함해 생성한 자료이므로 [그림 1.2]의 가운데 그래프와 같은 2차 함수 모형이 도출되는 경우 모형 적합이 잘 이루어진 것이다. 왼쪽 그래프는 더 단순한 1차 함수 모형으로 2차항이 포함되지 않았기 때문에 과소적합에 해당된다. 반대로 오른쪽 그래프는 자료의 사소한 오차까지 모형화하려고 15차 다항식으로 적합시킴으로써 모형을 쓸데없이 복잡하게 만들었다. 이렇게 과적합된 모형은 다른 자료로 일반화가 어려워진다는 문제가 발생한다. 특히 잡음(noise)이 상대적으로 많은 빅데이터를 분석하는 경우 과적합 모형이 도출될 우려가 크기 때문에 벌점회귀모형과 같은 규제화(regularization) 기법을 통하여 과적합을 줄이기 위해 노력할 필요가 있다.

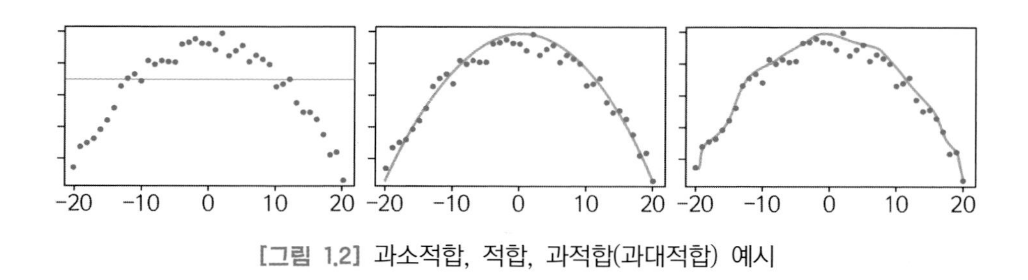

[그림 1.2] 과소적합, 적합, 과적합(과대적합) 예시

④ CV(교차검증)

앞서 기계학습 시 훈련자료로 모형을 구축한다고 하였다. 특히 자료 수가 많지 않을 때 훈련자료를 분할하여 CV(교차검증)을 한다. 가장 많이 쓰는 CV는 k−fold CV이다. k−fold CV의 절차는 다음과 같다. 먼저 자료를 k개로 나눈다. k값으로 일반적으로 5 또는 10을 쓴다. 만일 5개 자료로 나눈다면, 다섯 등분 중 하나를 제외한 네 개 세트(set), 즉 자료의 $\frac{4}{5}$로 어떤 조율모수(tuning parameter)하에서 모형적합(model fitting)을 실시하고, 나머지 한 세트($\frac{1}{5}$)로 그 모형의 적합도를 계산한다. 이를 다섯 등분에 대하여 반복하여 해당 조율모수의 모형적합도 평균과 표준편차를 구한다. 이 과정을 다른 조율모수 값에 대하여 반복한 후, 각 조율모수하에서 적합된 모형의 오차가 가장 작은 조율모수를 선택하는 것이다. 더 자세한 설명 및 예시는 제9장 모형평가에서 다루겠다.

(2) 지도학습과 비지도학습

기계학습을 크게 지도학습(supervised learning)과 비지도학습(unsupervised learning)으로 구분할 수 있다. 지도학습과 비지도학습을 가르는 기준은 반응변수(response variable) 값의 여부에 달려 있다. 반응변수 값이 무엇인지 안다면 지도학습이고, 그렇지 않다면 비지도학습이다. 예를 들어, 학업성취도를 기준으로 학생들을 학습 부진 학생, 일반 학생, 학업 우수 학생으로 분류한 자료가 있다고 하자. 학업성취도를 반응변수로 하는 예측모형을 만든다면, 이는 지도학습의 예시가 된다. 반대로 학생들의 학업성취도에 대한 정보가 자료에 없으나 다른 변수들을 이용하여 학생들을 분류하고자 한다면, 이는 비지도학습의 예시가 될 수 있다.

지도학습에서 쓰는 기법으로는 벌점 및 비벌점 회귀모형, Naive Bayes, SVM(Support

Vector Machines), 의사결정나무(decision trees) 및 랜덤포레스트(random forests), 그리고 smoothing/natural splines, GAM(Generalized Additive Model) 등을 들 수 있다. 지도학습 기법은 다시 반응변수가 연속형인지 아닌지에 따라 회귀(regression) 또는 분류(classification) 모형으로 나뉜다. 벌점 및 비벌점 회귀모형과 의사결정나무 및 랜덤포레스트 기법은 연속형 및 범주형 반응변수를 모두 다룰 수 있기 때문에 회귀 문제를 다룰 수 있고, Naive Bayes와 SVM은 범주형 반응변수 분석을 통한 분류 문제를 다룬다.

비지도학습 기법으로 K-평균 군집(K-means clustering), 위계적 군집(hierarchical clustering)과 같은 군집분석, 연관성 분석(association rules), 그리고 텍스트마이닝(text mining) 등이 있다. 일반적으로 자료가 연구자가 관심을 가지는 정보를 제시하지 못할 때 비지도학습을 이용하기 때문에 비지도학습은 지도학습에 비하여 상대적으로 연구자의 주관이 많이 개입된다는 단점이 있다. 그러나 연구자의 특정한 설계 없이 수집되는 빅데이터로 연구자가 관심을 가지는 변수의 값을 모르는 경우가 많다. 연구자의 관심 변수에 값을 매겨서, 즉 레이블링(labeling)을 거쳐 지도학습 기법을 활용하고자 할 수도 있다. 그러나 이렇게 사람이 변수 값을 일일이 매길 경우 돈과 시간이 많이 들 뿐만 아니라 자료 정리 시 오류가 발생할 확률 또한 높아진다. 따라서 빅데이터 시대에는 반응변수의 값을 몰라도 실시할 수 있는 비지도학습 기법의 중요성 또한 부각되고 있다.

3) 기계학습의 장단점

이 책에서는 기계학습, 통계학습, 예측분석, 데이터마이닝 등을 모두 기계학습이라고 한다. 기계(machine)의 학습(learning)을 통한 예측이 관심사가 아니었던 전통적인 자료분석 기법과 비교할 때 기계학습의 장점을 여럿 들 수 있다. 첫째, 전통적인 자료분석 기법에서는 특정 문제를 풀기 위하여 모형을 만들고 해당 문제와 관련된 변수 간 관계를 파악하는 것이 중요하다. 그러나 기계학습에서는 특정 문제보다는 공용(general purpose) 학습 알고리즘(learning algorithm)을 만들어 패턴을 파악하고 예측하는 것에 초점을 맞춘다(Bzdok, Altman, & Kryzwinski, 2018). 따라서 기계학습 기법

이 다양한 문제 상황에 대하여 상대적으로 유연하게 적용될 수 있다.

둘째, 기계학습은 전통적인 자료분석 기법에서 다루기 힘든 자료를 분석할 수 있다. 전통적인 자료분석 기법에서 일반적으로 쓰는 자료를 'long data'라고 하여 사례 수가 변수 수보다 많은 자료를 일컫는다면, 변수 수가 사례 수보다 많은 자료는 'wide data'라고 불린다(Bzdok et al., 2018). 전통적인 분석기법으로 wide data를 분석하기 힘든 반면, 기계학습은 long data뿐만 아니라 wide data를 분석하는 데 어려움이 없다. 다시 말해, 전통적인 자료분석 기법이 연구자들의 엄정한 설계를 통해 모은 자료를 분석하기에 최적화되어 있다면, 기계학습은 특정한 의도 없이 수집된 다양한 형태의 자료도 분석할 수 있다(Yoo, 2018; Yoo & Rho, 2020, 2021).

셋째, 전통적 자료분석 기법에서 선형(linear) 모형에 초점을 맞춘다면, 기계학습은 비선형(nonlinear) 모형 및 변수 간 복잡한 상호작용(interaction) 또한 다룰 수 있다는 장점을 지닌다(Yoo & Rho, 2020, 2021). 특히 컴퓨터 이미지, 영상 자료 판독 및 분석과 같은 복잡한 비정형자료의 경우 딥러닝(deep learning)과 같은 기계학습 기법의 수월성이 널리 알려져 있는 반면, 전통적인 통계 기법으로는 이러한 자료를 분석하기도 쉽지 않으며 그 결과 또한 그리 좋지 않다.

반면, 설명보다는 예측을 중시하며 통계적 검정과 같은 추론이 목적이 아닌 기계학습 기법은 전통적인 사회과학 연구자의 관점에서는 이해하기 어려울 수 있다. 기계학습 기법 중 특히 딥러닝(deep learning)과 같은 신경망, 랜덤포레스트(random forest)와 같은 소위 블랙박스(black box) 기법으로는 어느 설명변수가 어느 방향으로 어떻게 반응변수와 관련 있는지를 명확하게 보여 주기 힘들다. 이를테면 알파고에 구현된 신경망 기법은 바둑에서 다음 수를 어디에 놓을 때 승률이 높아지는지를 파악하는 것과 같은 문제 해결에는 효율적인 대신, 어떤 변수로 인하여 그러한 결과가 도출되었는지를 알기 힘들다. 참고로 기계학습 기법 중 선형회귀모형에 기반한 벌점회귀모형의 경우 어느 설명변수가 어느 방향으로 얼마만큼 반응변수와 관련 있는지를 제시한다는 장점이 있다.

이론 및 선행 연구로부터 선정된 소수의 변수를 모형화하는 전통적 기법과 달리 기계학습 기법은 자료 주도적(data-driven)으로 진행된다. 이론 및 선행 연구와 같은 내용학적 지식이 자료분석 시 필수적이지 않다는 것이 장점이 될 수 있으나, 같은 맥락에서 내용학적 지식의 제한으로 인하여 적절하지 못한 모형이 도출될 수 있다는 점을 인지해야 한다. 즉, 기계학습 기법을 제대로 활용하려면 단순히 기계학습 기법뿐만 아니라 해당 문제 상황에 대한 내용학적 지식 또한 필수적이다. 이를테면 이세돌과 알파고의 대국 시 진짜 바둑판에 알파고 대신 수를 놓은 Huang 박사는 알파고 프로그램의 핵심 개발자 중 한 명으로, 상당한 바둑 실력 보유자라고 한다. 만일 바둑 전문가들이 알파고 프로그램 개발에 참여하지 않았다면 알파고 경기 결과 또한 장담하기 힘들었을 것이다. 기계학습 기법에 대한 지식뿐만 아니라 해당 문제 상황에 대한 내용학적 지식을 얼마나 가지고 있느냐에 따라 그 결과는 천차만별로 나타날 수 있다. 즉, 내용학적 지식은 기계학습 지식 못지않게 중요하다.

3 교육 분야 AI 및 빅데이터 연구 현황

학습분석학 자료, 대용량 패널자료, 다중모드 자료, 게임 기반 학습자료 등의 분석에 기계학습이 이용되고 있으며, 텍스트마이닝 기법을 활용한 빅데이터 분석 또한 시작되었다. 그러나 빅데이터 및 기계학습 기법에 대한 연구가 빠른 속도로 축적되고 있는 공학 · 자연과학 · 의약학 등에 비하여 교육 분야 연구는 아직 걸음마 수준이라고 할 수 있다.

1) 학습분석학

전형적인 교육 빅데이터로 LMS(Learning Management System, 학습관리시스템) 로그데이터(log data)와 같은 학습분석학(learning analytics) 자료를 들 수 있다(유진은, 2019, 2020). 특히 온라인 강의가 병행되는 대학 강좌에서 LMS 로그데이터를 분석하는 학습분석학 연구가 활발하다. LMS 로그데이터를 분석하는 선행 연구 다수가 대학생들을 대상으로 로그인 규칙성, 총 온라인 수업 접속 횟수, 총 학습 시간, 과제 제출 시기, LMS 메뉴 이용 빈도 등을 자기조절학습(self- regulated learning) 변수로 측정하여 학업성취도 모형을 구축해 왔다(예: Cho & Yoo, 2017; Macfayden & Dawson, 2012; Smith, Lange, & Huston, 2012; You, 2016). 그러나 총 접속 횟수, 총 학습 시간과 같은 집계(aggregate)자료를 쓸 경우 추론의 신뢰도가 떨어지며 편향(bias) 또한 발생할 수 있다(Holderness, 2016).

비정형자료(unstructured data)인 LMS 로그데이터의 정보를 그대로 유지하며 분석할 경우 집계자료를 활용하는 것보다 더 풍부한 정보를 얻을 수 있다. 다중회귀분석, t-검정과 ANOVA, 구조방정식모형과 같은 전통적인 통계 기법(Macfayden & Dawson, 2012; You, 2016) 또는 의사결정나무모형(Cho & Yoo, 2017), Naive Bayes(Smith et al., 2012) 등의 초기 기계학습 기법을 쓴 연구에서 더 나아가 보다 발전된 기계학습 기법을 활용함으로써 LMS 로그데이터의 빅데이터로서의 특징을 살려 분석하는 연구 또한 등장하고 있다(예: 유진은, 2020).

2) 대용량 패널자료와 기계학습

지금까지 사회과학 연구는 이론 또는 선행 연구에 기반한 소수의 변수에 대하여 기존 통계 기법의 통계적 검정을 통하여 유의성을 확인하는 것이 관례였다. 그러나 기존 통계 기법을 쓸 경우 변수 조합 또는 변수 투입 순서에 따라 통계적 유의성이 달라질 수 있으며, 수백 개의 변수를 한 모형에 투입하려 할 때 비수렴(nonconvergence) 및 과적합(overfitting)과 같은 문제가 발생할 수 있다. 사회과학 대용량 패널자료(large-scale panel data)에 기계학습 기법을 적용한다면 그러한 비수렴/과적합 문제를 최소화하며 수백, 수천 개의 변수를 한 모형에서 한꺼번에 고려하여 반응변수와 관련 있는 중요한 설명변수를 파악할 수 있다. 또한, 기존 통계 기법에서 변수 조합 또는 변수 투입 순서를 달리할 때 회귀계수의 부호가 바뀌는 것과 같은 문제를 줄일 수 있다.

특히 기계학습 기법 중 벌점회귀모형(penalized regression)이 사회과학 대용량 패널자료분석에 주로 활용되고 있다. 벌점회귀모형이 예측(prediction)을 중시하는 기계학습 기법 중 설명 가능한 모형을 도출하며(유진은, 2019; 유진은, 김형관, 노민정, 2020; Yoo & Rho, 2020, 2021), 여타 예측을 중시하는 랜덤포레스트(random forest),

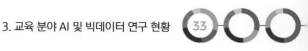

SVM(Support Vector Machines), 딥러닝(deep learning) 등의 기계학습 기법과 비교할 때 사회과학 대용량 자료분석 시 비견할 만한 예측력을 보이기 때문이다(Yoo & Rho, 2021).

3) 텍스트마이닝 기반 빅데이터 분석

교육 빅데이터 연구에서의 대표적인 비지도학습(unsupervised learning)으로 텍스트마이닝(text mining) 기법을 들 수 있다. 온라인 뉴스 자료와 같은 비정형자료(unstructured data) 분석 시 텍스트마이닝 기법이 요구된다. 이를테면 권순보, 유진은(2018)은 수능 절대평가를 주제로 2,577건의 온라인 신문기사 및 그에 딸린 댓글을 웹크롤링(webcrawling)을 통하여 수집한 후, 잠재 디리클레 할당(Latent Dirichlet Allocation: LDA) 토픽모형으로 주요 토픽 및 키워드를 추출하고 그 함의를 논하였다. 딥러닝(deep learning) 기반 자동채점(automatic scoring)은 텍스트마이닝을 좀 더 확장한 형태라 할 수 있다. 즉, 학생들의 서술형 답안을 컴퓨터 기호로 코딩한 후, RNN(Recurrent Neural Network)과 같은 딥러닝 기법을 활용하여 기계 채점 결과를 사람의 채점 결과와 비교하여 학습시키며 기계 채점의 성능을 높이려는 방법이다. 영어의 경우 단어사전 및 자연어 처리(Natural Language Processing: NLP) 연구가 많이 진척되어 높은 성능을 보이는 반면(Linn et al., 2014), 한글의 경우 세종사전을 비롯한 자연어 처리 연구에 있어 아직 보완의 여지가 많다.

4) 다중모드(multimodal) 자료분석

최근 대뇌피질의 활성화도를 측정하는 fNIRS(functional Near-Infrared Spectroscopy) 또는 fMRI(functional Magnetic Resonance Imaging), 그리고 동공의 움직임을 측정하는 eye-tracker 등을 사용하여 학생들의 생체자료를 수집하고 분석하는 연구들이 등장하고 있다. 이를테면 Peitek 등(2018)은 학생들의 프로그래밍 과정을 이해하기 위하여 eye-tracker와 fMRI를 활용하였다. Isbilir 등(2019)은 HCI(Human-Computer Interface) 맥락에서 숙련자(expert)와 초보자(novice)가 어떤 신경생리학적 차이를 보이는지를 다중모드 자료를 연구하기 위하여 뇌영상 및 동공 움직임 추적 자료를 활용하였다. 이러한 연구들은 자기보고식 설문에 의존한 자료 수집 방법의 한계를 극복하며 학생들의 학습 양태를 더 깊이 이해하기 위한 토대를 마련한다는 의의가 있다. 그러나 상대적으로 저렴한 fNIRS의 경우에도 대당 수천만 원을 호가하므로 자료 수집 시 비용이 많이 들며, 그 결과로 얻는 자료 또한 전형적인 빅데이터이므로 자료분석 또한 쉽지 않다는 문제가 있다.

5) 게임 기반 학습

4차 산업혁명 시대인 현재, 청소년들은 어린 시절부터 컴퓨터 게임, 유튜브를 비롯한 다양한 미디어에 노출되며 자연스럽게 이를 접하고 체험하며 성장한다. 청소년들의 이러한 특징을 고려하며 게임을 교수학습에 활용하는 게임 기반 학습(game-based learning)이 멀티미디어 시대 학교 현장에서 활용할 수 있는 혁신적인 교수방식으로 부상하고 있다(Ekaputra et al., 2013). 게임을 교수학습에 활용할 경우 즉각적인 피드백을 통한 동기 유발 및 학생들의 적극적인 참여를 유도할 수 있고, 학생들의 흥미와 몰입에 긍정적인 영향을 끼치며, 더 나아가서 문제 해결을 통한 창의성 증진, 상호작용을 통한 협동 등의 측면에서도 장점을 지닌다는 의견이 있다(Admiraal et al., 2011; Eck, 2006; Huizenga et al., 2009; Plass et al., 2015; Prensky, 2003). 그러나 인프라 구축 시 초기 비용이 많이 드는 편이며, 게임이라는 매우 제한된 상황에서 '학습'이라고 제시되는 내용 및 맥락이 현실 세계에서의 '전통적 학습'에는 미치지 못한다는 비판 또한 있다(Marquis, 2013).

제2장

R 기초: R 객체와 데이터프레임

1. RStudio(또는 R) 설치 및 playing around
2. R 객체 생성 및 저장
3. 데이터프레임

〈필수 용어〉

R 객체(스칼라, 벡터, 행렬), 데이터프레임

〈학습목표〉

1. R 객체를 생성하고 저장할 수 있다.
2. 데이터프레임의 특징을 알고 데이터프레임 내 변수를 호출할 수 있다.
3. R 또는 RStudio에서 외부 데이터를 불러올 수 있다.

빅데이터 분석 및 기계학습을 다루는 시중 실무서가 Python 또는 Java로 예시를 구성하는 경우가 많은데, 사회과학 연구자들은 그러한 소프트웨어에 익숙하지 않다. 그러나 사회과학 연구자가 주로 쓰는 SPSS 또는 SAS와 같은 소프트웨어로 기계학습 기법을 배우는 것은 적절하지 않다. 기계학습 기법이 제대로 구현되어 있지 않기 때문이다. 이 책에서는 RStudio(또는 R)로 빅데이터 분석 및 기계학습 예시를 보여 줄 것이다. 특히 RStudio는 R과 같으나 좀 더 사용자 친화적이라는 특징으로 인하여 점점 더 많은 사회과학 연구자가 활용하고 있는 무료 소프트웨어다. 제2장과 제3장에 걸쳐 R 기초를, 그리고 제4장과 제5장에서 R 응용을 다룬 후 제6장부터 본격적인 자료분석에 들어갈 것이다. 제2장부터 제5장의 R 기초 및 응용은 이후 본격적인 자료실습 시 필수적인 내용을 다루기 때문에 그 내용을 꼼꼼히 짚고 넘어가는 것이 좋다.

1 RStudio(또는 R) 설치 및 playing around

[R 2.1]은 RStudio 실행 화면의 예시로 좌상단이 명령문을 쓰는 Script, 좌하단이 결과가 나타나는 Console이다. 우상단은 진행되고 있는 작업공간(워크스페이스)의 상태를 나타내는 Environment 탭 등으로, 우하단은 각종 그래프와 그림을 표시해 주는 Plots 탭과 도움말을 제공하는 Help 탭 등으로 구성된다. 이러한 탭들은 RStudio에서 연구자 편의에 따라 탭 이동 및 화면 확장이 가능하다.

[R 2.1] RStudio 실행 화면 예시

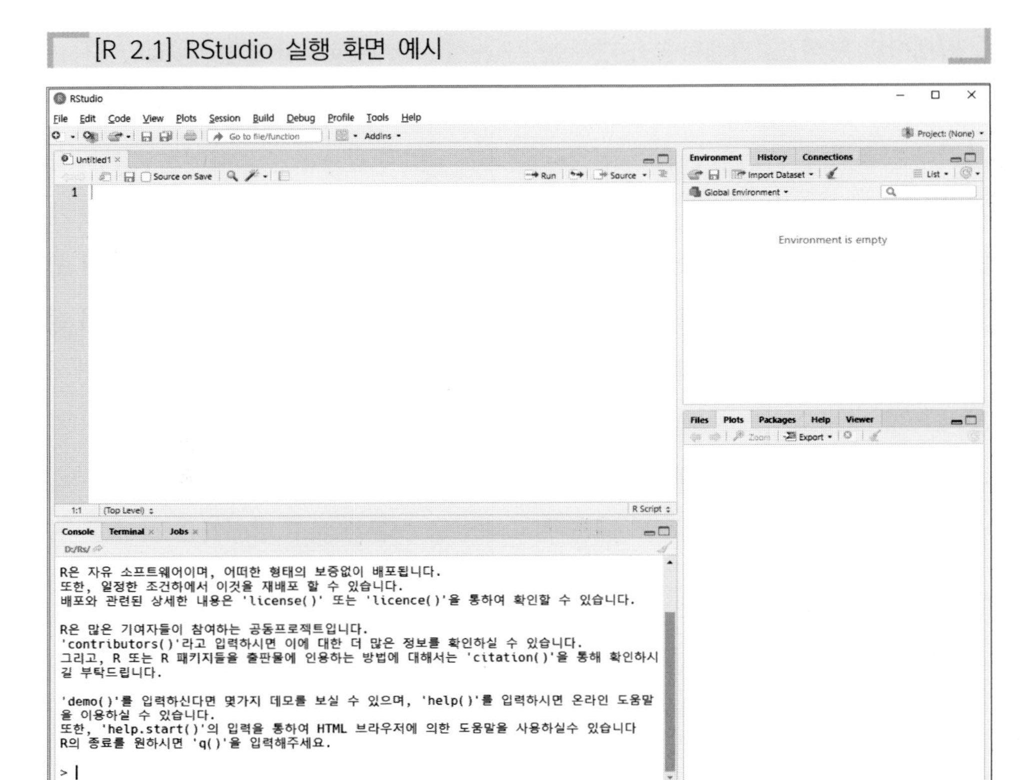

[R 2.2]는 'Hello, world!'라는 문장을 출력하기 위해 Script에 print("Hello, world!")라는 명령문을 쓰고 실행한 결과가 Console에 나타났음을 보여 준다. RStudio에서는 메모장과 비슷한 탭인 Script에 명령문(코드)을 쓰고 Ctrl+Enter 또는 Script 탭 우상단의 Run을 눌러 Script의 키보드 커서(깜빡이는 | 모양)가 있는 줄에 쓰인 명령을 실행할 수 있다.[1]) 명령을 실행하면 Console에 해당 명령을 실행한 결과가 나타난다. Console에서 '>'는 우리가 입력한 명령문을 나타내며 [1]과 같은 '[숫자]' 이후에 명령을 실행한 결과를 확인한다.

1) Console에 직접 명령을 입력할 수도 있으나 자주 활용하지 않는 방식이다.

[R 2.2] 코드 실행 예시

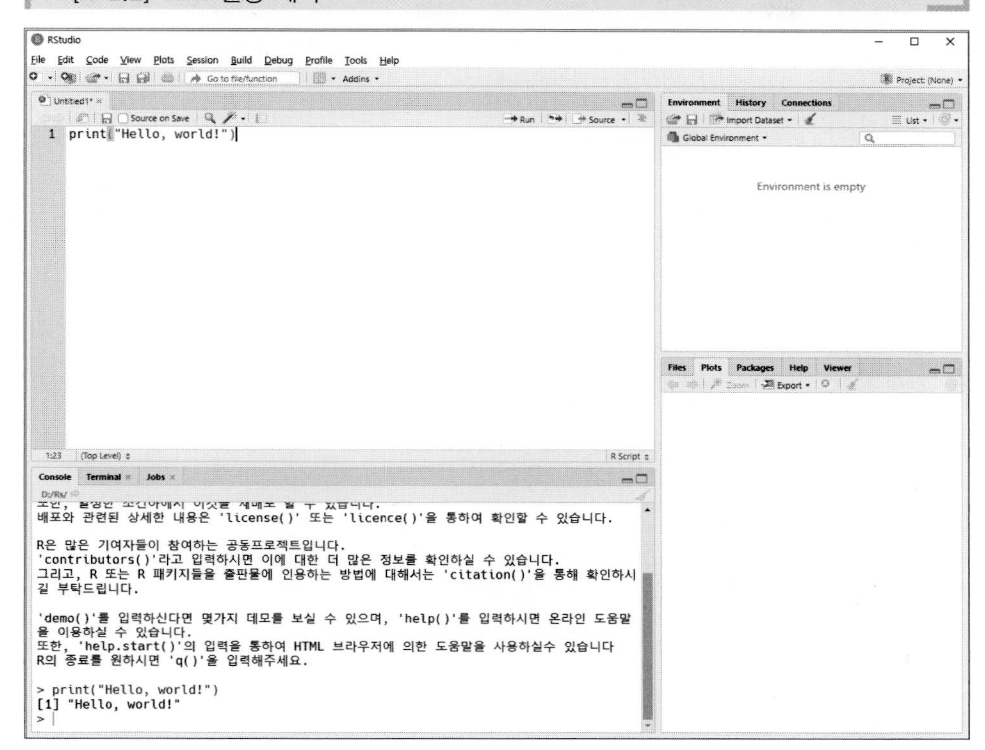

[R 2.3]에서 명령문과 실행 결과를 다시 정리하였다. 앞으로 이 책에서 〈R code〉는 실행한 명령문을, 〈R 결과〉는 명령문을 실행한 결과를 보여 줄 것이다.

[R 2.3] Hello, world! 예제

〈R 명령문과 결과〉

〈R code〉

```
print("Hello, world!")
```

〈R 결과〉

```
> print("Hello, world!")
[1] "Hello, world!"
```

R에서 수치를 출력하거나 연산을 수행할 수 있다. 연산 수행 시 기본적인 연산 기호를 활용하면 된다. [R 2.4]는 수치 출력 및 사칙연산 예시를 보여 준다.

[R 2.4] 수치의 출력과 사칙연산

〈R 명령문과 결과〉

〈R code〉

```
1
34
3+4
2-5
3*5
3/2
2^3
```

〈R 결과〉

```
> 1
[1] 1
> 34
[1] 34
> 3+4
[1] 7
> 2-5
[1] -3
> 3*5
[1] 15
> 3/2
[1] 1.5
> 2^3
[1] 8
```

또한, 함수를 활용하여 여러 수학 연산을 수행할 수 있다. R에는 다양한 기본적인 함수 및 그 함수를 구동하는 기본 패키지(base packages)가 이미 내장되어 있다. 그 외 패키지의 경우 온라인에서 다운로드받아 활성화하는 과정을 거쳐 쓸 수 있다. R에서는 '함수이름(입력값)'의 형태로 함수를 쓴다. 참고로 # 기호는 주석을 나타낸다. # 기호 뒤의 문장은 R이 명령문으로 인식하지 않기 때문에 # 기호를 활용하여 명령문

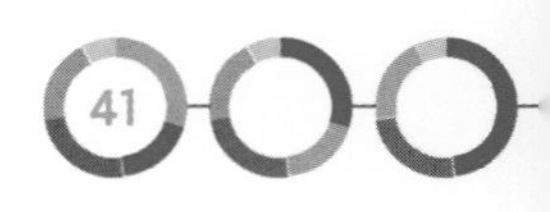

에 설명이나 메모를 덧붙일 수 있다([R 2.5]). R 패키지에 대한 자세한 설명은 〈심화 2.1〉을 참고하면 된다.

[R 2.5] 함수를 활용한 수학 연산

〈R 명령문과 결과〉

〈R code〉

```
abs(-10) # 절대값
sqrt(2) # 제곱근
log2(2)
log10(10)
log(2) # 로그
round(3.14) # 반올림
```

〈R 결과〉

```
> abs(-10) # 절대값
[1] 10
> sqrt(2) # 제곱근
[1] 1.414214
> log2(2)
[1] 1
> log10(10)
[1] 1
> log(2) # 로그
[1] 0.6931472
> round(3.14) # 반올림
[1] 3
```

〈심화 2.1〉 R 패키지의 종류

R 패키지는 크게 기본(base), 추천(recommended), 그리고 contributed 패키지로 나눌 수 있다. 기본 패키지는 R을 다운로드하면 자동으로 설치되고 별도의 절차 없이 바로 쓸 수 있다. 기본 패키지로 base, stats, graphics 등이 있다. 추천 패키지는 기본 패키지와 함께 자동으로 설치되나, 사용자가 library( ) 함수로 활성화해야 한다. 추천 패키지로 MASS, boot, nlme 등의 패키지가 있다. contributed 패키지는 install.packages( ) 함수를 이용하여 사용자가 직접 설치한 후 library( ) 함수로 활성화하는 과정을 거쳐야 쓸 수 있다. tree, randomforest, glmnet과 같은 대부분의 기계학습 패키지가 여기에 속한다.

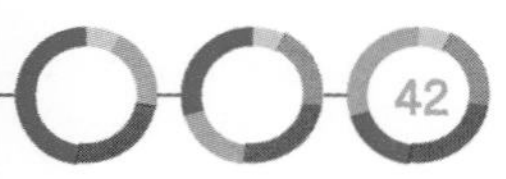

수치가 아닌 문자를 출력하려면 쌍따옴표 " "를 활용한다([R 2.6]). 비교연산자인 '==' '!=' '<' 등으로 수치를 비교할 경우 논리형 자료인 TRUE(참), FALSE(거짓) 둘 중 하나가 출력된다. 함수가 취급하지 않는 값을 함수에 입력할 경우 수학적으로 정의되지 않는 값을 나타내는 'NaN'이 출력된다. NaN은 특수 자료 유형을 뜻한다.

[R 2.6] 문자형 및 논리형, 특수형 자료 출력

〈R 명령문과 결과〉

〈R code〉

```
"Education"
1<2
1==2
1!=2
log(-1)
```

〈R 결과〉

```
> "Education"
[1] "Education"
> 1<2
[1] TRUE
> 1==2
[1] FALSE
> 1!=2
[1] TRUE
> log(-1)
[1] NaN
경고메시지(들):
In log(-1) : NaN이 생성되었습니다
```

R은 수치와 문자를 포함해 여섯 가지로 자료를 구분한다. 양적 자료분석 시 수치형, 문자형, 논리형 자료가 주로 활용된다. 〈표 2.1〉에 R 자료 유형 및 특징을 정리하였다.

〈표 2.1〉 R 자료 유형 및 특징

자료 유형	세부 유형	표현 형태	특징 및 설명
수치형(numeric)	정수(integer)	1, 2, 3	연산이 가능
	실수(double)	1, 2, 3.14, 9.22	
문자형(character)		"Education" "ABC"	문자, 문자열
논리형(logical)		TRUE, FALSE	참, 거짓을 나타냄
복소수형(complex)		1+0i, 2−3i	복소수를 표현
특수 자료 유형		NULL, Na 등	비어 있는 값, 결측치 등을 표현하기 위함

2 R 객체 생성 및 저장

1) 스칼라 객체 생성 및 저장

R에서는 수치나 문자를 자료 객체(data object)로 저장해 원하는 경우 불러올 수 있다. '=' 혹은 '<-' 기호를 활용해, '객체의 이름 = 저장할 값'의 순서로 객체를 생성 및 저장한다. RStudio의 Environment 탭에서 저장된 객체 목록을 확인할 수 있고, 수치가 저장된 객체를 활용하면 연산도 가능하다. [R 2.7]에서 저장한 스칼라 값으로 [R 2.8]에서 사칙연산을 실시하였다.

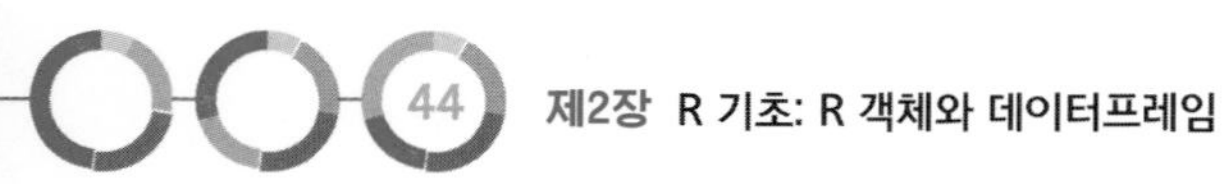

[R 2.7] 객체의 생성 및 저장

〈R 명령문과 결과〉

〈R code〉

```
a = 1 # a에 1이라는 값을 저장한다.
b = 10 # b에 10이라는 값을 저장한다.
c = "School" # c에 School이라는 문자를 저장한다.
a
b
c # a, b, c에 저장된 값을 불러온다.
```

〈R 결과〉

```
> a = 1 # a에 1이라는 값을 저장한다.
> b = 10 # b에 10이라는 값을 저장한다.
> c = "School" # c에 School이라는 문자를 저장한다.
> a
[1] 1
> b
[1] 10
> c # a, b, c에 저장된 값을 불러온다.
[1] "School"
```

[R 2.8] 객체 간 연산

〈R 명령문과 결과〉

〈R code〉

```
a+b
a-b
a*b
```

〈R 결과〉

```
> a+b
[1] 11
> a-b
[1] -9
> a*b
[1] 10
```

2) 벡터 객체 생성 및 저장

여러 값을 하나의 객체에 저장하여 한 번에 출력할 수 있다. 여러 값을 벡터(vector) 형태로 저장하기 위하여 함수 c( )를 쓴다. 벡터는 선형대수의 벡터처럼 수치나 문자를 한 줄로 나열하는 객체다. [R 2.7]에서 저장한 객체도 값이 하나인 벡터 객체로 볼 수 있으나 보통 [R 2.9]의 예시와 같이 여러 수치 또는 문자를 하나의 객체로 저장한다. 벡터로 저장된 수치 간 다양한 연산 또한 가능하다([R 2.10]).

[R 2.9] 벡터 객체의 생성 및 저장

〈R 명령문과 결과〉

〈R code〉

```
c(1,2,3,4)
prime = c(2,3,5,7) # prime에 2,3,5,7을 벡터로 저장한다.
prime
c("dog", "cat", "rabbit")
city = c("서울", "대전", "부산")
city
```

〈R 결과〉

```
> c(1,2,3,4)
[1] 1 2 3 4
> prime = c(2,3,5,7) # prime에 2,3,5,7을 벡터로 저장한다.
> prime
[1] 2 3 5 7
> c("dog", "cat", "rabbit")
[1] "dog"    "cat"    "rabbit"
> city = c("서울", "대전", "부산")
> city
[1] "서울" "대전" "부산"
```

[R 2.10] 벡터 객체 간 연산

〈R 명령문과 결과〉

〈R code〉

```
prime*2 # 벡터의 각 원소에 2를 곱해 준다.
prime-1 # 벡터의 각 원소에 1을 뺀다.
nines = c(9,9,9,9)
nines+prime # 벡터의 같은 자리 원소들끼리 더한다.
nines*prime # 벡터의 같은 자리 원소들끼리 곱한다.
```

〈R 결과〉

```
> prime*2 # 벡터의 각 원소에 2를 곱해 준다.
[1] 4 6 10 14
> prime-1 # 벡터의 각 원소에 1을 뺀다.
[1] 1 2 4 6
> nines = c(9,9,9,9)
> nines+prime # 벡터의 같은 자리 원소들끼리 더한다.
[1] 11 12 14 16
> nines*prime # 벡터의 같은 자리 원소들끼리 곱한다.
[1] 18 27 45 63
```

3) 행렬 객체 생성 및 저장

행렬은 수치나 문자를 행과 열로 나열하는 객체다. 행렬을 구성하려면 matrix( ) 함수를 활용하여 나열할 값, 행의 수, 열의 수를 함수에 입력해야 한다. 이때 나열할 값은 벡터로 입력하며, nrow는 행의 수를, ncol은 열의 수를 나타낸다. [R 2.11]은 2*2 크기의 행렬을 구성하는 예시다.

[R 2.11] 행렬 객체의 생성 및 저장

〈R 명령문과 결과〉

〈R code〉

```
matrix(c(1,2,3,4), nrow = 2, ncol = 2) # 2*2 행렬
mat.ex1 = matrix(c(1,2,3,4), nrow = 2, ncol = 2)
mat.ex2 = matrix(c(5,6,7,8), nrow = 2, ncol = 2)
```

〈R 결과〉

```
> matrix(c(1,2,3,4), nrow = 2, ncol = 2) # 2*2 행렬
     [,1] [,2]
[1,]    1    3
[2,]    2    4
> mat.ex1 = matrix(c(1,2,3,4), nrow = 2, ncol = 2)
> mat.ex2 = matrix(c(5,6,7,8), nrow = 2, ncol = 2)
> mat.ex1
     [,1] [,2]
[1,]    1    3
[2,]    2    4
> mat.ex2
     [,1] [,2]
[1,]    5    7
[2,]    6    8
```

행렬로 저장된 수치 간 다양한 연산이 가능하다. [R 2.12]의 행렬곱은 수학에서의 행렬곱과 같다.

[R 2.12] 행렬 객체의 연산

〈R 명령문과 결과〉

〈R code〉

```
mat.ex1*2 # 행렬의 각 원소에 2를 곱해 준다.
mat.ex1-2 # 행렬의 각 원소에 2를 빼 준다.
mat.ex1+mat.ex2 # 행렬의 같은 자리 원소들끼리 더한다.
mat.ex1+mat.ex2 # 행렬의 같은 자리 원소를끼리 곱한다.
mat.ex1%*%mat.ex2 # 행렬곱을 수행한다.
```

〈R 결과〉

```
> mat.ex1*2 # 행렬의 각 원소에 2를 곱해 준다.
     [,1] [,2]
[1,]    2    6
[2,]    4    8
> mat.ex1-2 # 행렬의 각 원소에 2를 빼 준다.
     [,1] [,2]
[1,]   -1    1
[2,]    0    2
> mat.ex1+mat.ex2 # 행렬의 같은 자리 원소들끼리 더한다.
     [,1] [,2]
[1,]    6   10
[2,]    8   12
> mat.ex1+mat.ex2 # 행렬의 같은 자리 원소를끼리 곱한다.
     [,1] [,2]
[1,]    6   10
[2,]    8   12
> mat.ex1%*%mat.ex2 # 행렬곱을 수행한다.
     [,1] [,2]
[1,]   23   31
[2,]   34   46
```

rbind( ) 또는 cbind( ) 함수를 활용하여 벡터 또는 행렬을 이어 붙여 새로운 행렬을 구성할 수 있다. rbind( )는 입력된 객체를 행으로 이어 붙여 행렬을 구성하며, cbind( )는 입력된 객체를 열로 이어 붙여 행렬을 구성한다. [R 2.13]에서 저장된 벡터 객체인 nines와 prime을 행 또는 열로 이어 붙여 행렬을 구성하였다. 벡터뿐만 아니라 행렬도 rbind( )와 cbind( )로 이어 붙여 또 다른 행렬을 생성할 수 있다.

[R 2.13] rbind( )와 cbind( )로 행렬 구성하기

〈R 명령문과 결과〉

〈R code〉

```
rbind(nines, prime) # rbind( )는 입력된 객체를 행으로 이어 붙여 행렬을 구성한다.
cbind(nines, prime) # cbind( )는 입력된 객체를 열로 이어 붙여 행렬을 구성한다.
rbind(mat.ex1, mat.ex2)
cbind(mat.ex1, mat.ex2) # 행렬을 입력할 수도 있다.
```

〈R 결과〉

```
> rbind(nines, prime) # rbind( )는 입력된 객체를 행으로 이어 붙여 행렬을 구성한다.
      [,1] [,2] [,3] [,4]
nines    9    9    9    9
prime    2    3    5    7
> cbind(nines, prime) # cbind( )는 입력된 객체를 열로 이어 붙여 행렬을 구성한다.
     nines prime
[1,]     9     2
[2,]     9     3
[3,]     9     5
[4,]     9     7
> rbind(mat.ex1, mat.ex2)
     [,1] [,2]
[1,]    1    3
[2,]    2    4
[3,]    5    7
[4,]    6    8
> cbind(mat.ex1, mat.ex2) # 행렬을 입력할 수도 있다.
     [,1] [,2] [,3] [,4]
[1,]    1    3    5    7
[2,]    2    4    6    8
```

4) 객체 내 원소 호출

벡터, 행렬과 같은 객체의 원소를 지정하여 불러올 수 있다. 이를 색인(indexing)이라 한다. 객체의 이름 뒤에 기호인 [ ]를 덧붙여 원하는 원소의 위치를 지정하면 색인이 가능하다. [ ]를 활용해 하나 또는 다수의 원소를 불러올 수 있다. 원소 하나를 불러오려면 [위치]를 입력하면 된다. 다수의 원소를 불러오려면 c( )와 같은 벡터를 출력

하는 함수로 여러 위치를 입력하면 된다. 행렬의 경우 각 원소가 행과 열이라는 두 종류의 위치를 지니므로 [수치, 수치]의 형태로 위치를 입력한다([R 2.14]).

[R 2.14] 색인(indexing)으로 객체 내 원소 호출하기

〈R 명령문과 결과〉

〈R code〉

```
prime[1]
prime[3] # prime 객체의 첫 번째, 세 번째 원소를 불러온다.
prime[c(1,2)] # prime 객체의 첫 번째, 두 번째 원소를 동시에 불러온다.
mat.ex1[1,1] # 행렬의 원소는 행과 열이라는 두 종류의 위치를 갖고 있으므로 보통 [수치,
수치]를 입력한다.
```

〈R 결과〉

```
> prime[1]
[1] 2
> prime[3] # prime 객체의 첫 번째, 세 번째 원소를 불러온다.
[1] 5
> prime[c(1,2)] # prime 객체의 첫 번째, 두 번째 원소를 동시에 불러온다.
[1] 2 3
> mat.ex1[1,1] # 행렬의 원소는 행과 열이라는 두 종류의 위치를 갖고 있으므로 보통 [수
치,수치]를 입력한다.
[1] 1
```

벡터와 행렬은 서로 다른 데이터 유형(예: 수치, 문자 등)을 취급할 수 없다. 즉, 수치와 문자를 동시에 벡터와 행렬의 원소로 입력할 수 없다. [R 2.15]에서 수치 24가 "24"라는 문자 유형으로 강제 변경된 것을 확인할 수 있다. 행렬에서도 마찬가지다. rbind( ) 함수로 행렬을 구성했을 때, 수치 1, 2, 3이 문자 "1" "2" "3"으로 강제 변경되었다.

[R 2.15] 객체 유형의 단점

〈R 명령문과 결과〉

〈R code〉

```
c(24, "cat")
rbind(city, c(1,2,3))
```

〈R 결과〉

```
> c(24, "cat")
[1] "24"   "cat"
> rbind(city, c(1,2,3))
     [,1]   [,2]   [,3]
city "서울" "대전" "부산"
     "1"    "2"    "3"
```

3 데이터프레임

1) 특징

앞서 벡터와 행렬은 서로 다른 데이터 유형을 취급할 수 없다고 하였는데, 수치와 문자로 구성된 자료를 분석해야 하는 경우가 빈번하다. 이때 데이터프레임(data frame)을 쓰면 된다. 데이터프레임은 수치와 문자를 동시에 원소로 포함할 수 있는 자료 객체로, 행렬과 마찬가지로 행과 열의 두 차원을 갖는다. data.frame( ) 함수를 활용해 데이터프레임을 구성할 수 있다.

정리하면, R에서 벡터, 행렬, 데이터프레임을 포함하는 다양한 형태의 객체를 생성할 수 있다. [R 2.16]에서 name과 gender는 문자 데이터, age는 수치 데이터를 원소로 하는 객체이며, name, gender, age를 포괄하는 데이터프레임 객체 student는 문자와 수치를 모두 원소로 포함한다. 〈표 2.2〉에서 R의 객체(object) 유형 및 특징을 정리하였다.

[R 2.16] 데이터프레임(data frame)

〈R 명령문과 결과〉

〈R code〉

```
name = c("철수", "영희", "민수", "한별", "주영", "기철")
age = c(11, 12, 11, 13, 12, 11)
gender = c("남", "여", "남", "여", "여", "남")
student = data.frame(name, age, gender)
student
```

〈R 결과〉

```
> name = c("철수", "영희", "민수", "한별", "주영", "기철")
> age = c(11, 12, 11, 13, 12, 11)
> gender = c("남", "여", "남", "여", "여", "남")
> student = data.frame(name, age, gender)
> student
  name age gender
1 철수  11     남
2 영희  12     여
3 민수  11     남
4 한별  13     여
5 주영  12     여
6 기철  11     남
```

〈표 2.2〉 R의 객체(object) 유형 정리

객체 유형	차원	포함가능 자료 유형				복수의 자료 유형 포함 가능 여부
		수치	문자	논리	복소수	
벡터(vector)	1	○	○	○	○	×
행렬(matrix)	2	○	○	○	○	×
데이터프레임 (data frame)	2	○	○	○	○	○
요인(factor)	1	○	○	×	×	×
배열(array)	3 이상	○	○	○	○	×
리스트(list)	3 이상	○	○	○	○	○
시계열(time series)	1	○	○	○	○	×

2) 데이터프레임 내 변수 호출

데이터프레임의 열은 SPSS에서의 변수와 같다. 데이터프레임 열, 즉 변수를 불러오려면 $ 기호를 활용하여 '데이터프레임$변수명'의 형태로 입력한다([R 2.17]).

[R 2.17] 데이터프레임 내 변수 호출

〈R 명령문과 결과〉

〈R code〉

```
student$name
student$age
student$gender
```

〈R 결과〉

```
> student$name
[1] 철수 영희 민수 한별 주영 기철
Levels: 기철 민수 영희 주영 철수 한별
> student$age
[1] 11 12 11 13 12 11
> student$gender
[1] 남 여 남 여 여 남
Levels: 남 여
```

str( ) 함수로 데이터프레임의 구조를 간략히 살펴볼 수 있다. [R 2.18]에서 str( ) 함수를 써서 student 데이터프레임이 6개의 관측치(obs)와 3개의 변수를 포함한다는 것을 확인하였다. w/ 6, w/ 2는 각 범주형 변수의 수준의 수를 의미한다. 예를 들어, 성별 변수는 '남'과 '여'의 두 수준뿐이므로 w/ 2로 표기되었다.

[R 2.18] 데이터프레임의 구조

〈R 명령문과 결과〉

〈R code〉

```
str(student)
```

〈R 결과〉

```
> str(student)
'data.frame': 6 obs. of  3 variables:
 $ name   : Factor w/ 6 levels "기철","민수",..: 5 3 2 6 4 1
 $ age    : num  11 12 11 13 12 11
 $ gender : Factor w/ 2 levels "남","여": 1 2 1 2 2 1
```

3) RStudio에서 외부 데이터 불러오기

[R 2.19] RStudio에서 외부 데이터 불러오기

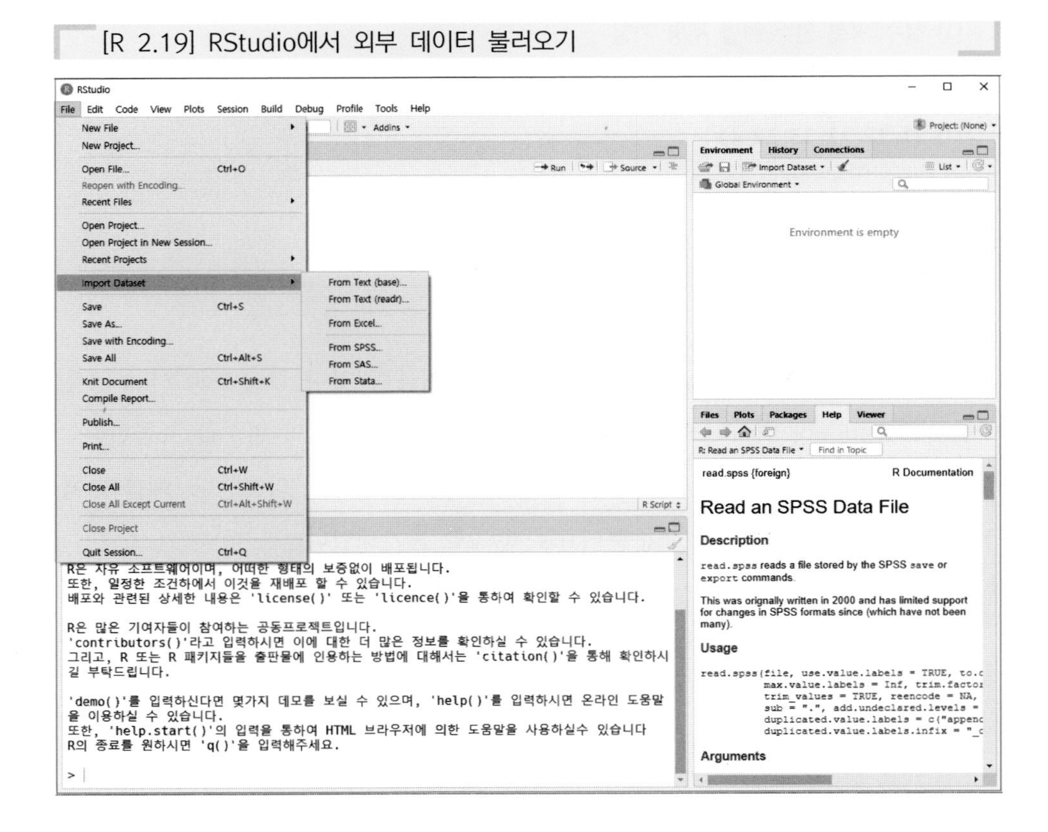

Excel, SPSS, SAS 등에서 저장된 데이터 파일을 R의 데이터프레임으로 불러올 수 있다. [R 2.19]는 SPSS 데이터 파일을 불러오는 창을 보여 준다. 외부 확장자 파일을 불러오는 다양한 함수가 있으나, RStudio의 File-Import Dataset을 활용하면 더 간단하다. Import Dataset의 From Excel을 선택해 Excel 데이터로 저장된 cyber.xlsx을 불러와 보자. cyber.xlsx는 사이버 비행 경험과 친구 관계 및 공격성에 관한 조사 자료다.

〈변수 설명: 사이버 비행 경험〉

연구자가 어느 지역 중학교 1학년 학생 300명을 대상으로 사이버 비행 경험을 조사하였다. 종속변수인 사이버 비행 경험과 독립변수인 성별, 친구 관계, 공격성을 측정하기 위해 2018년 한국아동 · 청소년 패널조사(KCYPS2018) 문항 일부를 활용하였다. 문항의 내용과 조사 항목은 다음과 같다.

변수명	변수 설명
ID	학생 아이디
CYDLQ	사이버 비행 경험(6점 Likert 척도로 구성된 15개 문항의 평균) 1: 전혀 없다, 2: 1년에 1~2번, 3: 한 달에 1번, 4: 한 달에 2~3번, 5: 일주일에 1번, 6: 일주일에 여러 번
GENDER	학생의 성별 0: 남학생, 1: 여학생
AGRESS	정서 문제-공격성(4점 Likert 척도로 구성된 6개 문항의 평균) 1: 전혀 그렇지 않다~4: 매우 그렇다
FRIENDS	친구 관계(4점 Likert 척도로 구성된 13개 문항의 평균, 마지막 5개 문항은 역코딩됨) 1: 전혀 그렇지 않다~4: 매우 그렇다

[data file: cyber.xlsx]

RStudio의 Import Dataset 메뉴는 외부 데이터를 불러오는 함수를 자동으로 실행해 준다. File-Import Dataset-From Excel에서 Browse 버튼을 눌러 cyber.xlsx 파일을 선택하면 나타나는 오른쪽 하단 Code Preview에 나타나는 명령문이 실제로 실행되는 내용이다([R 2.20]).

[R 2.20] RStudio에서 Excel 데이터 불러오기 1

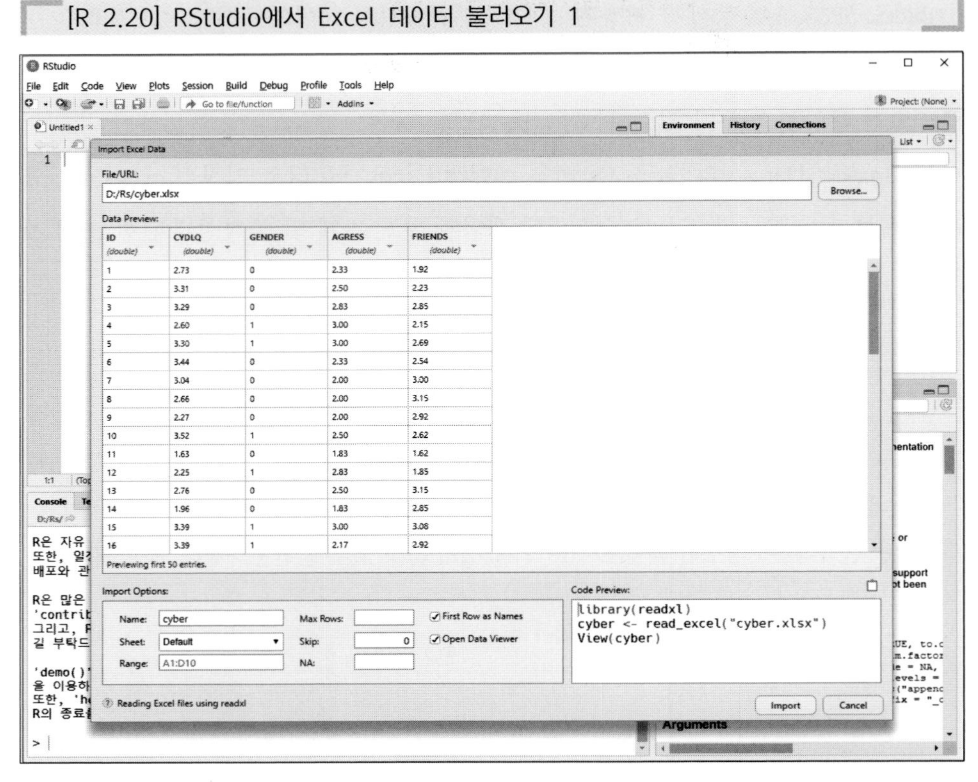

[R 2.20]의 메뉴를 클릭하는 것과 [R 2.21]의 코드를 실행하는 것은 그 결과가 동일하다. 단, [R 2.21]의 library(readxl)은 설치해야 한다. library( )는 R에 기본 내장되지 않은 패키지를 불러오는 함수다. 만일 해당 패키지가 설치되어 있지 않다면 install.packages( ) 함수를 활용해 설치를 선행한 후 library( )를 써서 불러와야 한다.

[R 2.21] Excel 데이터 불러오기(코드)

〈R 명령문과 결과〉

〈R code〉

```
install.packages("readxl")
library(readxl)
cyber <- read_excel("cyber.xlsx")
View(cyber)
```

다시 [R 2.20]으로 돌아가서 Import 버튼을 누르면 [R 2.22]에서와 같이 불러온 데이터를 요약해서 보여 준다. 외부 데이터를 불러온 결과, 우상단의 Environment 탭에 cyber 객체가 생성된 것을 확인할 수 있다.

[R 2.22] Rstudio에서 Excel 데이터 불러오기 2

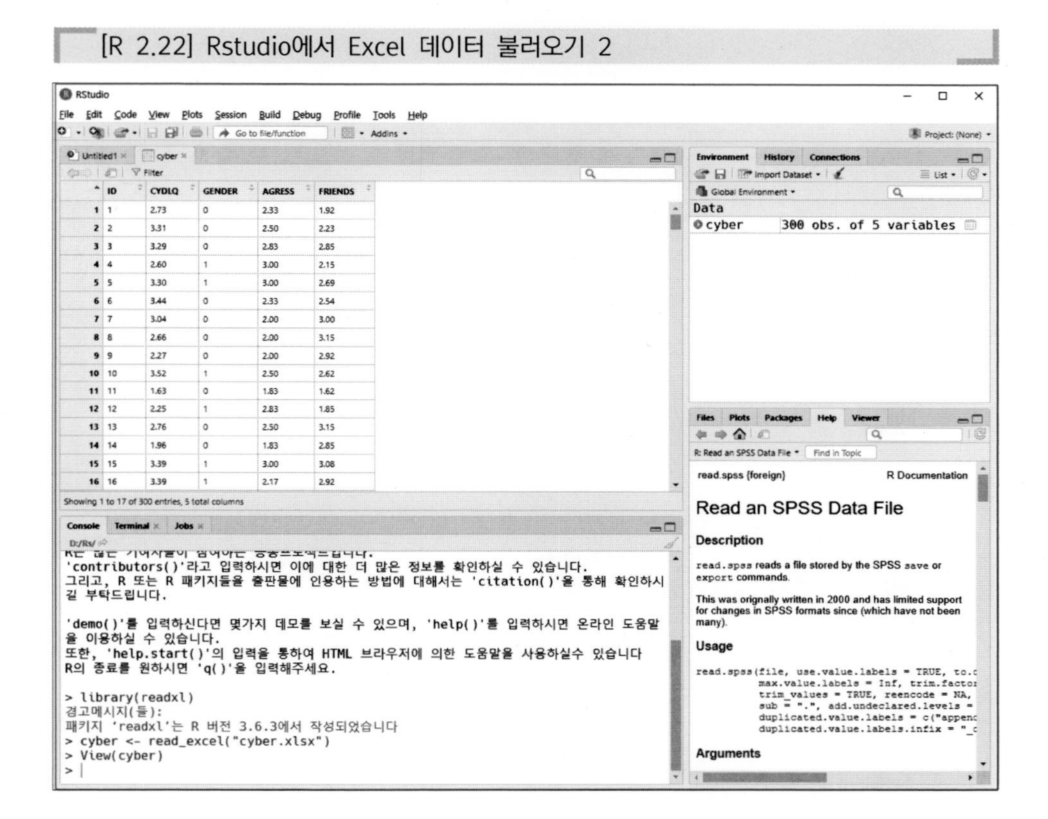

제3장

R 기초 II: 척도와 기술통계

1. 변수와 척도
2. 기술통계 개관
3. 기술통계 예시

〈필수 용어〉

범주형 변수, 연속형 변수, 명명척도, 서열척도, 동간척도, 비율척도, 기술통계

〈학습목표〉

1. 척도에 따라 변수 유형을 구분할 수 있다.
2. R을 활용하여 기술통계 요약치를 구하고 해석할 수 있다.

변수 유형(척도)에 따라 분석기법이 달라지기 때문에 변수 유형을 파악하고 구분하는 것은 자료분석에서 매우 중요하다. 빅데이터 분석 및 기계학습에서도 마찬가지다. 결국 빅데이터 분석도 자료분석이므로 빅데이터의 변수 유형에 따라 쓸 수 있는 기계학습 기법이 달라질 수 있기 때문이다. 이 책에서는 변수를 범주형 변수와 연속형 변수로 구분하고 변수 유형에 따라 분석이 어떻게 달라지는지 중점적으로 설명하였다. 이를테면 연속형 반응변수는 제6장의 OLS 회귀모형을, 범주형(이분형) 반응변수는 제7장의 로지스틱 회귀모형으로 분석해야 한다. 제9장의 모형평가의 경우에도 마찬가지다. 연속형 반응변수는 RMSE(root mean square error)가 모형평가 기준인 반면, 범주형 반응변수는 정확도, AUC, kappa, 민감도, 특이도 등이 모형평가 기준이 되는 식으로 변수 유형에 따라 분석이 달라진다. 자세한 설명은 각 장을 참고하면 된다.

이 장의 학습목표는 척도에 따라 변수를 구분한 후 그에 맞는 기술통계 요약치를 구하고 해석하는 것이다. 먼저 변수의 종류 및 척도의 종류를 설명한 후 기술통계를 개관할 것이다. 다음으로 연속형 변수와 범주형 변수로 변수를 나누어 기술통계 요약치를 구하고 해석하는 방법을 R에서 예시와 함께 보여 줄 것이다. 마지막으로 산점도, 상자 도표, 막대 도표, 히스토그램과 같은 도표 그리는 방법 또한 설명할 것이다.

1 변수와 척도

변수를 범주형 변수와 연속형 변수로 구분할 수 있다. 이때 '척도(scale)' 개념이 들어간다. 척도는 크게 명명척도(nominal scale), 서열척도(ordinal scale), 동간척도(interval scale), 비율척도(ratio scale)의 네 가지로 나뉜다. 명명척도 또는 서열척도로 측정된 변수를 범주형 변수, 그리고 동간척도 또는 비율척도로 측정된 변수를 연속형 변수라고 한다.

1) 범주형 변수

범주형 변수는 명명척도 또는 서열척도로 측정된다. 명명척도는 말 그대로 측정 대상에 이름을 부여하는 것이다. 성별, 종교와 같은 질적 변수의 경우 명명척도를 쓴다고 볼 수 있다. 즉, 명명척도에서는 '크다, 작다'는 알 수 없고 단지 분류의 의미만 있을 뿐, 범주를 나열하는 순서는 의미가 없다. 서열척도는 측정 대상에게 상대적 서열을 부여하는데, '크다, 작다'는 알 수 있으나 얼마나 크고 작은지는 알 수 없다. 사회과학에서 흔히 쓰는 Likert 척도가 대표적인 서열척도다. Likert 척도는 '전혀 동의하지 않는다'와 '약간 동의하지 않는다' '보통이다' '약간 동의한다' '매우 동의한다'로 구성되는데, 이를테면 '전혀 동의하지 않는다'와 '약간 동의하지 않는다'와 '약간 동의하지 않는다'와 '보통이다' 간 간격이 같지 않다고 본다.

2) 연속형 변수

연속형 변수는 동간척도 또는 비율척도로 측정된다. 동간척도는 말 그대로 간격이 같다(equal interval). 즉, 동간척도로 측정된 변수는 서열척도의 '크다, 작다' 성질에 더하여 얼마나 큰지, 작은지까지 알 수 있다. 온도가 동간척도의 대표적 예가 되는데, 예를 들어 20도와 25도의 온도 차이는 15도와 20도의 온도 차이와 같다. 비율척도는 동간척도의 '같은 간격'에 절대영점(absolute zero)의 특성이 더해진다. 동간척도의 상대영점(relative zero)과 비교 시 비율척도의 절대영점은 아무 것도 없는 것을 말한다. 예를 들어, 섭씨 온도 0도는 '1기압에서 물이 어는 점'이라고 임의로 정한 것이지, 온도가 아예 없다는 뜻이 아니다. 반면 무게가 '0mg'이라고 한다면, 무게를 측정할 수 없을 정도로 무게가 없다는 뜻이다. 무게, 길이, 지난 1년간 수입, 재직 기간, 자녀 수 등이 비율척도의 예가 된다.

2 기술통계 개관

기술통계(descriptive statistics)는 수집된 자료의 특징을 보여 준다. 기술통계는 중심경향값(central tendency)과 산포도(measure of dispersion)로 나뉘며, 중심경향값은 평균, 중앙값, 최빈값, 그리고 산포도는 범위, 분산, 표준편차, 사분위편차, 백분위 점수 등으로 측정한다. 각각을 자세히 알아보겠다.

1) 중심경향값

중심경향값은 수집된 자료 분포의 중심에 있는 값이 무엇인지 정보를 준다. 자료가 정규분포를 따른다면 평균(mean), 중앙값(median), 최빈값(mode)이 모두 일치한다. 자료가 정규분포를 따르지 않을 경우 평균, 중앙값, 최빈값이 다를 수 있으므로 세 값을 모두 제시하는 것이 바람직하다.

(1) 평균

평균(mean)을 통계치 중 가장 중요한 값이라고 생각할 수 있다. 평균은 다음 공식에서와 같이 전체 자료 값을 더한 후, 사례 수로 나눈 값으로, 평균을 구하는 방법은 모집단이든 표본이든 관계없이 같다. 단, 평균은 연속형 변수에 대하여 구한다.

[모집단 평균 공식]

$$\mu = \frac{\sum_{i=1}^{N} X_i}{N}$$ (μ: 모집단 평균, X_i: 관측치, N: 전체 사례 수)

[표본 평균 공식]

$$\overline{X} = \frac{\sum_{i=1}^{n} X_i}{n}$$ ($\overline{X}$: 표본 평균, X_i: 관측치, n: 표본의 사례 수)

(2) 중앙값

평균은 사례 수가 적으며 극단적인 값이 있는 경우 그 극단적인 값에 의해 영향을 많이 받는다는 단점이 있다. 예를 들어, 검사 점수가 50, 50, 50, 90인 자료가 있다고 하자. 이 자료의 최빈값과 중앙값은 모두 50이다. 그런데 4개 값 중 3개가 50이고 나머지 1개 값이 90으로 큰 자료이기 때문에 평균은 60으로 무게 중심이 90쪽으로 쏠리게 된다. 이렇게 극단적인 값이 있는 자료의 경우 중앙값이 적절할 수 있다.

중앙값(median)은 자료를 순서대로 줄 세울 때, 중앙에 위치하는 값이다. 자료가 홀수 개인 경우 중앙값은 말 그대로 중앙에 있는 값이 된다. 예를 들어, 1, 2, 3, 4, 5의 중앙값은 3이다. 자료가 짝수 개인 경우 중앙값은 중앙의 두 개 값의 평균으로 계산된다. 예를 들어, 1, 2, 2, 3, 4, 5, 5, 5, 6, 7인 자료가 있다면, 중앙값은 4와 5의 평균인 4.5가 된다. 이 경우 중앙값인 4.5는 자료에서는 없는 새로운 값이다. 중앙값은 중앙에 있는 값을 구하기 때문에, 편포인 분포에서 극단적인 값의 영향을 받지 않으며, 분포의 양극단의 급간이 열려 있는 개방형 분포에서도 이용 가능하다는 등의 장점이 있다.

[중앙값 공식]

자료 수가 홀수인 경우: $\frac{n+1}{2}$

자료 수가 짝수인 경우: $\frac{n}{2}$과 $\frac{n}{2}+1$ 사이의 평균

(3) 최빈값

최빈값(mode)은 자료에서 어떤 값이 가장 빈번하게 나왔는지를 알려 주는 값으로, 최빈값이 여러 개일 수도 있다. 사례 수가 너무 작거나 분포의 모양이 명확하지 않을 때 최빈값이 안정적이지 못하다. 최빈값의 경우 네 가지 척도 모두에 이용할 수 있다는 장점이 있다. 즉, 범주형 변수에도 활용 가능하다. 만일 어떤 강좌에서 부여된 한 학기 학점인 A, B, C, D 중 B 학점이 가장 많았다면 'B'가 이 자료의 최빈값이 된다.

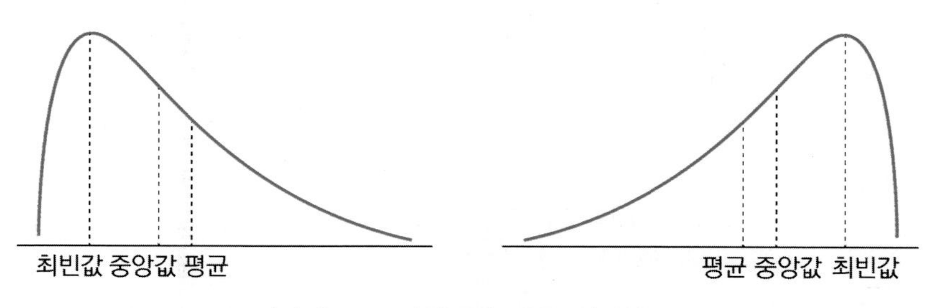

[그림 3.1] 정적편포, 부적편포일 경우 최빈값, 중앙값, 평균

꼬리가 오른쪽으로 긴 정적편포와 꼬리가 왼쪽으로 긴 부적편포의 경우 최빈값, 중앙값, 평균 간 관계는 [그림 3.1]과 같다. 즉, 최빈값은 가장 빈도수가 많은 값이 되며, 중앙값은 전체 분포에서 50% 순서에 있는 값이 된다. 평균은 극단적인 값의 영향을 받기 때문에 정적편포의 경우 오른쪽에, 부적편포의 경우 왼쪽에 위치하게 된다.

2) 산포도

자료의 분포가 얼마나 흩어져 있는지 아니면 뭉쳐져 있는지를 알려 주는 통계치들을 통칭하여 산포도(measure of dispersion)라고 한다. 산포도에는 범위(range), 표준편차(standard deviation), 분산(variance), 사분위편차(quartiles), 백분위 점수(percentile scores) 등이 있다. 어떤 분포에 대하여 이해하려면 중심경향값과 산포도를 모두 고려해야 한다. 산포도는 연속형 변수에 한하여 구한다.

(1) 범위

연속변수의 경우 범위(range)는 오차한계까지 고려할 때 분포의 최대값에서 최소값을 뺀 후 1을 더해 주면 된다. 어떤 연속변수의 최소값이 50이고 최대값이 70이라면, 그 범위는 70−50+1인 21이 된다. 자료분석 소프트웨어에 따라 오차한계를 고려하지 않고 최대값에서 최소값을 뺀 값을 범위라고 정의하기도 한다.

(2) 분산

분산(variance)은 표준편차를 제곱한 값으로, 모집단과 표본에서의 분산 공식은 다음과 같다.

[모집단 분산 공식]

$$\sigma^2 = \frac{\sum_{i=1}^{N}(X_i - \mu)^2}{N}$$

(σ: 모집단의 표준편차, X_i: 관측치, μ: 모집단 평균, N: 전체 사례 수)

[표본 분산 공식]

$$S^2 = \frac{\sum_{i=1}^{n}(X_i - \overline{X})^2}{n-1}$$

(S: 표본의 표준편차, X_i: 관측치, $\overline{X}$: 표본평균, n: 표본의 사례 수)

분산 공식을 자세히 보면, 분자 부분에 각 관측치에서 평균을 뺀 편차점수(deviation score)를 제곱하여 합한 값이 들어간다. 분자의 편차점수($X_i - \mu$)는 관측치에서 평균을 뺀 값이므로, 분산은 자료들이 평균에서 얼마나 떨어져 있는지를 정리한 값이라 할 수 있다.

참고로 편차점수는 모두 합하면 0이 되는 값이므로 의미가 없다. 분산 공식에서처럼 편차점수를 제곱한 값을 모두 합해야 자료가 평균에서부터 얼마나 떨어져 있는지를 파악할 수 있는 것이다. 따라서 분산을 구할 때 편차점수를 제곱하여 모두 더한 값을 이용한다.

(3) 표준편차

분산에 제곱근을 씌워 주면 표준편차(standard deviation)가 된다. 분산 단위는 확률변수 단위를 제곱한 것이므로 해석을 쉽게 하기 위하여 표준편차를 이용한다.

(4) 사분위편차

사분위편차(quartile)는 자료를 작은 값부터 큰 값으로 정렬한 후 4등분한 점에 해당하는 값이다. 두 번째 사분위편차(Q2) 값은 중앙값과 동일하고 네 번째 사분위편차 값은 제일 마지막 값과 동일하기 때문에, 첫 번째 사분위편차(Q1)와 세 번째 사분위편차(Q3) 값을 구하여 분포가 얼마나 흩어져 있는지 뭉쳐 있는지를 판단한다. 첫 번째와 세 번째 사분위편차 간 간격을 IQR(Inter-Quartile Range)라고도 부른다. 사분위편차 값은 상자그림(boxplot)을 통해 시각적으로 확인할 수 있다.

〈사분위편차와 중앙값〉

Q1
Q2 = 중앙값
Q3

3 기술통계 예시

제2장의 cyber.xlsx 자료를 활용하여 기술통계를 구하는 예시를 보여 주겠다. 연속형 변수와 범주형 변수 정보를 요약하기 위하여 각각 summary( )와 table( ) 함수를 활용하였다. 연속형 변수의 분포를 시각적으로 확인하기 위하여 산점도, 상자 도표, 히스토그램을 그리는 방법을 제시하였다. 범주형 변수의 시각화를 위하여 막대 그래프 그리는 법 또한 설명하였다.

1) 연속형 변수

자료를 불러온 후 가장 먼저 str( ) 함수로 데이터프레임의 전반적인 구조를 확인하였다([R 3.1]). 총 300개의 관측치와 5개의 변수가 포함된 데이터임을 알 수 있다. 데이터프레임 내 연속형 변수를 요약할 때 summary( ) 함수가 유용하다. summary( ) 함수는 각 변수의 기술통계량을 보여 준다. 예를 들어, 데이터프레임 cyber에 포함된 CYDLQ 변수(사이버 비행 경험)의 범위, 사분위편차, 평균은 summary( ) 함수로

[R 3.1] 같이 출력할 수 있다. 표준편차는 sd( ) 함수로 구한다. [R 3.1]의 〈R 결과〉를 보면 CYDLQ 변수의 최소값은 1.270, 최대값은 4.980이며, 평균 2.896, 중앙값 2.830의 중심경향값을 갖고 표준편차는 약 0.678이다.

[R 3.1] str( )과 summary( ) 예시

〈R 명령문과 결과〉

〈R code〉

```
install.packages("readxl")
library(readxl)
cyber <- read_excel("cyber.xlsx")

str(cyber)

summary(cyber$CYDLQ)
sd(cyber$CYDLQ)
```

〈R 결과〉

```
> str(cyber)
Classes 'tbl_df', 'tbl' and 'data.frame':   300 obs. of  5 variables:
 $ ID      : num  1 2 3 4 5 6 7 8 9 10 ...
 $ CYDLQ   : num  2.73 3.31 3.29 2.6 3.3 3.44 3.04 2.66 2.27 3.52 ...
 $ GENDER  : num  0 0 0 1 1 0 0 0 0 1 ...
 $ AGRESS  : num  2.33 2.5 2.83 3 3 2.33 2 2 2 2.5 ...
 $ FRIENDS : num  1.92 2.23 2.85 2.15 2.69 2.54 3 3.15 2.92 2.62 ...

> summary(cyber$CYDLQ)
   Min. 1st Qu.  Median    Mean 3rd Qu.    Max.
  1.270   2.487   2.830   2.896   3.292   4.980

> sd(cyber$CYDLQ)
[1] 0.6782522
```

summary( ) 함수를 데이터프레임 객체에 적용하면 데이터프레임 내 모든 변수의 기술통계량을 한꺼번에 살펴볼 수 있다([R 3.2]). 원래 GENDER 변수는 남자 또는 여자를 뜻하는 범주형 변수인데, 0 또는 1로 더미코딩하였기 때문에 연속형 변수인 것처럼 취급할 수 있다. [R 3.2]에서 GENDER 변수의 평균이 0.5067이라는 뜻은 1로 코딩한 여학생의 비율을 뜻한다. 즉, 300명 중 여학생이 152명이었다는 뜻이다.

[R 3.2] summary( )를 데이터프레임에 적용하기

〈R 명령문과 결과〉

〈R code〉

```
summary(cyber)
```

〈R 결과〉

```
> summary(cyber) # ID를 포함한 5개 변수의 기술통계량을 보여 준다.
       ID             CYDLQ           GENDER           AGRESS          FRIENDS
 Min.   :  1.00   Min.   :1.270   Min.   :0.0000   Min.   :1.500   Min.   :1.380
 1st Qu.: 75.75   1st Qu.:2.487   1st Qu.:0.0000   1st Qu.:2.170   1st Qu.:2.150
 Median :150.50   Median :2.830   Median :1.0000   Median :2.500   Median :2.540
 Mean   :150.50   Mean   :2.896   Mean   :0.5067   Mean   :2.489   Mean   :2.534
 3rd Qu.:225.25   3rd Qu.:3.292   3rd Qu.:1.0000   3rd Qu.:2.830   3rd Qu.:2.920
 Max.   :300.00   Max.   :4.980   Max.   :1.0000   Max.   :3.830   Max.   :3.770
```

2) 범주형 변수

앞서 설명한 summary( ) 함수는 연속형 변수만 다룬다. 범주형 변수는 table( ) 함수로 요약할 수 있다. 데이터프레임에서 GENDER 변수만을 불러와 table( ) 함수에 입력하였다. 그 결과, 남학생이 148명, 여학생이 152명임을 알 수 있다([R 3.3]).

[R 3.3] table( ) 예시

〈R 명령문과 결과〉

〈R code〉

```
table(cyber$GENDER)
```

〈R 결과〉

```
> table(cyber$GENDER)
  0   1
148 152
```

3) 도표 그리기

(1) 산점도

R은 강력한 데이터 시각화 툴로 유명한데, 이 책에서는 R로 기초적인 도표 그리는 방법을 설명하겠다. 먼저 변수 간 관계를 눈으로 알아보려면 plot( ) 함수로 산점도(scatterplot)를 그릴 수 있다. [R 3.4]와 [R 3.5]에서 각각 AGRESS, FRIENDS 변수와 CYDLQ 변수의 관계를 시각화한 결과, CYDLQ 변수와 AGRESS 변수가 선형 관계가 있음을 추측할 수 있다.

[R 3.4] plot( ) 함수로 산점도 그리기 1

〈R 명령문과 결과〉

〈R code〉

```
plot(x=cyber$AGRESS, y=cyber$CYDLQ) # X축에 AGRESS 변수를, Y축에 CYDLQ 변수를 입력했다.
```

〈R 결과〉

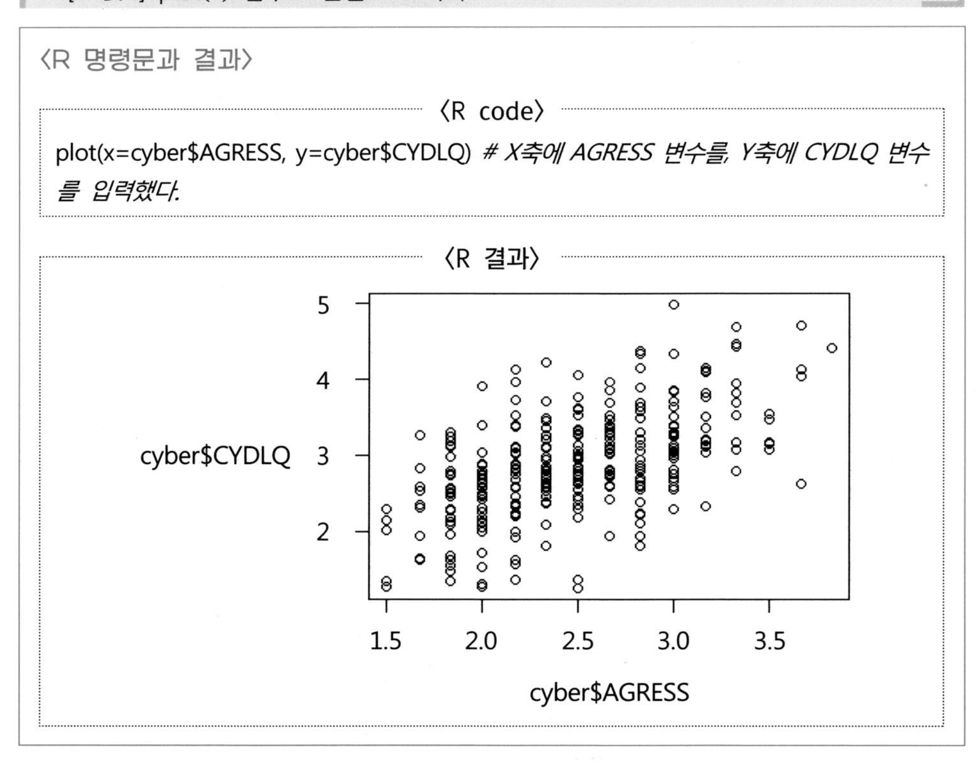

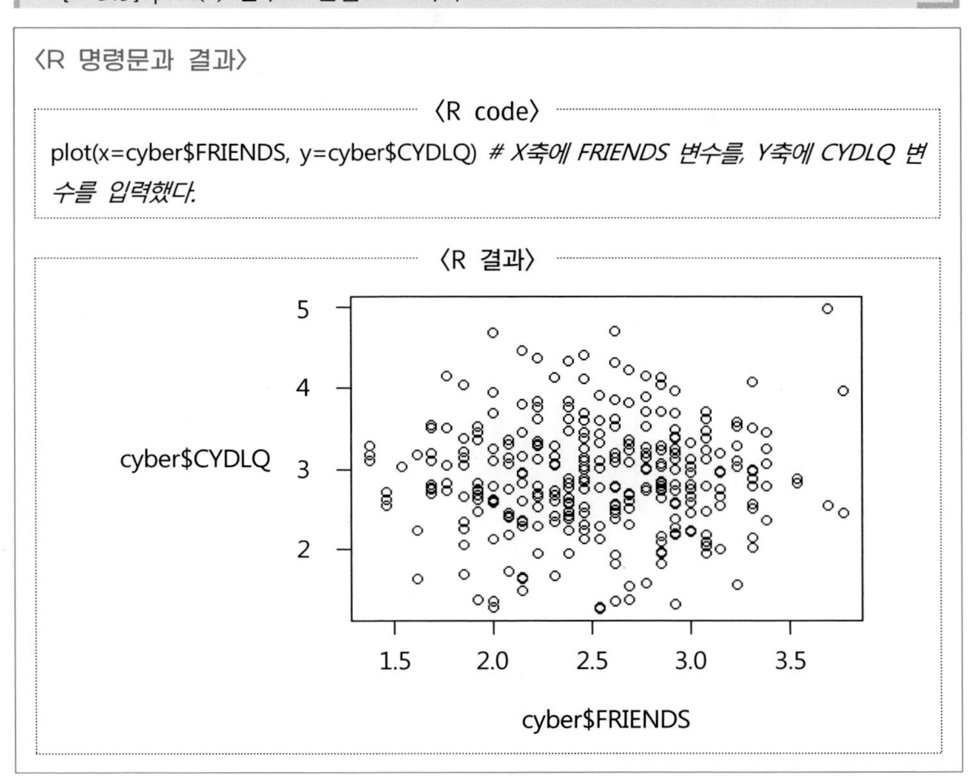
[R 3.5] plot( ) 함수로 산점도 그리기 2
〈R 명령문과 결과〉
〈R code〉
plot(x=cyber$FRIENDS, y=cyber$CYDLQ) # X축에 FRIENDS 변수를, Y축에 CYDLQ 변수를 입력했다.
〈R 결과〉
cyber$CYDLQ
5
4
3
2
1.5
2.0
2.5
3.0
3.5
cyber$FRIENDS

plot( ) 함수에 자료를 입력하는 방법은 다양하다. [R 3.6]과 같이 Y~X로 변수 간의 관계를 지정하고 data 인자에 데이터프레임의 이름을 지정할 수도 있다. 이 경우 X, Y축의 레이블이 $ 기호 없이 깔끔하게 제시된다.

[R 3.6] plot( ) 함수로 산점도 그리기 3

〈R 명령문과 결과〉

〈R code〉

```
plot(CYDLQ~AGRESS, data=cyber)
```

〈R 결과〉

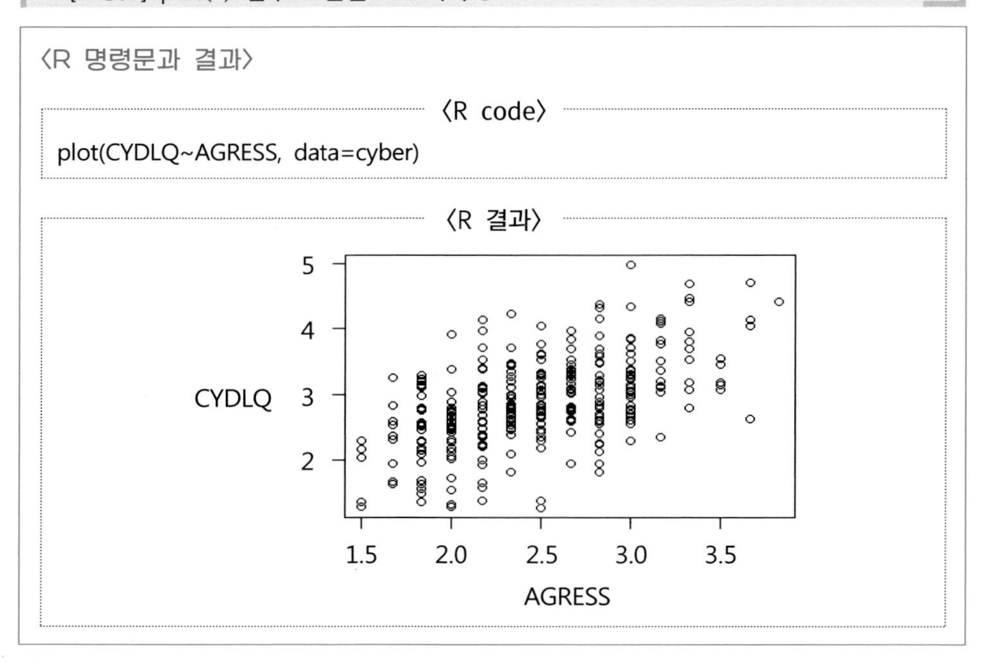

(2) 상자 도표

[R 3.7] boxplot( ) 함수로 상자 도표 그리기

〈R 명령문과 결과〉

〈R code〉

```
boxplot(CYDLQ~GENDER, data = cyber)
```

〈R 결과〉

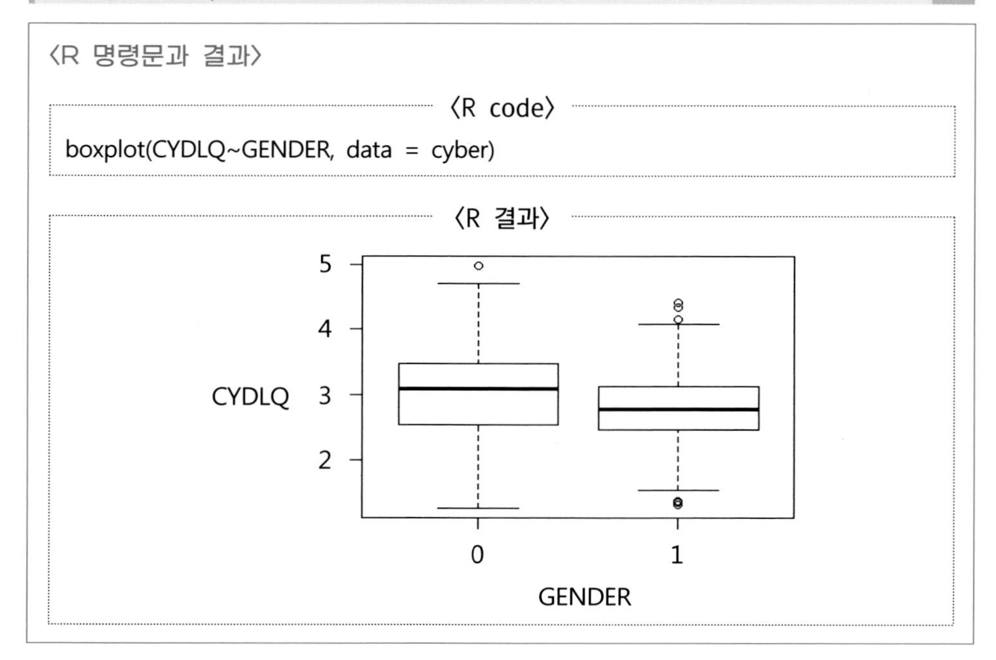

상자 도표는 범주형 설명변수와 연속형 반응변수 간 관계를 알아볼 때 유용하다. boxplot( ) 함수로 GENDER 변수에 따른 상자 도표를 그리면 남자(0)와 여자(1)에 따라 CYDLQ(사이버 비행 경험) 변수의 사분위편차 값을 시각적으로 확인할 수 있다([R 3.7]). 사이버 비행 경험에 있어 남학생의 범위가 더 넓고 사분위편차 값도 여학생의 사분위편차 값보다 높은 편이었다. 두 집단 모두 동그라미로 표현되는 이상치(outliers)가 있었다.

(3) 막대 도표

단순히 범주형 변수의 빈도를 확인하고 싶다면 막대 도표를 활용할 수도 있다. 막대 도표를 그리기 전 범주형 변수를 table( ) 함수로 정리해야 한다. 변수를 table( ) 함수로 정리한 결과가 barplot( )의 인자로 들어가기 때문이다. [R 3.8]에서 ylim( )으로 세로축의 범위를 0과 160 사이로 잡은 이유는 남자와 여자가 각각 148명과 152명이었기 때문인데, 축의 범위를 지정하지 않아도 R은 자동적으로 적당한 범위에서 도표를 그려 준다. 막대 도표에서 0과 1의 세로축 값이 각각 148과 152다.

[R 3.8] barplot( ) 함수로 막대 도표 그리기

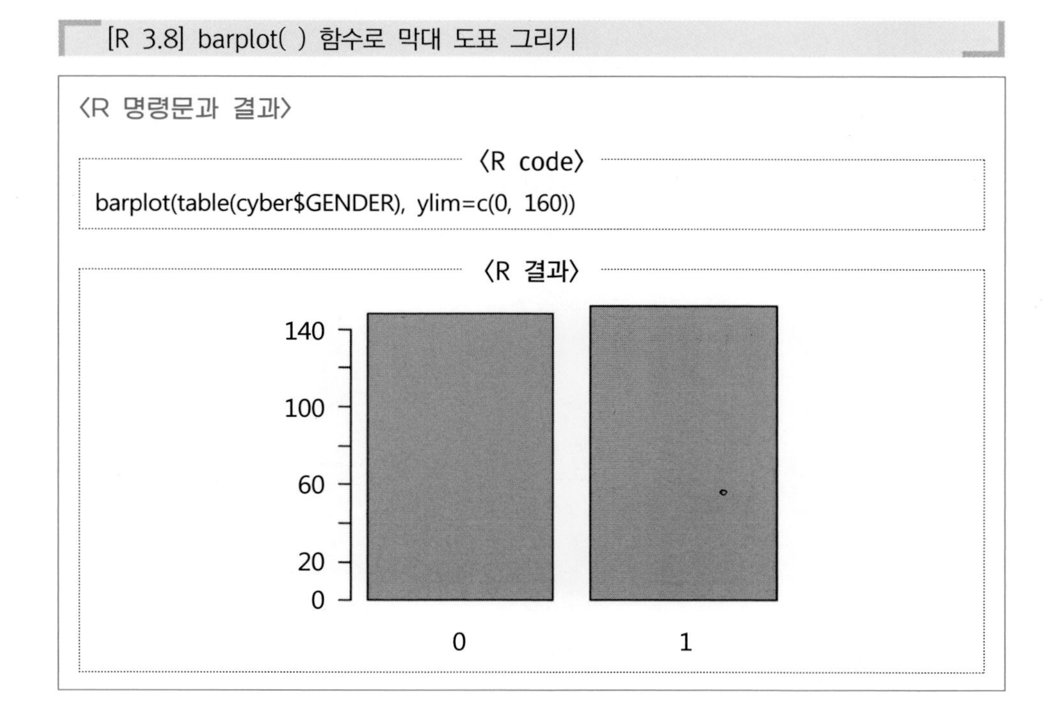

(4) 히스토그램

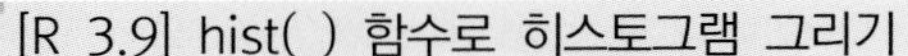

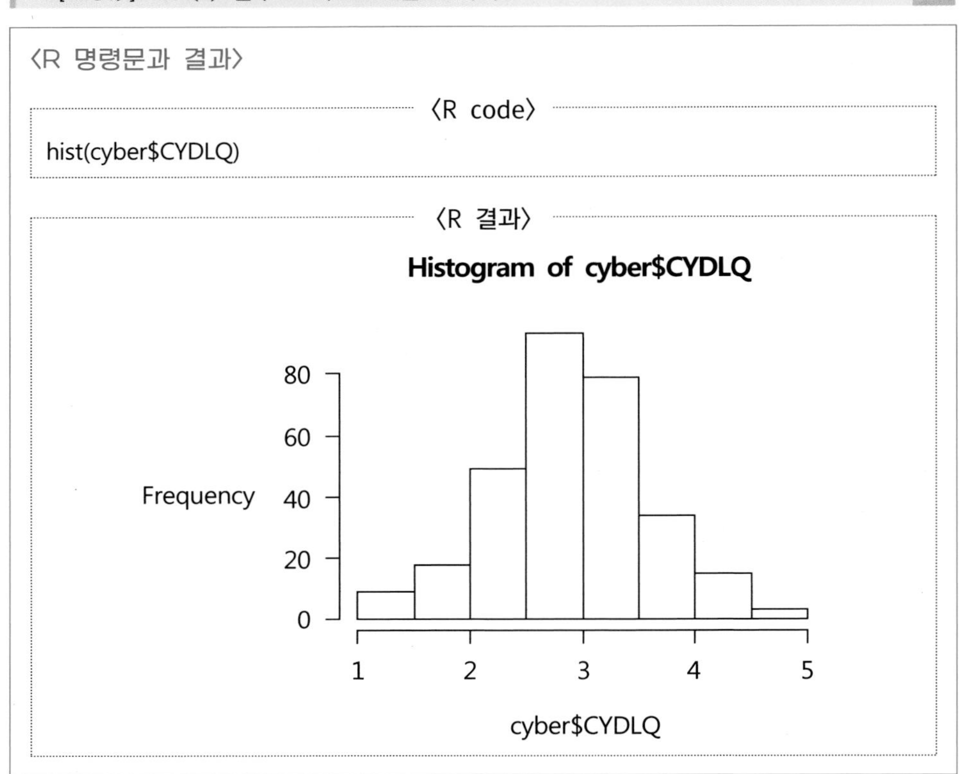

hist( ) 함수를 활용해 히스토그램을 그린 결과, 해당 변수는 대략 좌우대칭인 종모양의 분포를 보인다는 것을 알 수 있다([R 3.9]).

제4장

R 응용 I: 자료병합 및 결측치 대체

1. 자료병합
2. 간단한 결측치 대체

<필수 용어>

자료병합, 완전제거, 평균대체

<학습목표>

1. 연구목적에 맞게 자료병합을 수행할 수 있다.
2. 완전제거와 평균대체의 장단점을 설명할 수 있다.
3. 결측자료에 대하여 완전제거와 평균대체를 수행할 수 있다.

R 기초를 설명했던 제2장과 제3장에 이어 제4장과 제5장에서는 자료분석 전 필수 절차인 자료 전처리(data preprocessing 또는 data cleaning)에 대하여 설명하겠다. 자료분석 시 자료 전처리는 매우 중요하다. 자료 전처리에 따라 분석 결과가 완전히 바뀔 수도 있기 때문이다. Stanford 대학교 통계학과의 Friedman 교수는 자료분석에서 전처리가 90%를 차지한다고까지 말한다. 그런데 자료 특성에 따라 다른 방식의 전처리가 요구되므로 일반화된 전처리 절차를 말하기가 쉽지 않고, 자료 전처리만으로는 논문 주제가 되기도 힘들다. 이러한 이유로 개별 연구에서 어떻게 전처리를 하는지 상세하게 알려진 바가 없고, 자료분석 시 전처리가 매우 중요한 절차임에도 그 중요성이 간과되는 경향이 있다. 그러나 자료 전처리는 분석 결과까지 바꿀 수 있는 중요한 절차라는 점을 다시 강조한다. 제4장과 제5장에서는 자료 전처리 시 주로 쓰이는 자료병합과 간단한 결측치 대체기법뿐만 아니라 더미코딩, 케이스 선택 등을 포함한 변수 정리를 다룰 것이다.

1 자료병합

KCYPS(Korea Children and Youth Panel Survey, 한국아동청소년패널조사), KEEP(Korea Education & Employment Panel, 한국교육고용패널조사), TIMSS(Trends in Mathematics and Science Study), PISA(Programme for International Student Assessment) 등의 대규모 조사 자료의 경우 학생, 학부모, 교사, 학교 관리자 등의 조사 대상별로 데이터 파일을 나눠 놓은 경우가 흔하다. 연구자는 연구문제에 따라 데이터 파일을 병합(merge)해야 한다. 특히 위계적(hierarchical) 자료의 경우[1] 위계 관계를 알려 주는 ID 변수를 활용하여 병합해야 한다.

이 장에서는 TESTANX 데이터를 활용해 본격적인 통계 분석에 앞서 수행해야 하

1) 다단계표집으로 자료를 수집한 대규모 조사연구에서 위계 관계를 쉽게 찾아볼 수 있다. 예를 들어, 학교를 표집한 후 표집된 학교에서 다시 교사를 표집한다면 교사는 학교에 포함되는 관계가 된다. 즉, 교사와 학교는 위계적 구조를 지닌다.

는 전처리 예시를 설명하고자 한다. TESTANX_C.csv와 TESTANX_P.csv는 고등학생 50명의 시험 불안, 부모의 성취 압력 등에 관한 설문 자료로, TESTANX_C.csv는 학생, TESTANX_P.csv는 학부모가 응답한 것이다. 제2장과 제3장에서 xlsx 자료를 활용했는데 제4장부터는 csv 자료로 예시를 보여 줄 것이다. 그 이유를 〈심화 4.1〉에 설명하였으니 참고하면 된다.

〈심화 4.1〉 csv vs xls (또는 xlsx)

'comma separated values'의 약자인 csv는 입력값을 'commas'로 구분하여 저장하는 파일로 'comma-delimited'로도 불린다. 같은 자료를 Excel의 xls로도 저장할 수 있으므로 xls와 csv의 차이점을 궁금해하는 경우가 많다. csv는 'plain text format'으로 기본적인 입력 내용만 포함한다. 반면, xls는 해당 xls 파일에 저장된 모든 worksheets에 입력된 내용뿐만 아니라 포맷, 수식, 매크로, 그래프 등에 대한 정보를 포괄하므로 csv보다 훨씬 용량이 크고 메모리를 많이 차지한다. 또한, csv는 text editor 종류에 관계없이 쓸 수 있는 반면, xls는 Excel에서만 읽힌다는 차이점이 있다. 따라서 자료분석 목적으로는 xls보다 csv 파일이 선호되는 편이다.

〈R 자료: TESTANX 자료〉

data	변수명	변수 설명
학생 (_C)	ID.C	학생 ID
	GENDER	학생 성별(0: 남학생, 1: 여학생)
	TWIN	쌍둥이 여부(0: 아니오, 1: 예)
	TESTANX01−10	시험 불안 척도 10문항 응답(5점 Likert 척도)
	TESTANX.SUM	시험 불안 척도 총합
	ACHPRESS	부모의 성취 압력 척도 총합
학부모 (_P)	ID.C	자녀(학생) ID
	ID.P	학부모 ID
	GENDER.C	자녀(학생) 성별
	SCHOOL	자녀 학교(A, B, C)
	AGE.M	모(M: mother) 나이
	AGE.F	부(F: father) 나이
	EDU.M	모 학력(1: 고졸 이하, 2: 전문대학, 3: 4−6년제 대학교, 4: 석사 및 박사 이상)
	EDU.F	부 학력(1: 고졸 이하, 2: 전문대학, 3: 4−6년제 대학교, 4: 석사 및 박사 이상)
	INCOME	가계소득(만원)

**[data file: TESTANX_C.csv
TESTANX_P.csv]**

[R 4.1] csv 데이터 불러오기

〈R 명령문과 결과〉

〈R code〉

```
TESTANX_C = read.csv("TESTANX_C.csv")
TESTANX_P = read.csv("TESTANX_P.csv")
str(TESTANX_C)
str(TESTANX_P)
```

〈R 결과〉

```
> str(TESTANX_C)
'data.frame'    : 50 obs. of 15 variables:
 $ ID.C         : int 101 102 103 104 105 106 107 108 109 110 ...
 $ GENDER       : int 0 1 0 1 0 0 0 0 0 1 ...
 $ TWIN         : int 0 0 0 0 0 0 0 0 0 1 ...
 $ TESTANX01    : int 4 2 3 4 5 2 3 1 3 4 ...
 $ TESTANX02    : int 5 4 2 2 4 2 3 2 2 4 ...
 $ TESTANX03    : int 4 4 3 4 3 2 2 1 1 3 ...
 $ TESTANX04    : int 4 4 5 5 3 2 5 1 2 4 ...
 $ TESTANX05    : int 3 4 3 4 5 2 3 2 2 3 ...
 $ TESTANX06    : int 5 4 3 4 3 2 4 1 3 3 ...
 $ TESTANX07    : int 3 4 4 3 3 2 4 1 2 5 ...
 $ TESTANX08    : int 5 5 3 4 4 1 3 1 1 4 ...
 $ TESTANX09    : int 2 3 3 3 5 2 3 2 3 4 ...
 $ TESTANX10    : int 4 3 3 5 4 3 4 2 2 4 ...
 $ TESTANX.SUM  : int 39 37 32 38 39 20 34 14 21 38 ...
 $ ACHPRESS     : int 47 54 52 44 54 42 49 31 36 58 ...

> str(TESTANX_P)
'data.frame'  : 50 obs. of 9 variables:
 $ ID.C       : int 101 102 103 104 105 106 107 108 109 110 ...
 $ ID.P       : int 901 902 903 904 905 906 907 908 909 910 ...
 $ GENDER.C   : int 0 1 0 1 0 0 0 0 0 1 ...
 $ SCHOOL     : Factor w/ 3 levels "A","B","C": 3 2 1 1 1 3 1 1 2 1 ...
 $ AGE.M      : int 38 41 38 41 42 40 45 43 39 42 ...
 $ AGE.F      : int 39 45 38 42 41 41 47 48 38 40 ...
 $ EDU.M      : int 1 3 2 1 3 2 2 3 3 4 ...
 $ EDU.F      : int 1 4 3 1 2 3 1 3 4 4 ...
 $ INCOME     : int 550 590 NA 470 460 600 NA 820 610 860 ...
```

먼저, 두 데이터 파일을 R의 작업공간에 불러온다. 제2장과 동일한 방식으로 File-Import Dataset 메뉴의 명령을 활용해도 되고, 데이터 파일이 csv 형식이기 때문에 read.csv( ) 함수를 활용해도 좋다.[2] [R 4.1]에서 read.csv( )를 활용하여 데이터 객체에 저장하고 str( )로 객체 구조를 확인하였다. TESTANX_C와 TESTANX_P는 50명에 대하여 각각 15개와 9개 변수를 입력한 자료다.

[R 4.1]에서 읽어 들인 자료는 편의상 다른 csv 파일에 저장되었을 뿐, 학생과 학부모는 서로 연결되는 자료다. 즉, 어떤 학생과 그 학부모가 답하고 입력한 설문 자료를 하나의 자료로 정리할 수 있다. 이 예시에서 학생 자료의 학생 ID(ID.C)가 학부모 자료에도 똑같은 이름의 변수(ID.C)로 입력되었기 때문에 학생 ID 변수를 활용하여 학생 자료와 학부모 자료를 병합하면 된다. 이때 merge( ) 함수를 쓴다. 구체적으로 merge( ) 함수에 원하는 순서대로 학생 자료(TESTANX_C)와 학부모 자료(TESTANX_P)를 입력한 뒤, by 인자에 key가 되는 변수인 학생 ID(ID.C)를 입력한다([R 4.2]). 만일 두 자료에서 key가 되는 변수의 이름이 서로 다르다면 by.x와 by.y 인자를 활용하여 각각의 변수명을 순서대로 입력하면 된다.

병합된 객체는 TESTANX라는 이름으로 생성되었다([R 4.2]). 학생 자료와 학부모 자료가 모두 TESTANX 객체에 잘 병합되었는지 확인하기 위하여 다시 str( ) 함수를 쓸 수 있다. 그 결과, 학생 자료와 학부모 자료의 모든 변수가 TESTANX 객체에 포함된 것을 확인할 수 있다. 단, key가 된 ID.C 변수는 같은 변수이므로 중복을 피하기 위하여 한 번만 제시된다.

---

2) File-Import Dataset의 From text(base) 명령을 활용할 경우 [R 4.1]과 동일하게 read.csv( ) 함수를 활용해 데이터를 불러오게 되므로 두 방법은 결과에 차이가 없다. 단, From text(base) 메뉴 활용 시 Heading 등의 설정이 올바르게 되어 있는지 확인할 필요가 있다. 이 예시 자료의 경우 변수명이 첫 행에 존재하므로 Heading 설정을 Yes로 두어야 한다.

[R 4.2] merge( ) 함수를 활용한 객체의 병합

〈R 명령문과 결과〉

〈R code〉

```
TESTANX = merge(TESTANX_C, TESTANX_P, by = "ID.C")
str(TESTANX)
```

〈R 결과〉

```
> str(TESTANX)
'data.frame'     : 50 obs. of  23 variables:
 $ ID.C          : int  101 102 103 104 105 106 107 108 109 110 ...
 $ GENDER        : int  0 1 0 1 0 0 0 0 0 1 ...
 $ TWIN          : int  0 0 0 0 0 0 0 0 0 1 ...
 $ TESTANX01     : int  4 2 3 4 5 2 3 1 3 4 ...
 $ TESTANX02     : int  5 4 2 2 4 2 3 2 2 4 ...
 $ TESTANX03     : int  4 4 3 4 3 2 2 1 1 3 ...
 $ TESTANX04     : int  4 4 5 5 3 2 5 1 2 4 ...
 $ TESTANX05     : int  3 4 3 4 5 2 3 2 2 3 ...
 $ TESTANX06     : int  5 4 3 4 3 2 4 1 3 3 ...
 $ TESTANX07     : int  3 4 4 3 3 2 4 1 2 5 ...
 $ TESTANX08     : int  5 5 3 4 4 1 3 1 1 4 ...
 $ TESTANX09     : int  2 3 3 3 5 2 3 2 3 4 ...
 $ TESTANX10     : int  4 3 3 5 4 3 4 2 2 4 ...
 $ TESTANX.SUM: int  39 37 32 38 39 20 34 14 21 38 ...
 $ ACHPRESS      : int  47 54 52 44 54 42 49 31 36 58 ...
 $ ID.P          : int  901 902 903 904 905 906 907 908 909 910 ...
 $ GENDER.C      : int  0 1 0 1 0 0 0 0 0 1 ...
 $ SCHOOL        : Factor w/ 3 levels "A","B","C": 3 2 1 1 1 3 1 1 2 1 ...
 $ AGE.M         : int  38 41 38 41 42 40 45 43 39 42 ...
 $ AGE.F         : int  39 45 38 42 41 41 47 48 38 40 ...
 $ EDU.M         : int  1 3 2 1 3 2 2 3 3 4 ...
 $ EDU.F         : int  1 4 3 1 2 3 1 3 4 4 ...
 $ INCOME        : int  550 590 NA 470 460 600 NA 820 610 860 ...
```

2 간단한 결측치 대체

[R 4.2]의 str(TESTANX) 출력 결과를 살펴보면, INCOME 변수의 3번과 7번 관측치가 NA로 표기되어 있음을 알 수 있다. NA는 특수 자료 유형으로 해당 변수 값이 결측되었다는 것을 뜻한다. 가계소득(INCOME)과 같이 민감한 내용을 다루는 변수는 응답자가 응답을 꺼려 결측이 흔히 발생하는 편이다. 일반적인 통계 프로그램은 결측이 하나도 없는 자료를 상정하므로, 자료분석 전 결측치 처리가 선행되어야 한다.

R에는 결측을 처리하는 다양한 패키지가 있다. 이를테면 VIM 패키지의 aggr( ) 등의 함수는 결측치를 시각적으로 확인할 수 있도록 도와주고, Amelia 패키지는 EM(Expectation-Maximization), MI(Multiple Imputation, 다중대체법) 등의 고급 결측 처리 기법을 담당한다. 그러나 이러한 패키지는 기본 패키지가 아니므로 패키지를 다운로드한 후 불러들이는 절차가 필수적이며, 그 원리를 이해하려면 상당한 양의 이론적인 공부 또한 수반되어야 한다. R의 기본 내장 함수인 complete.cases( )와 is.na( )를 활용해도 어떤 변수의 어떤 값이 결측인지 정도는 충분히 탐색 가능하다. 특히 na.omit( ) 또는 mean( ) 함수를 통한 완전제거(listwise deletion)와 평균대체(mean imputation)를 통하여 간단하게 결측을 처리할 수 있다. 이 장에서는 가장 간단한 결측치 대체기법을 설명하였다. 좀 더 발전된 결측치 대체기법을 알고 싶다면 제8장을 참고하면 된다.

1) 결측치 확인

결측치 처리에 앞서 어떤 변수의 몇 번째 관측치가 결측되었는지 알아볼 필요가 있다. complete.cases( ) 함수는 해당 객체의 모든 관측치 중 결측이 존재하지 않는 완전한 사례(complete case)의 위치를 TRUE 또는 FALSE로 알려 준다. 즉, TRUE가 반환된 사례는 결측이 없고, FALSE가 반환되는 사례는 결측이 있다. 그러나 관측치가 많을수록 complete.cases( ) 함수의 결과를 한눈에 파악하기 쉽지 않으므로 which( ) 함수와 부정 논리연산인 !를 complete.cases와 같이 쓴다. which(!complete.cases(TESTANX)) 함수 출력 결과, 3, 7, 23, 26번째 관측치는 적어도 하나의 변수에서 결측치가 있다는 것을 알 수 있다([R 4.3]).

complete.cases( ) 함수가 결측이 있는 행(사례)의 위치를 알려 주는데, 결측이 어떤 열(변수)에서 일어나는지에 대한 정보는 주지 않는다. 결측치가 존재하는 위치를 정확하게 파악하려면 is.na( ) 함수를 쓸 수 있다. is.na( ) 함수는 객체의 모든 행과 열 중 NA 값이 있는 위치에 TRUE, 그리고 NA가 없는 위치에는 FALSE로 표시된 행렬을 반환한다. 그러나 이 경우에도 객체의 크기가 클수록 출력 결과가 방대하여 일일이 눈으로 확인하기에 한계가 있다. 이때 좋은 방법은 열 전체의 값을 더해서 보여 주는 colSums( ) 함수를 활용하는 것이다. is.na( ) 함수가 반환하는 TRUE/FALSE 논리 자료형은 더하기 빼기 등의 사칙연산에서 TRUE는 1로 FALSE는 0으로 취급된다. 따라서 is.na( )의 결과에 colSums( )를 수행하면 각 변수에서 결측된 사례의 수를 더해서 알려 준다. [R 4.3]에서 INCOME 변수 이외의 모든 변수에서는 열의 합이 0으로 나타나 결측치를 나타내는 NA가 존재하지 않다는 것을 파악할 수 있다.

is.na( ) 함수는 데이터프레임이나 행렬 객체뿐만 아니라 벡터 객체에도 활용된다. 데이터프레임 객체인 TESTANX에서 결측이 있는 변수는 INCOME이었다. INCOME 변수만을 불러와 is.na( ) 함수에 입력할 경우 벡터로 표현된 TESTANX$INCOME에서 NA가 있는 위치에 TRUE가 표기된 것을 알 수 있다. 즉, 3, 7, 23, 26번 관측치 값이 결측되었으며(TRUE), 이는 which(!complete.cases( )) 함수 결과와 일치한다는 것을 확인할 수 있다.

[R 4.3] 결측치 확인[3]

〈R 명령문과 결과〉

〈R code〉

```
complete.cases(TESTANX)
which(!complete.cases(TESTANX))
is.na(TESTANX)
colSums(is.na(TESTANX))
is.na(TESTANX$INCOME)
```

〈R 결과〉

```
> complete.cases(TESTANX)
 [1]  TRUE  TRUE  FALSE  TRUE  TRUE  TRUE  FALSE  TRUE  TRUE  TRUE  TRUE  TRUE  TRUE
TRUE  TRUE  TRUE  TRUE  TRUE  TRUE  TRUE
---(후략)---

> which(!complete.cases(TESTANX))
[1]  3  7 23 26

> is.na(TESTANX)
---(전략)---
      TESTANX.SUM ACHPRESS  ID.P GENDER.C SCHOOL AGE.M AGE.F EDU.M EDU.F INCOME
 [1,]       FALSE    FALSE FALSE    FALSE  FALSE FALSE FALSE FALSE FALSE  FALSE
 [2,]       FALSE    FALSE FALSE    FALSE  FALSE FALSE FALSE FALSE FALSE  FALSE
 [3,]       FALSE    FALSE FALSE    FALSE  FALSE FALSE FALSE FALSE FALSE   TRUE
 [4,]       FALSE    FALSE FALSE    FALSE  FALSE FALSE FALSE FALSE FALSE  FALSE
 [5,]       FALSE    FALSE FALSE    FALSE  FALSE FALSE FALSE FALSE FALSE  FALSE
---(후략)---

> colSums(is.na(TESTANX))
       ID.C      GENDER        TWIN   TESTANX01   TESTANX02   TESTANX03   TESTANX04   TESTANX05   TESTANX06   TESTANX07
          0           0           0           0           0           0           0           0           0           0
  TESTANX08   TESTANX09   TESTANX10 TESTANX.SUM    ACHPRESS        ID.P    GENDER.C      SCHOOL       AGE.M       AGE.F
          0           0           0           0           0           0           0           0           0           0
      EDU.M       EDU.F      INCOME
          0           0           4

> is.na(TESTANX$INCOME)
 [1]  FALSE  FALSE  TRUE  FALSE  FALSE  FALSE  TRUE  FALSE  FALSE  FALSE  FALSE  FALSE
FALSE  FALSE  FALSE  FALSE  FALSE  FALSE  FALSE  FALSE
---(후략)---
```

3) 출력 결과가 방대하여 일부만 제시하였다.

2) 완전제거

이제 결측치를 처리하기 위한 방법 중 가장 간단한 방법인 완전제거(listwise deletion)를 소개한다. 완전제거는 결측치가 하나라도 있는 사례는 아예 분석에서 삭제하는 방법으로 대부분의 자료분석 프로그램에서의 디폴트로 쓰인다. R에서는 기본 내장 함수인 na.omit( )으로 완전제거를 실행한다. 즉, na.omit( ) 함수는 NA 값이 하나라도 있는 관측치가 모두 제거된 객체를 반환한다. na.omit( )으로 완전제거 후 생성된 데이터프레임 객체를 str( ) 함수로 살펴보면, 이제 더 이상 INCOME 변수에서 NA 값이 보이지 않는다([R 4.4]). R은 출력 결과 가장 아래에 메타 데이터를 나타내는 attr 부분에서 몇 번째 관측치가 삭제되었는지도 알려 준다. 즉, 3, 7, 23, 26번째 사례가 삭제되었으며, str( ) 함수를 실행한 첫 번째 결과에서도 46명의 사례만 남은 것을 알 수 있다.

이 예시에서 원자료가 50명이었는데 완전제거 후 46개로 줄어들었다. 즉, 92%(=46/50)의 사례가 남은 것이다. 완전제거 후 결측률이 매우 작다면 완전제거를 쓰는 것도 나쁘지 않은 선택이다. 그러나 변수 수가 많을수록 완전제거 후 자료 손실이 커질 수 있으며, 원래 완전제거는 결측 메커니즘 중 가장 강력한 통계적 가정을 충족해야 한다는 문제가 있다. 이에 대한 자세한 설명은 제8장을 참고하면 된다. 따라서 가능하다면 완전제거의 사용을 지양하고 제8장의 보다 발전된 결측치 처리 기법을 활용할 것을 추천한다.

[R 4.4] na.omit( )을 활용한 완전제거

〈R 명령문과 결과〉

〈R code〉

```
TESTANX.omit = na.omit(TESTANX)
str(TESTANX.omit)
```

〈R 결과〉

```
> str(TESTANX.omit)
'data.frame'     : 46 obs. of  23 variables:
 $ ID.C          : int  101 102 104 105 106 108 109 110 111 112 ...
 $ GENDER        : int  0 1 1 0 0 0 0 1 0 1 ...
 $ TWIN          : int  0 0 0 0 0 0 0 1 0 0 ...
 $ TESTANX01     : int  4 2 4 5 2 1 3 4 4 3 ...
 $ TESTANX02     : int  5 4 2 4 2 2 2 4 2 3 ...
 $ TESTANX03     : int  4 4 4 3 2 1 1 3 2 4 ...
 $ TESTANX04     : int  4 4 5 3 2 1 2 4 2 4 ...
 $ TESTANX05     : int  3 4 4 5 2 2 2 3 2 2 ...
 $ TESTANX06     : int  5 4 4 3 2 1 3 3 3 4 ...
 $ TESTANX07     : int  3 4 3 3 2 1 2 5 2 3 ...
 $ TESTANX08     : int  5 5 4 4 1 1 1 4 1 4 ...
 $ TESTANX09     : int  2 3 3 5 2 2 3 4 3 3 ...
 $ TESTANX10     : int  4 3 5 4 3 2 2 4 3 4 ...
 $ TESTANX.SUM: int  39 37 38 39 20 14 21 38 24 34 ...
 $ ACHPRESS      : int  47 54 44 54 42 31 36 58 38 51 ...
 $ ID.P          : int  901 902 904 905 906 908 909 910 911 912 ...
 $ GENDER.C      : int  0 1 1 0 0 0 0 1 0 1 ...
 $ SCHOOL        : Factor w/ 3 levels "A","B","C": 3 2 1 1 3 1 2 1 1 3 ...
 $ AGE.M         : int  38 41 41 42 40 43 39 42 42 42 ...
 $ AGE.F         : int  39 45 42 41 41 48 38 40 44 46 ...
 $ EDU.M         : int  1 3 1 3 2 3 3 4 3 2 ...
 $ EDU.F         : int  1 4 1 2 3 3 4 4 2 3 ...
 $ INCOME        : int  550 590 470 460 600 820 610 860 500 440 ...
 - attr(*, "na.action")= 'omit' Named int  3 7 23 26
  ..- attr(*, "names")= chr  "3" "7" "23" "26"
```

3) 평균대체

완전제거는 특별한 통계 지식이 필요 없으며, 사용하기도 편리하다. 50명×23개 변수로 구성되는 TESTANX 예시 자료는 총 1,150개의 데이터 포인트 중 단 4개만 결측되어 결측률이 약 0.35%에 불과하였으므로 완전제거를 적용 시 큰 무리가 없다. 그러나 결측 사례가 많거나 다양한 변수에서 결측이 발생한 자료에 완전제거를 적용하면 극히 일부 자료만 남는다는 문제가 발생한다. 완전제거 대신 대체(imputation)법을 활용할 수 있다. 대체법은 결측값을 다른 적당한 값으로 대체하여 자료를 삭제하지 않고 최대한 활용하려는 기법이다. 평균대체는 결측치를 제외한 평균값으로 결측을 대체하는 방법이다.

[R 4.5]에서 결측이 발생한 INCOME 변수의 평균을 확인하였다. 결측이 있는 객체에 대하여 mean( ) 함수를 활용하여 평균을 구하려 할 때 주의할 점이 있다. mean( ) 함수가 NA를 반환하지 않게 하려면 na.rm = TRUE 인자를 추가로 입력해야 한다. 그 결과, NA인 값을 제외한 값의 평균은 624.3478이었다.

[R 4.5] mean( )으로 평균 구하기

〈R 명령문과 결과〉

〈R code〉

```
mean(TESTANX$INCOME)
mean(TESTANX$INCOME, na.rm = TRUE)
```

〈R 결과〉

```
> mean(TESTANX$INCOME)
[1] NA
> mean(TESTANX$INCOME, na.rm = TRUE)
[1] 624.3478
```

자료 수정 시 원자료 객체에 곧바로 수정하기보다 복제본을 생성한 후 복제본에 수정하는 것을 권장한다. 원자료에 수정이 시작된 이후는 다시 원본으로 되돌리기 쉽지 않기 때문이다. [R 4.6]의 첫 번째 행을 실행하면 TESTANX.mi라는 복제본이 생성된다. 복제된 객체인 TESTANX.mi의 INCOME 변수에서 색인 기호인 대괄호 '[ ]'로 NA가 존재하는 관측치의 위치를 지정해 준다. 대괄호 내부에 포함된 is.na(TESTANX$INCOME)의 결과는 [R 4.4]에서 확인했다시피 INCOME 변수가 결측된 관측치의 위치에서만 TRUE를 반환한다. TESTANX.mi$INCOME에서 결측치가 존재하는 값만을 선택하는 [is.na(TESTANX$INCOME)]을 결측치를 제외한 변수의 평균값으로 수정하면 된다. [R 4.5]에서 구한 결과값인 624.3478을 직접 입력할 수도 있고, [R 4.6]에서와 같이 해당 값을 계산했던 함수(mean(TESTANX$INCOME, na.rm = TRUE))를 붙여넣기해도 된다. 평균대체 후 TESTANX.mi 객체의 구조를 살펴보면, 완전제거한 TESTANX.omit과 달리 50개 관측치에 결측이 없으며, INCOME 변수의 4개 결측값은 이제 624.3478이라는 값으로 대체되었음을 확인할 수 있다.

평균대체는 완전제거법만큼이나 쓰기 쉽고 편리한 방법이지만 단점 또한 크다. 평균대체는 그 변수의 평균값은 똑같이 유지하는 반면, 분산과 공분산과 같은 다른 분포 특성값은 왜곡한다는 문제가 있다(Little & Rubin, 2002). 구체적으로 평균대체 이후 분산이 과소추정되며 사례 수가 과장되어 신뢰구간이 원래보다 좁게 된다. 즉, 평균대체 이후 통계적 추론은 타당하지 않을 수 있다. 완전제거법과 마찬가지로 평균대체 역시 결측률이 매우 작을 때 고려할 수 있는 방법이므로 다시 제8장의 결측자료 대체기법을 추천한다.

[R 4.6] 평균대체

〈R 명령문과 결과〉

〈R code〉

```
TESTANX.mi = TESTANX
TESTANX.mi$INCOME[is.na(TESTANX$INCOME)] <- mean(TESTANX$INCOME,
na.rm = TRUE) # 복제된 객체의 INCOME 변수에서 결측된 관측치만을 수정한다.
str(TESTANX.mi)
TESTANX.mi$INCOME[is.na(TESTANX$INCOME)]
```

〈R 결과〉

```
> str(TESTANX.mi)
'data.frame'      : 50 obs. of  23 variables:
 $ ID.C           : int  101 102 103 104 105 106 107 108 109 110 ...
 $ GENDER         : int  0 1 0 1 0 0 0 0 0 1 ...
 $ TWIN           : int  0 0 0 0 0 0 0 0 0 1 ...
 $ TESTANX01      : int  4 2 3 4 5 2 3 1 3 4 ...
 $ TESTANX02      : int  5 4 2 2 4 2 3 2 2 4 ...
 $ TESTANX03      : int  4 4 3 4 3 2 2 1 1 3 ...
 $ TESTANX04      : int  4 4 5 5 3 2 5 1 2 4 ...
 $ TESTANX05      : int  3 4 3 4 5 2 3 2 2 3 ...
 $ TESTANX06      : int  5 4 3 4 3 2 4 1 3 3 ...
 $ TESTANX07      : int  3 4 4 3 3 2 4 1 2 5 ...
 $ TESTANX08      : int  5 5 3 4 4 1 3 1 1 4 ...
 $ TESTANX09      : int  2 3 3 3 5 2 3 2 3 4 ...
 $ TESTANX10      : int  4 3 3 5 4 3 4 2 2 4 ...
 $ TESTANX.SUM    : int  39 37 32 38 39 20 34 14 21 38 ...
 $ ACHPRESS       : int  47 54 52 44 54 42 49 31 36 58 ...
 $ ID.P           : int  901 902 903 904 905 906 907 908 909 910 ...
 $ GENDER.C       : int  0 1 0 1 0 0 0 0 0 1 ...
 $ SCHOOL         : Factor w/ 3 levels "A","B","C": 3 2 1 1 1 3 1 1 2 1 ...
 $ AGE.M          : int  38 41 38 41 42 40 45 43 39 42 ...
 $ AGE.F          : int  39 45 38 42 41 41 47 48 38 40 ...
 $ EDU.M          : int  1 3 2 1 3 2 2 3 3 4 ...
 $ EDU.F          : int  1 4 3 1 2 3 1 3 4 4 ...
 $ INCOME         : num  550 590 624 470 460 ...

> TESTANX.mi$INCOME[is.na(TESTANX$INCOME)]
[1] 624.3478 624.3478 624.3478 624.3478
```

제5장

R 응용 II: 자료 전처리

1. 영근처 분산 변수
2. 중복변수 탐색 및 삭제
3. 더미코딩
4. 케이스 선택
5. 조건에 따라 값 바꾸기
6. 로그 변환

〈필수 용어〉

영근처 분산, 중복변수, 더미코딩, 케이스 선택, 변환

〈학습목표〉

1. 영근처 분산 변수, 중복변수 등을 파악하고 처리할 수 있다.
2. 더미코딩을 수행할 수 있다.
3. 자료분석의 목적에 맞게 케이스를 선택할 수 있다.
4. 자료분석의 목적에 맞게 변수 변환을 수행할 수 있다.

제2장부터 제4장에서 RStudio 설치부터 시작하여 R 객체와 데이터프레임 생성, 외부 데이터 불러오기, 자료병합 등을 설명하였다. 제4장에서 강조하였듯이 자료 전처리를 어떻게 하느냐에 따라 분석 결과까지 달라지게 된다. R의 마지막 장인 이 장에서 자료 전처리 중 핵심이 되는 영근처 분산 변수 탐색, 더미코딩, 케이스 선택, 조건에 따라 값 바꾸기, 변환 등을 다루겠다.

1 영근처 분산 변수

자료를 살펴보면 간혹 극단적인 응답 비율을 보이는 변수가 존재한다. 예컨대, 폭력 경험 여부나 쌍둥이 여부와 같은 변수는 극히 작은 비율만 그렇다고 응답한다. 이러한 변수의 분산은 거의 0에 가깝기 때문에 '영근처 분산(near zero variance)' 변수라고 한다. 영근처 분산 변수는 모형에 기여하는 바가 적으며 오히려 분석 시 문제를 일으킬 수 있기 때문에 일반적으로 분석에서 배제한다. 영근처 분산의 변수를 확인하는 방법으로 caret 패키지의 nearZeroVar( ) 함수를 쓸 수 있다. 앞선 분석에서 자료의 결측률이 적은 편이었으므로 이후의 분석에서는 완전제거를 수행해 둔 TESTANX. omit 자료를 기반으로 설명하겠다.

우선 caret 패키지를 설치한 후 nearZeroVar( ) 함수를 실행한다([R 5.1]). nearZeroVar( ) 함수는 모두 같은 값인 변수,[1] 전체 관측치 수에 비해 너무 적은 수가 선택한 응답 범주가 있는 변수, 가장 많이 응답한 범주와 그다음으로 많이 응답한 범주 간 비율이 매우 큰 변수 등을 탐색한 후 그 변수의 열 번호를 반환한다. nearZeroVar( ) 함수의 names 인자를 TRUE로 설정할 경우 변수의 번호가 아니라 변수의 이름을 확인할 수 있다. 이 예시에서 세 번째 변수인 TWIN 변수가 영근처 분산에 해당된다. table( ) 함수로 TWIN 변수의 예/아니오 응답 빈도를 살펴보면, 46명 중 단 2명이 쌍둥이였다.

---

1) '지난 6개월 이내 한 번이라도 신체적/언어적 폭력을 당한 적이 있나요?'라는 문항에 모든 응답자가 '없다'고 답했다면 이 변수의 분산은 0이다.

[R 5.1] nearZeroVar( ) 함수로 영근처 분산 변수 확인하기

〈R 명령문과 결과〉

〈R code〉

```
install.packages("caret")
library(caret)
nearZeroVar(TESTANX.omit)
nearZeroVar(TESTANX.omit, names = T)
table(TESTANX.omit$TWIN)
```

〈R 결과〉

```
> nearZeroVar(TESTANX.omit)
[1] 3
> nearZeroVar(TESTANX.omit, names = T)
[1] "TWIN"
> table(TESTANX.omit$TWIN)
 0  1
44  2
```

[R 5.1]에서 모든 설정을 기본값으로 둔 상태에서 영근처 분산을 탐색한 결과, 세 번째 변수만이 영근처 분산이었다. 연구자가 판단하기에 너무 많은 영근처 분산 변수가 탐색되거나 영근처 분산일 것으로 의심되는 변수가 있는데 탐색되지 않을 경우 nearZeroVar( ) 함수가 영근처 분산을 탐색하는 민감도를 조정할 수 있다. 민감도는 freqCut, uniqueCut 등의 인자로 설정하면 된다. 자세한 사항은 ?nearZeroVar( )를 입력한 후 도움말을 참고하기를 바란다.

[R 5.2]에서 nearZeroVar( ) 함수를 통해 발견된 영근처 분산 변수를 제외한 데이터 프레임 객체를 새로 생성하였다. 색인 기능과 '–' 기호를 활용해 TESTANX.omit 객체에서 nearZeroVar( ) 함수 결과로 탐색된 영근처 분산 변수를 제외하였다. 이제 영근처 분산 변수를 제외한 데이터 객체로 분석을 진행하겠다.

[R 5.2] 영근처 분산 변수를 제거한 객체 생성

〈R 명령문과 결과〉

〈R code〉

```
TESTANX.omit.nzv = TESTANX.omit[,-nearZeroVar(TESTANX.omit)]
# 영근처 분산 변수(열)를 제외한 객체의 생성
str(TESTANX.omit.nzv)
```

〈R 결과〉

```
> str(TESTANX.omit.nzv)
'data.frame'      : 46 obs. of  22 variables:
 $ ID.C           : int  101 102 104 105 106 108 109 110 111 112 ...
 $ GENDER         : int  0 1 1 0 0 0 0 1 0 1 ...
 $ TESTANX01      : int  4 2 4 5 2 1 3 4 4 3 ...
 $ TESTANX02      : int  5 4 2 4 2 2 2 4 2 3 ...
 $ TESTANX03      : int  4 4 4 3 2 1 1 3 2 4 ...
 $ TESTANX04      : int  4 4 5 3 2 1 2 4 2 4 ...
 $ TESTANX05      : int  3 4 4 5 2 2 2 3 2 2 ...
 $ TESTANX06      : int  5 4 4 3 2 1 3 3 3 4 ...
 $ TESTANX07      : int  3 4 3 3 2 1 2 5 2 3 ...
 $ TESTANX08      : int  5 5 4 4 1 1 1 4 1 4 ...
 $ TESTANX09      : int  2 3 3 5 2 2 3 4 3 3 ...
 $ TESTANX10      : int  4 3 5 4 3 2 2 4 3 4 ...
 $ TESTANX.SUM    : int  39 37 38 39 20 14 21 38 24 34 ...
 $ ACHPRESS       : int  47 54 44 54 42 31 36 58 38 51 ...
 $ ID.P           : int  901 902 904 905 906 908 909 910 911 912 ...
 $ GENDER.C       : int  0 1 1 0 0 0 0 1 0 1 ...
 $ SCHOOL         : Factor w/ 3 levels "A","B","C": 3 2 1 1 3 1 2 1 1 3 ...
 $ AGE.M          : int  38 41 41 42 40 43 39 42 42 42 ...
 $ AGE.F          : int  39 45 42 41 41 48 38 40 44 46 ...
 $ EDU.M          : int  1 3 1 3 2 3 3 4 3 2 ...
 $ EDU.F          : int  1 4 1 2 3 3 4 4 2 3 ...
 $ INCOME         : int  550 590 470 460 600 820 610 860 500 440 ...
```

2 중복변수 탐색 및 삭제

TESTANX 데이터 수집 시 학생과 학부모에게 학생 성별을 물어보고 각각 GENDER와 GENDER.C 변수에 입력하였다. 설문 응답 시 부주의만 없다면 GENDER 변수와 GENDER.C 변수 값은 서로 같아야 한다. 즉, 이 변수들은 중복되는 변수다. 이렇게 데이터 수집 또는 코딩 시 결과적으로 같은 정보를 모으거나 입력하는 경우가 발생한다. 이때 쓸 수 있는 함수가 바로 duplicated( )다. duplicated( )는 중복된 관측치(행)를 탐색하는 함수로, 두 번째 이후로 등장하는 중복된 관측치의 위치에 TRUE를 반환한다. 따라서 FALSE가 반환된 관측치만을 남기면 중복된 행이 모두 사라지게 된다. duplicated( ) 함수를 활용해 중복된 변수를 탐색할 때 행렬의 전치(transpose)[2]를 수행하는 함수인 t( )를 함께 활용하면 편하다. [R 5.3]에서 두 함수를 함께 활용해 중복변수를 제거한 결과, 중복변수인 GENDER.C가 제거되고 GENDER만 남은 것을 알 수 있다.

[R 5.3] duplicated( )와 t( )로 중복변수 제거

〈R 명령문과 결과〉

〈R code〉

```
!duplicated(t(TESTANX.omit.nzv)) # 부정 연산자를 활용해 결과의 T/F를 뒤집음
TESTANX.omit.nzv.dup = TESTANX.omit.nzv[,!duplicated(t(TESTANX.omit.nzv))]
# 중복된 열을 제거한 객체를 생성함
str(TESTANX.omit.nzv.dup)
```

2) 행과 열을 바꾸는 것을 뜻한다.

〈R 결과〉

```
> !duplicated(t(TESTANX.omit.nzv)) # 부정 연산자를 활용해 결과의 T/F를 뒤집음
     ID.C      GENDER  TESTANX01   TESTANX02   TESTANX03   TESTANX04   TESTANX05   TESTANX06   TESTANX07   TESTANX08
     TRUE        TRUE       TRUE        TRUE        TRUE        TRUE        TRUE        TRUE        TRUE        TRUE
TESTANX09   TESTANX10 TESTANX.SUM   ACHPRESS        ID.P    GENDER.C      SCHOOL       AGE.M       AGE.F       EDU.M
     TRUE        TRUE       TRUE        TRUE        TRUE       FALSE        TRUE        TRUE        TRUE        TRUE
    EDU.F      INCOME
     TRUE        TRUE

> str(TESTANX.omit.nzv.dup)
'data.frame'       : 46 obs. of  21 variables:
 $ ID.C            : int  101 102 104 105 106 108 109 110 111 112 ...
 $ GENDER          : int  0 1 1 0 0 0 0 1 0 1 ...
 $ TESTANX01       : int  4 2 4 5 2 1 3 4 4 3 ...
 $ TESTANX02       : int  5 4 2 4 2 2 2 4 2 3 ...
 $ TESTANX03       : int  4 4 4 3 2 1 1 3 2 4 ...
 $ TESTANX04       : int  4 4 5 3 2 1 2 4 2 4 ...
 $ TESTANX05       : int  3 4 4 5 2 2 2 3 2 2 ...
 $ TESTANX06       : int  5 4 4 3 2 1 3 3 3 4 ...
 $ TESTANX07       : int  3 4 3 3 2 1 2 5 2 3 ...
 $ TESTANX08       : int  5 5 4 4 1 1 1 4 1 4 ...
 $ TESTANX09       : int  2 3 3 5 2 2 3 4 3 3 ...
 $ TESTANX10       : int  4 3 5 4 3 2 2 4 3 4 ...
 $ TESTANX.SUM     : int  39 37 38 39 20 14 21 38 24 34 ...
 $ ACHPRESS        : int  47 54 44 54 42 31 36 58 38 51 ...
 $ ID.P            : int  901 902 904 905 906 908 909 910 911 912 ...
 $ SCHOOL          : Factor w/ 3 levels "A","B","C": 3 2 1 1 3 1 2 1 1 3 ...
 $ AGE.M           : int  38 41 41 42 40 43 39 42 42 42 ...
 $ AGE.F           : int  39 45 42 41 41 48 38 40 44 46 ...
 $ EDU.M           : int  1 3 1 3 2 3 3 4 3 2 ...
 $ EDU.F           : int  1 4 1 2 3 3 4 4 2 3 ...
 $ INCOME          : int  550 590 470 460 600 820 610 860 500 440 ...
```

중복변수가 아니더라도 분석에 필요하지 않은 변수의 제거가 필요한 경우가 있다. 이 예시는 시험불안 척도 10문항에 대한 응답이 모두 포함되어 있는데, 척도의 총합만을 분석에 활용할 계획이라면 각 문항에 대한 응답을 제거할 수 있다. [R 5.4]에서 각 문항 응답 변수의 열 번호를 확인한 후 데이터 객체에서 제거하였다. 객체를 NULL로 설정하면 해당 객체가 제거된다.

[R 5.4] 불필요한 변수 제거

〈R 명령문과 결과〉

〈R code〉

```
colnames(TESTANX.omit.nzv.dup) # 불필요한 변수 번호의 확인
TESTANX.omit.nzv.dup[,3:12] <- NULL
str(TESTANX.omit.nzv.dup) # 불필요한 변수가 제거됨
```

〈R 결과〉

```
> colnames(TESTANX.omit.nzv.dup) # 불필요한 변수 번호의 확인
 [1] "ID.C"        "GENDER"      "TESTANX01"   "TESTANX02"   "TESTANX03"   "TESTANX04"   "TESTANX05"   "TESTANX06"
 [9] "TESTANX07"   "TESTANX08"   "TESTANX09"   "TESTANX10"   "TESTANX.SUM" "ACHPRESS"    "ID.P"        "SCHOOL"
[17] "AGE.M"       "AGE.F"       "EDU.M"       "EDU.F"       "INCOME"

> str(TESTANX.omit.nzv.dup) # 불필요한 변수가 제거됨
'data.frame'     : 46 obs. of  11 variables:
 $ ID.C          : int  101 102 104 105 106 108 109 110 111 112 ...
 $ GENDER        : int  0 1 1 0 0 0 0 1 0 1 ...
 $ TESTANX.SUM   : int  39 37 38 39 20 14 21 38 24 34 ...
 $ ACHPRESS      : int  47 54 44 54 42 31 36 58 38 51 ...
 $ ID.P          : int  901 902 904 905 906 908 909 910 911 912 ...
 $ SCHOOL        : Factor w/ 3 levels "A","B","C": 3 2 1 1 3 1 2 1 1 3 ...
 $ AGE.M         : int  38 41 41 42 40 43 39 42 42 42 ...
 $ AGE.F         : int  39 45 42 41 41 48 38 40 44 46 ...
 $ EDU.M         : int  1 3 1 3 2 3 3 4 3 2 ...
 $ EDU.F         : int  1 4 1 2 3 3 4 4 2 3 ...
 $ INCOME        : int  550 590 470 460 600 820 610 860 500 440 ...
```

3 더미코딩

[R 5.4]의 str( ) 결과에서 수치(int)로 입력된 다른 변수들과 달리 SCHOOL은 문자(Factor)로 입력된 변수임을 알 수 있다. 원본 csv 파일에서 해당 변수의 값이 문자인 A, B, C였고, read.csv( ) 함수가 이 변수를 범주형 변수로 읽어 들인 것이다. 명명척도 또는 서열척도로 측정된 범주형 변수를 더미코딩(dummy coding) 후 분석에 투입

해야 하는 경우가 있다. 더미코딩된 변수를 더미변수(dummy variable: 가변수)라고 한다. 예를 들어 성별을 남자를 1로, 여자를 2로 입력했다고 하자. 이 경우 1과 2로 입력된 변수를 숫자 그대로의 의미로 분석에서 바로 쓸 수 없다. 남자가 1, 여자가 2인 것은 편의상 그렇게 입력한 것이지, 여자가 남자보다 크기가 1만큼 더 크다거나, 남자가 여자보다 1만큼 더 작다고 말할 수 없기 때문이다. 성별을 0 또는 1로만 구성되는 더미변수로 바꿀 경우 연속형 변수로 취급할 수 있다.

더미변수는 수준의 숫자에서 1을 뺀 숫자만큼 만들면 된다. 성별의 예에서 남자, 여자의 2개 수준이 있으므로 더미변수는 하나만 만들면 된다. 남자를 1로 하고 여자를 0으로 해도 되고, 반대로 여자를 1로, 남자를 0으로 해도 된다. 단, 0으로 입력이 되는 수준이 해석 시 기준이 된다는 것만 유념하면 된다. 예시 자료의 SCHOOL 변수는 〈표 5.1〉과 같이 더미코딩할 수 있다. SCHOOL 변수가 남학교, 여학교, 남녀공학으로 구성되며 각각 A, B, C로 입력되어 범주가 3개이므로 2개의 더미변수(SCHOOL.A, SCHOOL.B)를 만들었다(〈표 5.1〉). 이 예시에서 남녀공학을 모두 0으로 입력했기 때문에 남녀공학이 참조집단(또는 기준집단)이 된다. 즉, SCHOOL.A가 1이고 SCHOOL.B가 0인 경우는 남학교, SCHOOL.A가 0이고 SCHOOL.B가 1인 경우 여학교, 둘 다 모두 0인 경우 남녀공학이 된다. 만일 참조집단을 여학교로 하고자 한다면, SCHOOL.A, SCHOOL.B가 모두 0인 경우가 여학교가 되도록 입력하면 된다.

〈표 5.1〉 더미코딩 예시

학교	SCHOOL.A	SCHOOL.B
남학교(A)	1	0
여학교(B)	0	1
남녀공학(C)	0	0

Factor로 기록된 범주형 변수는 R 함수에 따라 자동으로 더미코딩되기도 하고, 연구자가 직접 더미변수(dummy variable: 가변수)를 생성해야 하는 경우도 있다. R에서 다양한 방법으로 더미변수를 생성할 수 있는데, 이 장에서는 기본 내장 함수인 transform( ) 함수와 ifelse( ) 함수를 활용해 더미변수를 생성하는 예시를 보여 주겠

다. transform( ) 함수는 객체를 수정하는 함수이고, ifelse( ) 함수는 입력받은 논리연산의 결과에 따라 미리 지정한 값을 반환하는 함수다. [R 5.5]에서 transform( ) 함수는 첫 번째 자리에 입력된 객체 TESTANX.omit.nzv.dup를 수정한다. 구체적으로 ifelse( ) 함수를 활용하여 SCHOOL.A와 SCHOOL.B라는 변수를 새로 구성하는데, ifelse( ) 함수에 입력된 두 개의 논리연산은 각각 SCHOOL 변수의 입력값이 "A" 또는 "B"인지 묻고 있다. 즉, 결과값이 TRUE인 경우 1이, FALSE인 경우 0이 반환된다.

더미코딩한 데이터 객체에 str( ) 함수를 실행한 결과, SCHOOL.A와 SCHOOL.B 변수가 새로 생성되었다([R 5.5]). 원래 있던 SCHOOL 변수값과 비교해 보면 더미코딩 값이 올바르게 입력되었다는 것도 확인할 수 있다. 이를테면 SCHOOL 변수의 첫 번째 행의 값이 3이었는데 이에 해당되는 SCHOOL.A와 SCHOOL.B의 값이 모두 0이다. 마찬가지로 SCHOOL 변수의 두 번째 값은 2였고, 이에 해당되는 SCHOOL.A와 SCHOOL.B의 값이 각각 0과 1로 옳게 입력되었다. 참고로 더미코딩 후 더미코딩에 쓰인 원래 변수(이 경우 SCHOOL) 변수는 분석에 포함하면 안 된다. 해당 변수의 정보를 이미 더미변수로 모두 옮겼기 때문에 원래 변수까지 분석에 투입할 경우 정보가 완전히 겹치기 때문이다.

[R 5.5] transform( )과 ifelse( )로 더미코딩

〈R 명령문과 결과〉

〈R code〉

```
TESTANX.omit.nzv.dup.dummy =
transform(TESTANX.omit.nzv.dup,
          SCHOOL.A = ifelse(TESTANX.omit.nzv.dup$SCHOOL == "A", 1, 0),
          SCHOOL.B = ifelse(TESTANX.omit.nzv.dup$SCHOOL == "B", 1, 0))
str(TESTANX.omit.nzv.dup.dummy)
```

〈R 결과〉

```
> str(TESTANX.omit.nzv.dup.dummy)
'data.frame'    : 46 obs. of  13 variables:
 $ ID.C         : int  101 102 104 105 106 108 109 110 111 112 ...
 $ GENDER       : int  0 1 1 0 0 0 0 1 0 1 ...
 $ TESTANX.SUM  : int  39 37 38 39 20 14 21 38 24 34 ...
 $ ACHPRESS     : int  47 54 44 54 42 31 36 58 38 51 ...
 $ ID.P         : int  901 902 904 905 906 908 909 910 911 912 ...
 $ SCHOOL       : Factor w/ 3 levels "A","B","C": 3 2 1 1 3 1 2 1 1 3 ...
 $ AGE.M        : int  38 41 41 42 40 43 39 42 42 42 ...
 $ AGE.F        : int  39 45 42 41 41 48 38 40 44 46 ...
 $ EDU.M        : int  1 3 1 3 2 3 3 4 3 2 ...
 $ EDU.F        : int  1 4 1 2 3 3 4 4 2 3 ...
 $ INCOME       : int  550 590 470 460 600 820 610 860 500 440 ...
 $ SCHOOL.A     : num  0 0 1 1 0 1 0 1 1 0 ...
 $ SCHOOL.B     : num  0 1 0 0 0 0 1 0 0 0 ...
```

4 케이스 선택

전체 자료가 아니라 자료의 일부만 골라 분석해야 하는 경우가 있다. 예를 들어, 수집한 자료에서 여학생 또는 남학생에 대해서만 기술통계를 살펴보고 싶다고 하자. 이때 subset( ) 함수를 쓰면 된다. [R 5.6]에서 subset( ) 함수로 각각 여학생과 남학생인 사례로만 구성된 객체를 생성하였다. 즉, GENDER 변수가 0인 남학생과 GENDER 변수가 1인 여학생을 각각 TESTANX.boy, TESTANX.girl이라는 새로운 객체로 생성하였다. 지면 관계상 TESTANX.girl 객체의 str( ) 함수 결과만 출력하였다. 전체 50명 중 12명인 여학생 자료만으로 구성된 TESTANX.girl 객체가 생성되었다는 것을 확인할 수 있다.

[R 5.6] subset( )으로 사례 선택 1

〈R 명령문과 결과〉

〈R code〉

```
TESTANX.boy = subset(TESTANX.omit.nzv.dup.dummy, GENDER==0)
TESTANX.girl = subset(TESTANX.omit.nzv.dup.dummy, GENDER==1)
str(TESTANX.girl)
```

〈R 결과〉

```
> str(TESTANX.girl)
'data.frame'     : 12 obs. of  13 variables:
 $ ID.C          : int  102 104 110 112 114 118 120 122 124 132 ...
 $ GENDER        : int  1 1 1 1 1 1 1 1 1 1 ...
 $ TESTANX.SUM: int  37 38 38 34 36 46 32 40 47 33 ...
 $ ACHPRESS      : int  54 44 58 51 44 53 42 56 61 46 ...
 $ ID.P          : int  902 904 910 912 914 918 920 922 924 932 ...
 $ SCHOOL        : Factor w/ 3 levels "A","B","C": 2 1 1 3 1 1 3 3 2 2 ...
 $ AGE.M         : int  41 41 42 42 44 39 37 42 43 41 ...
 $ AGE.F         : int  45 42 40 46 47 41 40 46 47 47 ...
 $ EDU.M         : int  3 1 4 2 4 1 1 3 2 3 ...
 $ EDU.F         : int  4 1 4 3 4 1 2 3 3 4 ...
 $ INCOME        : int  590 470 860 440 950 660 680 770 750 740 ...
 $ SCHOOL.A      : num  0 1 1 0 1 1 0 0 0 0 ...
 $ SCHOOL.B      : num  1 0 0 0 0 0 0 0 1 1 ...
```

[R 5.7]에서 subset( )을 이용하여 INCOME 변수가 평균 이상인 사례만을 선택해 새로운 객체로 구성하는 예시를 보여 준다. 새로 생성된 TESTANX.highinc에서 23명의 가계소득(INCOME)이 평균 이상이었음을 알 수 있다.

[R 5.7] subset( )으로 사례 선택 2

〈R 명령문과 결과〉

〈R code〉

```
TESTANX.highinc=subset(TESTANX.omit.nzv.dup.dummy, INCOME >=
        mean(TESTANX.omit.nzv.dup.dummy$INCOME))
str(TESTANX.highinc)
```

〈R 결과〉

```
> str(TESTANX.highinc)
'data.frame'     : 23 obs. of  13 variables:
 $ ID.C          : int  108 110 113 114 115 116 118 120 121 122 ...
 $ GENDER        : int  0 1 0 1 0 0 1 1 0 1 ...
 $ TESTANX.SUM   : int  14 38 30 36 28 20 46 32 38 40 ...
 $ ACHPRESS      : int  31 58 39 44 47 39 53 42 49 56 ...
 $ ID.P          : int  908 910 913 914 915 916 918 920 921 922 ...
 $ SCHOOL        : Factor w/ 3 levels "A","B","C": 1 1 1 1 3 1 1 3 2 3 ...
 $ AGE.M         : int  43 42 41 44 34 39 39 37 43 42 ...
 $ AGE.F         : int  48 40 42 47 36 40 41 40 43 46 ...
 $ EDU.M         : int  3 4 3 4 2 3 1 1 3 3 ...
 $ EDU.F         : int  3 4 3 4 2 4 1 2 4 3 ...
 $ INCOME        : int  820 860 660 950 660 660 660 680 720 770 ...
 $ SCHOOLA       : num  1 1 1 1 0 1 1 0 0 0 ...
 $ SCHOOLB       : num  0 0 0 0 0 0 0 0 1 0 ...
```

5 조건에 따라 값 바꾸기

연속형 변수를 범주형 변수로 만들거나 변수 범주를 재구성하여 분석해야 하는 경우가 있다. 연속형 변수인 가계소득 변수를 평균을 넘는 집단과 그렇지 않은 집단으로 범주형 변수로 만드는 경우를 생각해 보자. 더미코딩 시 활용된 transform( ) 함수를 쓸 수 있으나 이번에는 dplyr 패키지의 mutate( ) 함수를 이용한 예시를 보여 주겠다. [R 5.8]에서 가계소득이 평균을 넘는 집단을 1, 그렇지 않은 집단을 0으로 코딩한

INCOME.high 변수를 만들어 TESTANX.new라는 새로운 객체로 저장하였다. 이때 'INCOME > 624.3478'은 TRUE 또는 FALSE의 논리형 자료를 반환하므로 그 결과를 다시 as.integer( ) 함수를 써서 1 또는 0으로 바꾸었다는 점을 눈여겨볼 필요가 있다.

다음은 특정 자리에 있는 수치 또는 문자를 추출하기 위하여 substr( ) 함수를 쓰는 예시다. 예를 들어, substr(10425, 1, 2)는 10425라는 숫자의 첫 번째(1)에서 두 번째(2) 자릿수인 '10'을 반환하고, substr("EDUCATION", 4, 6)은 EDUCATION이라는 문자의 네 번째(4)에서 여섯 번째(6) 문자인 "CAT"를 반환한다. TESTANX 데이터의 가계소득 변수(INCOME)는 만원 단위로 코딩되는 세 자리 숫자다(예: 550, 590, 470 등). INCOME 변수 값에서 백의 자리 숫자만 잘라 내려면 substr(INCOME, 1, 1)을 쓰면 된다. 참고로 substr( ) 함수가 반환하는 값은 항상 문자(character)로 취급되므로 as.integer( )를 활용해 수치로 바꾸어야 한다.[3] [R 5.8]에서 이 과정을 거쳐 생성한 변수를 TESTANX.new 객체에 INCOME.ord라는 이름으로 저장하였다.

table( )을 활용하여 아버지 학력과 새로 생성된 INCOME.high와 INCOME.ord 간 관계를 각각 알아보겠다. 먼저 아버지 학력(EDU.F)과 INCOME.high 변수에 대한 교차표다. 편의상 INCOME.high 변수가 1일 때 가계소득 상 집단, 0일 때 가계소득 하 집단으로 부르겠다. 1부터 4까지의 아버지 학력과 가계소득 상/하 집단이 8개 셀(cell)로 정리되었다. 아버지 학력이 고졸 이하(EDU.F=1)일 때 가계소득이 하(INCOME.high=0)인 경우가 5건, 상(INCOME.high=1)인 경우가 2건이었고, 아버지 학력이 석박사 이상(EDU.F=4)일 때 가계소득이 하(INCOME.high=0)인 경우가 4건, 상(INCOME.high=1)인 경우가 11건이었다.

다음 교차표는 아버지 학력에 따라 가계소득을 백 단위로 끊어서 제시한 것이다. 아버지 학력이 고졸 이하(EDU.F=1)일 때 300만 원대 수입인 사례가 1건(INCOME.ord=3), 400만 원대 수입인 사례가 2건(INCOME.ord=4)인 반면, 아버지 학력이 석박사 이상(EDU.F=4)일 때 500만 원대 수입이 최하였으며, 그때의 사례 수는 2건(INCOME.ord=5)이었고 900만 원대 수입도 1건(INCOME.ord=9) 있다는 것을 확인할 수 있다.

---

3) substr( )으로 문자를 추출할 경우 as.integer( )를 쓸 필요가 없다. 만일 문자 추출 시 as.integer( )를 적용하면 오류 메시지가 출력된다. "CAT"과 같은 문자를 수치로 강제 변환하는 것이 불가능하기 때문이다.

[R 5.8] mutate( ) 함수로 값 바꾸기

〈R 명령문과 결과〉

〈R code〉

```
table(TESTANX.omit.nzv.dup.dummy$EDU.F, TESTANX.omit.nzv.dup.dummy$INCOME)
install.packages("dplyr")
library(dplyr)
TESTANX.new = mutate(TESTANX.omit.nzv.dup.dummy, INCOME.high =
      as.integer(INCOME > 624.3478))
TESTANX.new = mutate(TESTANX.new, INCOME.ord = as.integer(substr(INCOME, 1, 1)))
table(TESTANX.new$EDU.F, TESTANX.new$INCOME.high)
table(TESTANX.new$EDU.F, TESTANX.new$INCOME.ord)
```

〈R 결과〉

```
> table(TESTANX.omit.nzv.dup.dummy$EDU.F, TESTANX.omit.nzv.dup.dummy$INCOME)

   310 380 410 440 460 470 500 510 530 550 560 590 600 610 660 680 700 720 730 740 750 770 780 820 860 950
 1   0   1   0   0   1   1   0   0   0   1   0   0   1   0   1   0   0   0   0   1   0   0   0   0   0   0
 2   1   0   1   0   1   0   2   0   0   0   1   0   0   0   2   2   0   0   0   0   0   0   0   0   0   0
 3   0   0   1   1   0   0   0   1   0   1   1   1   2   0   1   0   1   1   0   0   1   1   0   1   0   0
 4   0   0   0   0   0   0   0   0   1   0   0   1   0   2   2   0   0   2   1   2   0   0   1   0   2   1
> table(TESTANX.new$EDU.F, TESTANX.new$INCOME.high)
     0  1
  1  5  2
  2  6  4
  3  8  6
  4  4 11

> table(TESTANX.new$EDU.F, TESTANX.new$INCOME.ord)
    3 4 5 6 7 8 9
  1 1 2 1 2 1 0 0
  2 1 2 3 4 0 0 0
  3 0 2 4 3 4 1 0
  4 0 0 2 4 6 2 1
```

교차표 결과를 시각적으로 확인하기 위하여 제3장에서 설명한 boxplot( ) 함수로 상자 도표를 그려볼 수 있다. 아버지가 석 · 박사 이상의 학력인 집단(EDU.F=4)의 가계소득의 Q1, Q2, Q3 값이 다른 집단보다 높은 편이었다. 아버지가 석 · 박사 이상의 학력인 집단 중 가계소득이 900만 원대인 사례는 이상치(outlier, 그림에서 작은 원)로 표시된 점을 눈여겨볼 필요가 있다. 가계소득, 임금과 같은 변수는 정적편포를 갖는 경우가 많으며 비정상적으로 큰 값을 갖는 이상치가 자주 발견된다. 이런 경우 로그 변환을 활용하면 분포를 정규분포에 가깝게 교정하고 이상치를 일부 제거할 수 있다. 다음 항에서 로그 변환 후 상자 도표를 그리는 예시를 보여 줄 것이다.

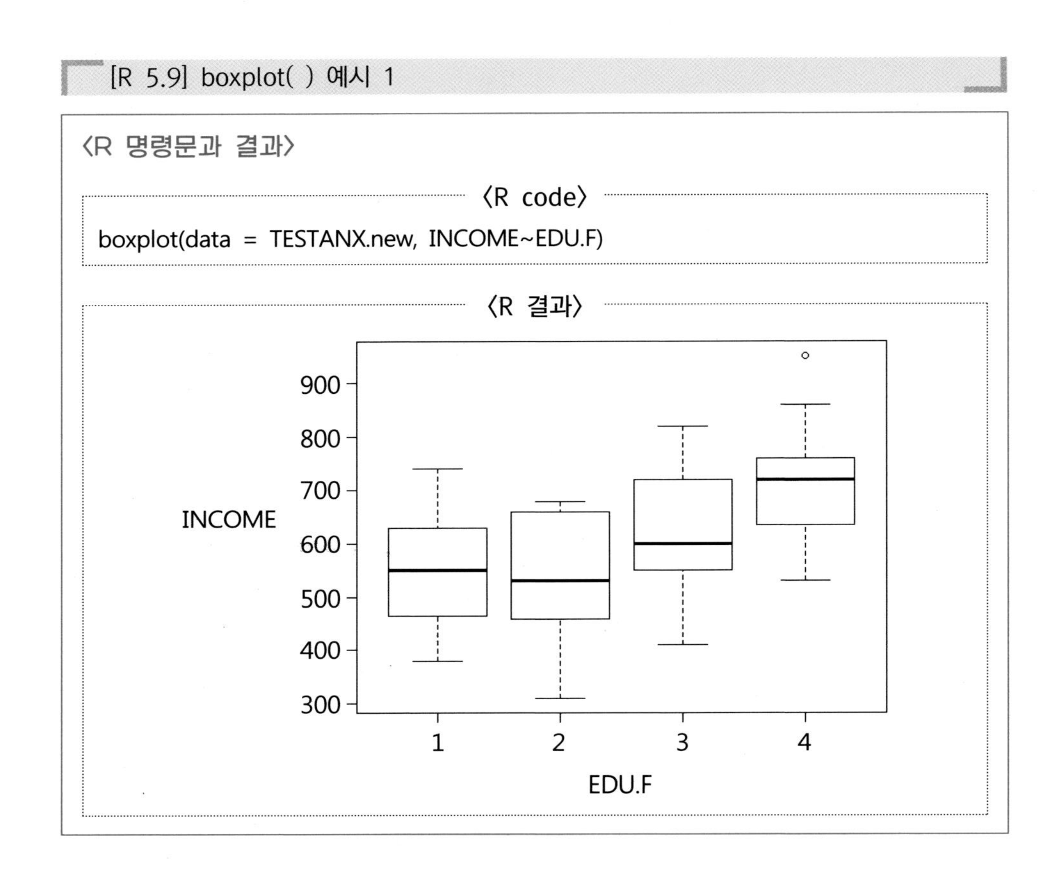

6 로그 변환

가계소득과 같은 변수는 그 편포로 인하여 통계분석 시 로그 변환한 변수를 주로 이용한다. [R 5.10]에서 mutate( ) 함수로 INCOME 변수를 로그 변환하고 INCOME.log를 생성하였다. str( ) 함수 출력 결과 가장 아랫 줄에 INCOME.log 변수가 새로 생성된 것을 알 수 있다. summary( ) 함수로 INCOME.log 변수의 범위 및 중심경향값을 확인하였다.

[R 5.10] mutate( ) 함수로 로그 변환하기

〈R 명령문과 결과〉

〈R code〉

```
TESTANX.new = mutate(TESTANX.new, INCOME.log = log(INCOME))
str(TESTANX.new)
summary(TESTANX.new$INCOME.log)
```

〈R 결과〉

```
> str(TESTANX.new)
'data.frame'      : 46 obs. of  16 variables:
 $ ID.C          : int  101 102 104 105 106 108 109 110 111 112 ...
 $ GENDER        : int  0 1 1 0 0 0 0 1 0 1 ...
 $ TESTANX.SUM   : int  39 37 38 39 20 14 21 38 24 34 ...
 $ ACHPRESS      : int  47 54 44 54 42 31 36 58 38 51 ...
 $ ID.P          : int  901 902 904 905 906 908 909 910 911 912 ...
 $ SCHOOL        : Factor w/ 3 levels "A","B","C": 3 2 1 1 3 1 2 1 1 3 ...
 $ AGE.M         : int  38 41 41 42 40 43 39 42 42 42 ...
 $ AGE.F         : int  39 45 42 41 41 48 38 40 44 46 ...
 $ EDU.M         : int  1 3 1 3 2 3 3 4 3 2 ...
 $ EDU.F         : int  1 4 1 2 3 3 4 4 2 3 ...
 $ INCOME        : int  550 590 470 460 600 820 610 860 500 440 ...
 $ SCHOOL.A      : num  0 0 1 1 0 1 0 1 1 0 ...
 $ SCHOOL.B      : num  0 1 0 0 0 0 1 0 0 0 ...
 $ INCOME.high   : int  0 0 0 0 0 1 0 1 0 0 ...
 $ INCOME.ord    : int  5 5 4 4 6 8 6 8 5 4 ...
 $ INCOME.log    : num  6.31 6.38 6.15 6.13 6.4 ...

> summary(TESTANX.new$INCOME.log)
   Min. 1st Qu.  Median    Mean 3rd Qu.    Max.
  5.737   6.282   6.453   6.411   6.579   6.856
```

[R 5.11]에서 새로 생성한 INCOME.log와 EDU.F 변수로 상자 도표를 그렸다. 로그 변환 전인 [R 5.9]와 전반적으로 비슷한 결과를 보이는데, 로그 변환 후 EDU.F=4인 축에 있던 이상치가 사라진 점이 눈에 띄는 차이점이다.

[R 5.11] boxplot( ) 예시 2

〈R 명령문과 결과〉

〈R code〉

```
boxplot(data = TESTANX.new, INCOME.log~EDU.F)
```

〈R 결과〉

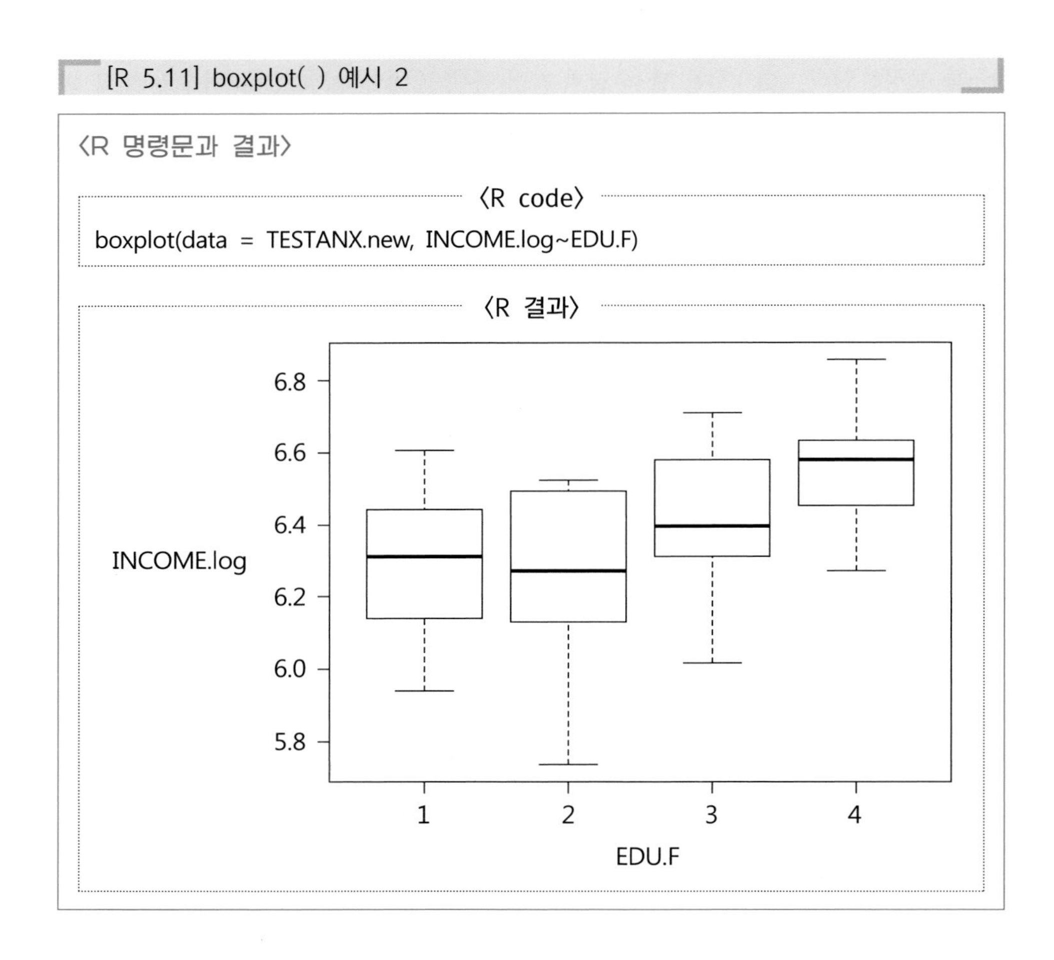

제6장

OLS 회귀모형

1. 개관
2. 통계적 추론
3. OLS 회귀모형
4. R 예시

<필수 용어>

가설검정, 영가설, 대립가설, 유의수준, 유의확률, 점추정, 구간추정, 통계적 가정, 수정 결정계수, 다중공선성, OLS, 이상치

<학습목표>

1. 통계적 추론과 관련되는 기본적인 개념을 이해하고 설명할 수 있다.
2. 회귀모형의 주요 개념을 이해하고 설명할 수 있다.
3. R에서 OLS 회귀분석을 실행하고 해석할 수 있다.

1 개관

자연 · 사회 현상으로부터 규칙을 도출하기 위하여 노력해 온 인간의 역사에서 자료 수집 및 분석의 중요성은 지속적으로 강조되어 왔는데, 소위 빅데이터 시대인 현대 사회로 접어들며 정점을 찍고 있다고 해도 과언이 아니다. 매일매일의 일기 예보와 시시각각 변하는 교통량 예측은 물론이고, 선거철 또는 이슈가 있을 때마다 대통령을 비롯한 정치인 및 정당의 지지도 추세, 그리고 현재는 COVID-19 확진자, 사망자, 완치자 숫자가 일별, 월별, 발생 경로별, 지역별로 집계되어 매 순간 인터넷상에 발표되고 있다. 통계는 이미 실생활 곳곳에서 필수 요소로 자리 잡았다.

빅데이터 시대의 자료분석이 특정 학문 영역에 국한되어 연구되는 것은 아니지만, 원래 자료 수집 및 분석은 통계학의 영역이었다. 18세기 수학 분야에서 심화된 확률론이 19세기 수리통계학으로 발전하였고, 18세기 후반에서 19세기 초반 촉발된 3차 산업혁명을 계기로 기계화를 통한 대량 생산이 가능해지면서 통계학에 대한 관심이 생겨나고 효용 또한 증가하게 되었다(박성현 등, 2018). 20세기에 접어들며 추론 및 실험설계를 비롯한 현대 통계학이 정립되기 시작하였으며, 4차 산업혁명 이후 빅데이터 시대의 도래와 함께 자료 집적 및 그러한 자료분석을 가능케 하는 컴퓨터 기술의 발전에 힘입어 통계학도 같이 발전하고 있다. 즉, 현대 통계학의 초점이 표집을 통한 자료 수집 및 분석으로부터 대용량 자료 및 빅데이터 분석을 통한 유용한 정보 창출로 이동하고 있다. 그렇다고 하여 추론에 기반한 전통적 통계학이 구식이라서 배울 필요가 없다는 뜻은 전혀 아니다. 연구문제 및 자료 특성에 따라 어떤 기법을 쓸지 결정되기 때문이다. 또한, 기계학습 기법에 여러 통계 개념이 녹아들어 있으며, 통계학의 회귀모형에 기초한 기계학습 기법도 다수 있다. 이를테면 빅데이터 분석 시 규제화(regularization) 기법으로 널리 쓰이는 벌점회귀모형(penalized regression)의 경우 선형회귀모형을 상정한다. 빅데이터 분석기법의 대명사처럼 쓰이는 딥러닝(deep learning)은 비선형회귀모형으로 분류된다. 따라서 기본적인 통계 이론을 이해함으로써 이후 장에서 설명될 기계학습 기법을 학습하고 적용하기 위한 기반을 닦을 필요가 있다.

이 장에서는 종속변수가 연속형 변수인 경우의 회귀모형을, 그리고 다음 장인 제7장에서는 종속변수가 범주형 변수인 경우의 회귀모형을 다룬다. 이 장의 1절에서는 선형회귀모형을 이해하기 위한 필수적인 이론으로 통계적 추론을 간략하게 설명하였다. 통계적 추론에는 추정과 가설검정이 포함된다. 구체적으로 추정에서는 점추정과 구간추정을, 가설검정에서는 영가설과 대립가설을 비롯하여 유의수준과 유의확률 등을 다루었다. 2절에서는 OLS 회귀모형의 통계적 모형 및 가정을 설명하고, 3절에서는 R 예시를 제시하였다.

2 통계적 추론

제3장에서 설명한 기술통계(descriptive statistics)는 표본의 특징을 말 그대로 '기술(describe)'하였다. 이 장의 추론통계(inferential statistics, 추리통계)는 표본의 특징을 모집단의 특징인 모수치(population parameter)로 추론(또는 추리, inference)하는 것이 목적이다. 어느 대통령 후보가 지지율이 높은지 여론조사를 해야 하는 상황을 생각해보자. 시간과 자금의 제한으로 전 국민을 대상으로 여론조사를 시행하고 결과를 분석하는 것은 불가능하다. 모집단, 즉 투표권을 가진 우리나라 국민을 잘 대표할 수 있는 표본(sample)을 표집(sampling)한다. 이때, 표본의 특징을 기술통계로 파악하는 것이 목적이 아니다. 그 표본으로부터 모집단의 특징을 추론하는 것이 중요하므로 추론통계를 적용해야 하는 것이다. 통계적 추론(statistical inference) 시 통계적 가설검정(statistical hypothesis testing)을 이용하는데, 통계적 가설검정을 제대로 이해하기 위하여 영가설과 대립가설, 유의수준과 유의확률, 점추정과 구간추정 등에 대한 이해가 선행되어야 한다. 각각에 대하여 자세히 알아보겠다.

1) 영가설과 대립가설

통계적 가설(statistical hypothesis)은 영가설(null hypothesis, 귀무가설)과 대립가설(alternative hypothesis)로 나뉜다. 영가설은 연구에서 검정받는 가설이며, 다른 증거가 없을 때 사실로 여겨지는 가설이다. 대립가설은 영가설이 부정되었을 때 진실로 남는 사실로서, 기초통계 수준에서는 연구자가 주장하고자 하는 내용이 된다. 처음부터 연구자가 주장하고자 하는 내용이 옳다고 하면 되지 않을까 생각할 수 있는데, 귀납법을 쓰는 통계학에서는 연구자의 가설이 옳다는 것을 보이는 것보다 틀리다는 것을 보이는 것이 더 쉽다. 어떤 가설이 옳다는 것을 보이려면 모든 가능한 경우에 대하여 그 가설이 옳다는 것을 보여야 하는데, 어떤 가설이 틀리다는 것은 반대로 틀린 사례 하나만 제시해도 되기 때문이다. 통계학에서의 가설검정은 수학에서의 귀류법과 비슷하다. 귀류법에서는 예를 들어 $\sqrt{2}$가 무리수인 것을 밝히기 위하여 거꾸로 '$\sqrt{2}$가 유리수'라고 시작하며 $\sqrt{2}$가 유리수인 것을 보여 주기 위하여 노력한다. 그런데 '$\sqrt{2}$가 유리수'라고 주장하기에는 아무리 해도 논리가 들어맞지 않으므로 $\sqrt{2}$는 유리수가 아니라는 결론에 이르게 된다. 다시 말해, $\sqrt{2}$가 유리수가 아니라면 무리수일 수밖에 없으므로 $\sqrt{2}$가 무리수라는 것을 보여 주는 것이다.

통계학에서의 가설검정은 수학의 귀류법처럼 일단 영가설이 참이라고 가정하는 것으로 시작한다. 연구자가 실험집단의 평균이 통제집단의 평균보다 높다는 것을 보이고 싶지만 실험집단의 평균이 통제집단의 평균과 같다고 가정하는 것이다. 이후의 통계적 검정 절차는 통계적 영가설이 참이라는 가정, 즉 실험집단과 통제집단의 평균이 같다는 가정하에 진행된다. 그런데 연구자가 모은 자료로는 이렇게 집단 평균이 같다고 하기에는 확률적으로 매우 일어나기 힘들다는 결과가 나왔다고 하자. 이러한 결과는 영가설을 참이라고 가정했을 때 야기되는 것이므로, '영가설이 참'이라고 하기 힘들지 않을까 의심하게 된다. 이후 설명될 유의수준과 유의확률을 비교하는 통계적 기준에 의하여 영가설을 기각하게 된다. 두 집단의 평균이 같다는 영가설이 기각되므로, 실험집단과 통제집단의 평균이 다르다고 결론을 내리게 된다. 이것이 통계적 가설검정이다.

〈필수 내용: 영가설과 대립가설〉

영가설: 연구에서 검정받는 가설로 다른 증거가 없을 때 사실로 여겨지는 가설
대립가설: 영가설이 부정되었을 때 진실로 남는 사실, 연구자가 주장하고자 하는 내용

2) 양측검정과 단측검정

연구에서 보통 밝히고자 하는 것은 '차이가 없다' '같다'보다는 '차이가 있다' '같지 않다'가 된다. 실험연구로 예를 들면, 연구목적은 실험이 효과적이라는 것을 보여 주는 것이다. 즉, 어떤 좋은 실험처치를 받는 실험집단이 그러한 처치를 받지 않는 통제집단보다 성적이 높아졌다든지, 폭력성이 감소했다든지, 사회성이 좋아졌다든지 하는 식으로 실험집단의 평균과 통제집단의 평균이 다르면 된다. 실험집단과 통제집단 간 차이가 없다는 것은 굳이 실험을 통하여 보일 필요가 없다. 다른 증거가 없다면 집단 간 차이가 없다고 보는 것이 일반적이기 때문이다. 앞서 대립가설이 연구자가 주장하는 진술이 되며, 그 반대가 영가설이 된다고 하였다. 그러므로 보통 영가설은 '같다' '차이가 없다'가 되며, 연구자가 밝히고자 하는 '같지 않다' '차이가 있다'는 대립가설이 된다. 다음과 같은 상황에서 영가설과 대립가설은 무엇인가?

> 지난 번 조사에서 K시를 포함한 전국 초등학교 4학년 학생들의 50m 달리기 평균이 10초였다. K시 소재 초등학교에서 체육 전담교사로 여러 해를 근무한 김 교사의 경험상 K시 4학년 학생의 평균은 10초를 상회한다. 김 교사는 K시 초등학교 4학년 학생의 50m 달리기 평균이 10초를 초과할 것이라고 생각하고, K시 초등학생 100명을 무선으로 표집하였다.

영가설은 다른 증거가 없을 때 사실로 여겨지는 가설이므로, 지난 번 조사 결과인 '초등학교 4학년 학생의 50m 달리기 평균이 10초다'가 영가설이 된다. 영가설의 반대를 대립가설로 생각할 수도 있지만, 대립가설을 알기 위하여 연구자인 김 교사가 주장하고자 하는 것이 무엇인지 알아야 한다. 김 교사는 K시 초등학교 4학년 학생의 50m 달리기 평균이 10초를 넘는다고 주장한다. 따라서 대립가설은 'K시 초등학교 4학년 학생의 50m 달리기 평균이 10초를 초과한다'가 된다. 수학에서의 귀류법처럼, 연구자인 김 교사는 'K시 초등학교 4학년 학생의 50m 달리기 평균이 10초를 초과한다'고 주장하기 위하여 반대로 'K시 초등학교 4학년 학생의 50m 달리기 평균이 10초'라는 영가설을 세우는 것이다. 통계적 영가설을 기호로 쓰면 $H_0 : \mu \leq 10$, 대립가설은 $H_A : \mu > 10$가 된다.

〈단측검정의 영가설과 대립가설〉

$H_0 : \mu \leq 10$

$H_A : \mu > 10$

김 교사가 학생의 50m 달리기 평균 기록이 10초 초과든 미만이든 어쨌든 10초는 아니라는 것만 보여 주고 싶어 한다고 하자. 이 경우 대립가설은 $H_A : \mu \neq 10$가 되며, 50m 달리기 평균이 10초만 아니면 된다. 즉, 10초보다 많든 적든 영가설을 기각할 수 있다. 이러한 검정을 양측검정(two-tailed test)이라고 한다. 대립가설을 $H_A : \mu > 10$로 잡는 경우는 달리기 기록이 10초를 초과하는 경우에만 영가설을 기각하게 된다. 만일 달리기 기록이 10초 미만인 경우라면 영가설을 기각할 수 없는 것이다. 이렇게 한쪽 방향으로만 검정하는 경우를 단측검정(one-tailed test)이라 한다. 다른 예를 하나 더 들어 보겠다. 다음의 예는 비율에 대한 것이다.

어떤 여론조사 회사에서 A후보의 지지율이 30%가 아닐 것이라고 가설을 세우고 A후보의 지역구에서 투표권이 있는 성인 1,500명을 무선으로 표집하고 지지율을 조사하였다.

영가설은 'A후보의 지지율이 30%다'가 되고, 대립가설은 'A후보의 지지율이 30%가 아니다'가 된다. 기호로 쓰면, 영가설과 대립가설이 각각 $H_0 : p = 0.3$, $H_A : p \neq 0.3$이다. 만일 'A후보의 지지율이 30%가 넘는다'라고 대립가설을 세운다면, 단측검정을 하게 된다. 이때 영가설은 $H_0 : p = 0.3$, 대립가설은 $H_A : p > 0.3$가 된다.

〈양측검정의 영가설과 대립가설〉

$H_0 : p = 0.3$

$H_A : p \neq 0.3$

3) 제1종 오류, 제2종 오류, 신뢰구간, 검정력

진실 여부가 불확실한 모든 종류의 결정에서 진실 vs 결정은 네 가지 상황이 가능하다. 자녀가 친자인지 아닌지 알아보려고 유전자 검사를 하는 예를 들어 보겠다. 다른 증거가 없을 때 친자가 아니라는 것이 사실로 여겨지므로 '친자가 아니다'가 영가설이 될 수 있다. 이때 두 가지 오류가 가능하다. 친자가 아닌데 친자라고 판정을 내리는 오류와 친자인데 친자가 아니라고 판정을 내리는 오류다. 나머지 친자가 아니라서 그렇게 판정을 내리거나, 친자라서 그렇게 판정을 내리는 경우는 오류가 아니다. 통계적 가설검정 시 이 두 가지 오류를 각각 제1종 오류와 제2종 오류로 부르고, 그때의 확률을 α와 β로 표기한다. 정리하면, 제1종 오류 확률(Type I error rate)은 영가설이 참인데도 영가설이 참이 아니라고 판단하여 영가설을 기각하는 경우에 대한 확률이다. 제2종 오류 확률(Type II error rate)은 반대로 영가설이 참이 아니므로 영가설을 기각해야 하는데 영가설을 기각하지 않는 경우에 대한 확률이다.

결정 \ 진실	친자가 아님 (영가설이 참)	친자임 (대립가설이 참)
친자가 아님 (영가설 기각하지 않음)	오류 아님	제2종 오류
친자임 (영가설 기각함)	제1종 오류	오류 아님

〈필수 내용: 제1종/2종 오류 확률〉

제1종 오류 확률: 영가설이 참인데도 (영가설이 참이 아니라고 판단하여) 영가설을 기각하는 경우에 대한 확률

제2종 오류 확률: 영가설이 참이 아닌데도 영가설을 기각하지 않는 경우에 대한 확률

달리기 예를 들면, 진실은 50m 달리기 평균이 10초인데 10초 초과라고 결정하는 오류와, 진실은 10초 초과인데 10초인 것으로 결정하는 오류가 있다. 전자가 제1종

오류, 후자는 제2종 오류의 예시가 된다. 이때 영가설이 참이라서 영가설을 기각하지 못하는 확률은 $1-\alpha$이며 이는 신뢰구간(Confidence Interval: CI)에 해당된다. 영가설이 참이 아니어서 영가설을 기각하는 확률은 $1-\beta$로 검정력(power)에 해당된다. 후보자 지지율의 예도 마찬가지다.

결정 \ 진실	10초 (영가설이 참)	10초 초과 (대립가설이 참)
10초 (영가설 기각하지 않음)	$1-\alpha$ 신뢰구간	β 제2종 오류 확률
10초 초과 (영가설 기각함)	α 제1종 오류 확률	$1-\beta$ 검정력
	1	1

결정 \ 진실	지지율이 0.30 (영가설이 참)	지지율이 0.30 아님 (대립가설이 참)
지지율이 0.30 (영가설 기각하지 않음)	$1-\alpha$ 신뢰구간	β 제2종 오류 확률
지지율이 0.30 아님 (영가설 기각함)	α 제1종 오류 확률	$1-\beta$ 검정력
	1	1

제1종 오류 확률과 제2종 오류 확률은 말 그대로 '오류(error)' 확률이므로 낮은 것이 더 좋다. 그런데 이 둘을 동시에 최소로 낮추는 것은 불가능하다. 한 종류의 오류를 낮추면 다른 종류가 높아질 수밖에 없기 때문에 상대적으로 무엇이 더 치명적인 오류인지 결정해야 한다. 일반적으로 영가설이 참인데 영가설을 기각하는 제1종 오류가 더 심각한 오판이라고 여긴다. 다른 증거가 없을 때 사실로 여겨지는 가설을 부정하고 상식을 위배하는 결정을 내렸는데 사실은 잘못 결정 내린 것이 제1종 오류이기 때문이다. 따라서 제1종 오류 확률인 α를 보통 더 낮게 설정한다. 자료를 모으고 통계적 분석을 시작하기 전에 '제1종 오류 확률', 즉 'α' 값을 정하는데 α값은 0.05(5%)[1]로 잡는 것이 일반적이다. 사회과학 연구에서 제2종 오류 확률인 β 값은 보통 0.20(20%)로 설정한다(Shadish et al., 2002).

4) 점추정과 구간추정

통계적 추정은 점추정(point estimation)과 구간추정(interval estimation)으로 나뉜다. 점추정은 모수치를 하나의 값으로 추정하고, 구간추정은 그 신뢰구간(confidence interval)을 추정한다. 'A후보와 B후보의 지지율이 각각 30%와 28%'라는 것은 점추정을 한 것이다. 구간추정은 점추정치를 중심으로 신뢰수준 $(1-\alpha)\times 100\%$에서 하한계(lower confidence limit)와 상한계(upper confidence limit)로 구간을 추정하는 것이다. 예를 들어, A후보의 지지율이 27%에서 32% 사이에 있고, B후보의 지지율이 25%에서 30% 사이에 있다고 하면, 이는 구간추정의 예시가 된다.

구간추정을 이해하려면 표본오차(sampling error) 또는 오차한계(limit of error)에 대한 이해가 선행되어야 한다. 표본오차를 좀 더 쉽게 설명하기 위하여 지지율로 예를 들어 보겠다. 지역구에서 투표권이 있는 성인 1,500명을 무선으로 표집하여 조사한 결과, A 후보의 지지율이 30%였다고 하자. 신뢰구간은 표본에서 얻은 지지율 추정값($\hat{p}$)에 표본오차를 더하고 뺀 값이 된다. 즉, $\hat{p}\pm$표본오차로 쓸 수 있다. 95% 신뢰수준에서 실제 지지율 p에 대한 표본오차는 $1.96\sqrt{\frac{p(1-p)}{n}}$ 이다. 실제 지지율에 대한 사전 정보가 없을 때 p값에 0.5를 대입하여 사용하므로 표본오차는 $1.96\sqrt{\frac{.25}{n}}$가 된다. 따라서 95% 신뢰수준에서 A 후보의 지지율은 다음과 같이 계산할 수 있다.

$$.30 \pm 1.96\sqrt{\frac{.25}{1,500}} \approx .30 \pm .025$$

표본오차가 2.5%(=.025)이므로 신뢰구간의 상한과 하한이 ±2.5% 만큼 움직인다. 따라서 95% 신뢰수준에서 A 후보의 지지율은 27%와 32% 사이가 된다. 마찬가지로 B 후보에 대한 지지율을 구하면 25%와 30% 사이이다. A 후보와 B 후보의 지지율을 점추정 결과로 판단한다면, A 후보가 B 후보보다 지지율이 2%p 더 높기 때문에 A 후보

1) 이 수치는 Fisher가 통계적 가설검정 이론을 발표하며 처음 제안한 값인데, 나중에 Fisher는 모든 통계적 가설검정에서 똑같은 수치를 일괄적으로 적용하는 것에 대하여 반대하였다고 한다.

의 지지율이 더 높다고 생각할 수 있다. 그러나 구간추정으로 추론한다면, A 후보가 B 후보보다 지지율이 높다고 말하는 것은 틀린 진술일 수 있다. 이 예시에서 두 후보의 신뢰구간이 겹치기 때문에 어느 후보의 지지율이 더 높다고 말하기 어렵다. 여론조사 기관에서 이렇게 결과가 나올 때 일반인의 이해를 돕기 위하여 '백중세'라고 표현하는 것을 보았다. 지지율 수치로는 어느 후보가 더 높아 보이지만 신뢰구간을 고려할 때 선불리 우세를 말하기 힘들다는 것을 뜻한다.

귀납법에 기반하며 불확실성까지 모형화해야 하는 통계의 특성을 고려할 때, 추정치를 어떤 한 점으로 추정하는 것보다 구간을 추정하는 것이 더 낫다. 제3장에서 어떤 분포에 대해 이해하려면 중심경향값뿐만 아니라 산포도도 함께 고려해야 한다는 것과 같은 맥락이다. 구체적으로 구간추정은 표본오차 크기까지 고려하므로 점추정보다 더 많은 정보를 제공한다. 정리하면, 통계적 검정에서는 구간추정을 이용한다. 다음 항에 설명될 유의수준에서도 구간추정 원리가 들어간다.

5) 유의수준, 유의확률

제1종 오류 확률인 α의 또 다른 이름은 유의수준(significance level)이다. 영가설이 참인데도 영가설을 기각하는 확률이 제1종 오류 확률이자 유의수준인 것이다. 유의수준을 이해하려면 앞서 설명한 구간추정에 대한 이해가 선행되어야 한다. 유의수준이 5%라는 것은 영가설이 참인 모집단에서 무수히 많이 표본을 얻어 검정할 때 그 통계치의 신뢰구간이 영가설을 포함하지 않을 확률이 5%라는 뜻이다. 즉, 점추정이 아닌 구간추정 원리가 가설검정에 이용된다.

〈필수 내용: 유의수준〉

유의수준(α: significance level)은 영가설이 참인 모집단에서 무수히 많이 표본을 얻어 검정할 때 그 통계치의 신뢰구간이 영가설을 포함하지 않을 확률을 뜻한다.

α =5%, 즉 95% 신뢰구간($1-\alpha$)은 무수히 많이 표본을 구하여 모평균에 대한 신뢰구간을 구할 때, 그 **신뢰구간**이 모평균 μ를 포함할 확률이 95%라는 뜻이다.

유의확률은 영가설이 참일 때 관측값으로부터 얻은 통계값이 영가설을 기각할 확률로, 분포의 꼬리 부분 확률이다. 즉, 작은 유의확률값은 영가설하에서 발생하기 힘든 검정통계량 값을 얻었다는 뜻이므로 영가설에 모순이 있다고 해석할 수 있다. 따라서 영가설을 기각하게 된다. 통계적 검정에서는 통계의 불확실성을 감안하여 영가설이 참인데 참이 아니라고 기각할 확률이 α는 될 수 있다고 처음부터 정해 놓고, 자료에서 얻은 확률값인 유의확률값(p-value, p값)과 α(유의수준)를 비교하여 유의확률값이 α보다 더 작은 경우 영가설을 기각한다. 예를 들어, 유의확률 값인 p값이 0.01로 나왔다면, 이는 1% 확률로 일어나는 사건이므로 5% 유의수준에서 영가설이 참이라고 하기는 매우 힘든 상황이 된다. 즉, 제1종 오류 확률이 0.05인 검정에서 0.01이라는 유의확률값(p값)을 얻었다면 영가설을 기각한다.

〈필수 내용: 유의확률〉

유의확률(p-value; significance probability)은 영가설이 참일 때 관측값으로부터 얻은 통계값이 영가설을 기각할 확률로, 분포의 꼬리 부분 확률이다.

$$\text{p-value} = P(\overline{X} > \bar{x}) \text{ when } H_0 : \mu = 0 \text{ vs } H_A : \mu > 0$$

작은 유의확률값은 영가설에 모순이 있다는 것을 뜻하므로 영가설을 기각하게 된다.

영가설을 기각하고 대립가설을 기각하지 않는 검정 통계치(test statistics)의 영역을 기각역(critical region, 또는 임계역), 그리고 기각역이 시작되는 값을 기각값(critical value, 또는 임계값)이라고 한다. 통계적 검정력(statistical power) 또한 매우 중요한 개념이다. 통계적 검정력은 영가설이 참이 아닐 때 영가설을 기각하는 확률($1-\beta$)로, 표본의 크기가 클수록, 분산이 작을수록, 유의수준이 클수록, 또는 집단 비교 시 집단 간의 차이가 클수록 커지는 특징이 있다. 통계적 추론에 대한 더 자세한 설명을 원한다면 유진은(2015a)의 제5장과 제6장을 참고하면 된다.

3 OLS 회귀모형[2)]

할아버지의 재력, 아버지의 무관심, 엄마의 정보력, 동생의 희생이 있어야 수능에서 높은 점수를 얻을 수 있다는 우스갯소리가 있었다. 할아버지의 재력, 아버지의 무관심, 엄마의 정보력, 동생의 희생을 조작적으로 정의하고 측정할 수 있다면, 이 변수들을 독립변수로, 그리고 수능성적을 종속변수로 두고 OLS(Ordinary Least Squares) 회귀분석(regression analysis)을 실시할 수 있다. 모든 통계적 추론에서는 그 통계적 가정을 충족하는지 확인하는 절차가 필수다. OLS 회귀분석에서는 독립변수와 종속변수 간 관계가 선형(linear)이라고 가정하고 독립변수와 종속변수 간 관계를 모형화하는데, 이때 모형의 오차에 대한 가정이 충족되어야 한다. 이 절에서는 OLS 회귀분석의 통계적 모형 및 가정을 설명하겠다.

1) 통계적 모형

독립변수가 하나인 단순회귀모형을 식으로 표기하면 식 (6.1)과 같다. 이 식에서 아래첨자 i는 표집된 사람이 몇 번째 사람인가를 뜻한다. β_0과 β_1은 각각 y 절편과 기울기가 되며, 이를 회귀계수(regression coefficient)라고 부른다. β_0은 x 값이 0일 때 y 값을, β_1은 x 값이 한 단위 증가할 때 y값의 변화량을 뜻한다. 오차에 대한 가정에서 iid는 'independent and identically distributed'의 약자로, 오차가 같은 분포에서 무선으로 뽑혔다는 뜻이다.

2) 유진은(2015a)의 책 제8장과 제9장을 부분적으로 인용하였다.

$$y_i = \beta_0 + \beta_1 x_i + \epsilon_i \ , \quad \epsilon_i \overset{\text{iid}}{\sim} N(0, \sigma^2) \qquad \cdots\cdots (6.1)$$

y_i: i번째 사람의 종속변수 관측치
β_0: 회귀모형의 y 절편
β_1: 회귀모형의 기울기
x_i: i번째 사람의 독립변수 관측치
ϵ_i: i번째 사람의 오차

단순회귀모형에서 β_0과 β_1 값을 추정하면 x 값을 대입하여 회귀모형에서의 추정치를 구할 수 있다. 이때, OLS로 회귀계수 값을 추정한다. 간단하게 설명하면, OLS는 관측치와 추정치 간 차이인 잔차 제곱합을 최소로 만들어 주는 회귀계수 값을 추정하는 방법이다. 보다 자세한 설명은 〈심화 6.1〉을 참고하면 된다.

OLS 회귀모형에서 독립변수와 종속변수가 선형(linear) 관계, 즉 일차함수 관계라고 가정한다. 독립변수와 종속변수가 모두 연속형 변수여야 한다. 척도로 보자면 동간척도 또는 비율척도가 되어야 하는 것이다. 만일 명명척도나 서열척도를 회귀모형에서 이용하고자 한다면, 더미변수(dummy variable)를 활용하면 된다. 독립변수가 두 개 이상인 경우 다중회귀분석이라고 부른다. 독립변수가 p개인 다중회귀분석의 통계적 모형은 식 (6.2)와 같다. 식 (6.1)과 비교 시 독립변수 수만 늘어났을 뿐, 오차에 대한 통계적 가정은 동일하다는 것을 확인할 수 있다.

$$y_i = \beta_0 + \beta_1 x_{1i} + \beta_2 x_{2i} + \ \ldots \ + \beta_p x_\pi + \epsilon_i, \ \ \epsilon_i \overset{\text{iid}}{\sim} N(0, \sigma^2) \qquad \cdots\cdots (6.2)$$

2) 통계적 가정: 잔차 분석

식 (6.1) 또는 (6.2)와 같은 선형회귀모형에서 오차(error: ϵ)는 회귀모형이 설명하지 못하고 남은 부분에 대한 값이다. 오차는 모두 분산이 σ^2인 정규분포에서 독립적으로 추출된 것이므로 등분산성 가정, 정규성 가정, 독립성 가정을 충족해야 하고, 오차의 평균이 0이므로 이상치(outlier, 이상점)가 없어야 한다. 다시 말해, 오차는 평균이 0이고 오차의 분포는 분산이 σ^2인 정규분포를 따르며, 오차들은 서로 독립이라고는 가정을 충족해야 한다. 그런데 오차값은 이론적인 값으로 각 관측치에 대한 오차값이 무엇인지 알기 어렵다는 문제가 있다. 반면, 잔차(residual: e)는 실제 자료에서 얻을 수 있는 값으로, 관측치에서 추정치($\hat{y}_i$)[3]를 뺀 값이다. 관측치와 추정치 간 차이의 절댓값이 작을수록 추정이 잘 되었다고 할 수 있다. 관측치와 추정치 간 차이를 잔차라고 한다. 회귀모형에서는 잔차에 대한 분석을 통하여 통계적 가정 충족 여부를 알아보게 된다.

$$\hat{y_i} = \hat{\beta_0} + \hat{\beta_1} x_i$$

$$e_i = y_i - \hat{y}_i = y_i - (\hat{\beta}_0 + \hat{\beta}_1 x_i)$$

(1) 독립성

독립성(independence) 가정은 연구 설계와 연관된다. 독립성 가정이 충족되려면 자료의 분석 단위 간 관계성이 없어야 한다. 무선표집된 표본을 분석한다면 독립성 가정을 충족하는데, 분석 단위 간 관계성이 있다면 독립성 가정을 위배하게 된다. 예를 들어 부부를 쌍으로 표집한 대응(matched; paired) 표본인데 그 관계를 무시하고 낱개로 취급하여 회귀모형으로 분석할 경우 독립성 가정이 위배되는 문제가 발생한다.

(2) 정규성

정규성(normality) 가정은 오차가 정규분포를 따른다는 것을 뜻한다. 잔차에 대한 QQ plot이나 PP plot을 이용하여 시각적으로 가정 위배 여부를 판단하는데, 그래프에서 관측 확률과 기대 확률 간 관계가 일차함수에 가까울수록 정규성 가정을 충족한다고 본다. 표본 크기에 따라서 Kolmogorov-Smirnov 검정 또는 Shapiro-Wilk 검정

---

3) 회귀모형으로 추정된 값을 추정치라고 하고, $\hat{y}_i$으로 표기한다.

등을 이용할 수 있다. 정규성 가정 위배 시 변환(transformation)을 통해 정규분포에 근접하도록 만들어 통계적 가정을 충족시킬 수 있으나 해석상 어려움이 따를 수 있다.

(3) 등분산성

회귀모형에서 등분산성(equal variance; homoscedasticity, 동변량성) 가정도 그래프로 시각적으로 판단한다. 표준화 잔차(standardized residual)와 표준화 추정치(standardized predicted) 간 그래프에서 특정한 패턴이 나오지 않으면 등분산성 가정을 충족하는 것으로 본다. 등분산성 가정이 위배될 때 필수적인 독립변수가 제대로 모형화되었는지를 먼저 확인하는 것이 좋다. 엉뚱한 독립변수가 모형에 들어갔다거나 필요한 독립변수가 모형에 포함되지 못한 경우 등분산성이 위배될 수 있기 때문이다. 이상치(outlier)가 있다거나 표본 수가 작아서 등분산성 가정이 위배되는 경우도 있다. 그 경우 이상치를 제거하거나 표본 수를 늘리면 된다. 다른 경우라면 변환(transformation)을 할 수도 있다.

3) 수정 결정계수

모형을 만들 때 설명력뿐만 아니라 절약성(parsimony)도 고려해야 한다. 무조건 설명력만 높이는 것이 능사가 아니라 될 수 있으면 단순한 모형을 만들어야 한다는 뜻이다. 특히 사례 수가 많다면 어떤 변수도 통계적으로 유의할 수 있으며 이러한 변수를 모형에 투입할 때 설명력이 아주 미세하게 높아질 수는 있다. 그러나 모형 절약성 측면에서는 나쁜 선택이다. 독립변수 3개로 구성된 모형(M1)의 설명력이 50%인데 독립변수 6개로 구성된 모형(M2)의 설명력이 52%라고 생각해 보자. 이 경우 설명력은 M1이 M2보다 2% 낮지만, 절약성의 관점에서는 M1이 M2보다 높다. 설명력을 2% 올리기 위하여 독립변수 수를 2배로 늘리는 것이 정말 필요한 것인지 생각한다면, 설명력에 그다지 차이가 나지 않으면서 독립변수는 반만 써도 되는 보다 단순한 모형인 M1을 선택할 것이다.

다중회귀분석에서 모형 설명력뿐만 아니라 모형 절약성까지 고려한 수정 결정계수를 이용하여 모형을 만들어야 한다. 모형 설명력뿐만 아니라 모형 절약성까지 고려한 수치는 수정 결정계수(adjusted R^2)다. 수정 결정계수는 SSE(Sum of Squared Error)와 SSTO(total sum of squares) 및 그 자유도로 구한다. 더 자세한 설명은 유진은(2015a)의 책 제8장과 제9장을 참고하면 된다. 수정 결정계수 공식은 다음과 같다.

$$Adj\ R^2 = 1 - \frac{SSE/(n-p-1)}{SSTO/(n-1)}$$

4) 다중공선성

다중회귀분석에서 두 독립변수 간 상관이 매우 높은 경우가 있다. 이때 두 독립변수가 설명하는 부분이 서로 상당히 많이 겹치게 되므로 두 변수를 모두 모형에 포함하는 것은 적절하지 않다. 수능점수의 예시에서 정보력이 높은 엄마는 동생에게 신경을 많이 쓸 수가 없어서 동생이 희생할 수밖에 없는 상황인 반면, 정보력이 별로 높지 않은 엄마는 동생에게 신경을 많이 쓰는 엄마라고 하자. 이렇게 '엄마의 정보력'과 '동생의 희생' 변수가 매우 높은 상관을 보인다면(예: 0.99), 두 변수를 모두 OLS 회귀모형에 투입할 때 회귀계수의 표준오차가 엄청나게 커지게 되어 모형 추정치가 불안정해지는 문제가 발생하게 된다. 이때 다중공선성(multicollinearity)이 일어났다고 하며, 특히 독립변수 사이에 완전한 선형 종속(linearly dependent) 관계가 있다면 완벽한 다중공선성(multicollinearity)이 존재한다.

다중공선성을 행렬로 설명하겠다. p개의 설명변수 $X_j\,(j=1,\ldots,p)$로 반응변수 Y에 대한 모형을 만든다고 하자. $X^T = (X_1, X_2, \ldots, X_p)$ 이며 설명변수 행렬 $\boldsymbol{X}$는 n명×p개의 차원을 가진다. 선형회귀모형의 가정을 충족할 때 β에 대한 OLS 해는 식 (6.3)과 같이 정리된다. 이때 y는 확률변수 Y의 관측값이다. 다중공선성은 OLS 추정을 이용하는 통계 분석에서 공통된 문제로, 식 (6.3)의 $(\boldsymbol{X}^T\boldsymbol{X})^{-1}$부분에서 $(\boldsymbol{X}^T\boldsymbol{X})$ 행렬의 역행렬을 구하기 힘들기 때문에 발생한다. OLS 알고리즘 시행 시 분모 부분이 자료의 근소한 차이만으로도 매우 민감하게 반응하여 회귀계수의 표준오차가 부정확하게 산출되는 것이다. 따라서 다중공선성 문제가 발생하는 경우, 회귀분석의 결과 또한 신뢰하기 힘들게 된다. 이와 관련된 내용을 제12장과 제13장의 벌점회귀모형에서 다시 설명하였다.

$$\hat{\beta} = (\boldsymbol{X}^T\boldsymbol{X})^{-1}\boldsymbol{X}^T y \quad \cdots\cdots (6.3)$$

여러 개의 독립변수를 한 모형에 투입하는 다중회귀분석에서는 다중공선성 문제를 특히 주의해야 한다. 다중공선성을 확인할 수 있는 방법으로 VIF(Variance Inflation Factor) 또는 공차한계(Tolerance)를 이용할 수 있다. VIF와 공차한계는 서로 역수 관계이므로, 이 중 하나만 보고해도 된다. VIF 식에서 R_p^2는 독립변수 x_p를 종속변수로 놓고 나머지 독립변수들로 회귀분석을 했을 때의 결정계수를 뜻한다(식 6.4). 즉, R_p^2 값이 클 경우, x_p의 분산을 나머지 독립변수들이 많이 설명하는 것이므로 다중공선성을 의심하게 된다. 어떤 독립변수의 VIF 값이 크다면 그 변수는 다른 독립변수들이 설명하는 부분과 많이 겹치기 때문에 불필요한 변수일 가능성이 높다.

$$VIF_p = \frac{1}{1 - R_p^2}$$

$$\text{Tolerance} = 1 - R_p^2 \quad \cdots\cdots (6.4)$$

보통 VIF가 10보다 큰 경우 다중공선성을 의심할 수 있다. 쉬운 해결책은 그 독립변수를 모형에서 제거하는 것이다. 독립변수를 표준화하거나, 중심화(centering)를 하는 것도 방법이 될 수 있다. 다른 방법으로 ridge와 같은 벌점회귀모형을 활용하는 것이 있다. 벌점회귀모형은 이 책의 제12장과 제13장에서 다루었다.

〈심화 6.1〉 단순회귀분석에서의 OLS

단순회귀분석에서의 일차함수식은 어떻게 추정할 수 있을까? 선형회귀모형에서 쓰이는 OLS (Ordinary Least Squares, 최소제곱법)는 관측치와 추정치 간 차의 제곱을 최소로 만들어 주는 회귀계수를 찾는 방법이다.

관측치(y_i)와 추정치($\hat{y_i}$) 간 차를 구하기 위하여 식 (1)에서 식 (2)를 빼고, 그 값을 잔차(residual) 또는 e_i로 표기한다. OLS의 목적은 잔차의 제곱합인 식 (3)을 최소로 만들어 주는 회귀계수 추정치인 $\hat{\beta}_0$과 $\hat{\beta}_1$를 찾는 것이다.

$$y_i = \beta_0 + \beta_1 x_i + \epsilon_i \quad \cdots\cdots (1)$$

$$\widehat{y_i} = \widehat{\beta_0} + \widehat{\beta_1} x_i \quad \cdots\cdots (2)$$

$$\sum_{i=1}^{n} e_i^2 = \sum_{i=1}^{n} (y_i - \beta_0 - \beta_1 x_i)^2 \quad \cdots\cdots (3)$$

이를 위하여 식 (3)을 β_0과 β_1에 대하여 각각 편미분한 식을 0으로 놓고, 방정식을 푼다. 그 결과, 두 미지수인 β_0과 β_1는 다음과 같이 추정된다.

$$\widehat{\beta_1} = \frac{\sum_{i=1}^{n} (x_i - \overline{x})(y_i - \overline{y})}{\sum_{i=1}^{N} (x_i - \overline{x})^2} = \frac{s_{xy}}{s_x^2}$$

$$\widehat{\beta_0} = \overline{y} - \widehat{\beta_1}\overline{x}$$

4 R 예시

cyber.csv 파일로 OLS 회귀모형 예시를 보여 주겠다.[4] 성별(GENDER)을 제외한 CYDLQ, AGRESS, FRIENDS 변수는 모두 Likert 척도로 측정되었다. 일반적으로 신뢰도가 일정 수준 이상일 때 서열척도인 Likert 척도로 측정된 문항들의 평균을 구하여 동간척도인 것처럼 취급한다. 이 예시에서도 하위 영역에 대한 문항 평균을 구하여 연속형 변수로 취급하였다.

4) 제2장의 cyber.xlsx와 같은 자료인데 파일 확장자만 다르다. csv와 xlsx 간 차이점은 〈심화 4.1〉을 참고하면 된다.

〈R 자료: 사이버 비행 경험〉

연구자가 어느 지역 중학교 1학년 학생 300명을 대상으로 사이버 비행 경험을 조사하였다. 종속변수인 사이버 비행 경험과 독립변수인 성별, 친구 관계, 공격성을 측정하기 위해 2018년 한국아동・청소년 패널조사(KCYPS2018) 문항 일부를 활용하였다. 문항의 내용과 조사 항목은 다음과 같다.

조사 항목	문항 내용
사이버 비행 경험 (CYDLQ)	1) 누군가에게 욕이나 험한 말을 직접 보낸 적이 있다.
	2) 누군가에 대한 욕이나 나쁜 소문을 다른 사람들에게 퍼뜨린 적이 있다.
	3) 상대방이 싫다는데 계속해서 말, 글, 그림 등을 보내 스토킹한 적이 있다.
	4) 당사자가 원치 않는 사진, 엽사, 이미지, 동영상을 보내거나 몰래 다른 사람들에게 전달한 적이 있다.
	5) 다른 사람 아이디를 도용해 가짜 계정을 만들거나 사이버상에서 그 사람인 것처럼 행동한 적이 있다.
	6) 누군가의 개인정보(이름, 나이, 학교, 전화번호 등)를 인터넷에 올리는 신상털기를 한 적이 있다.
	7) 게임머니, 게임아이템, 사이버머니, 돈을 뺏은 적이 있다.
	8) 와이파이 셔틀이나 핫스팟 셔틀(데이터를 무료로 제공하게 시키는 것)을 시킨 적이 있다.
	9) 상대방이 원하지 않는 성적인 글이나 말, 야한 사진, 동영상 등을 보낸 적이 있다.
	10) 인터넷 대화방에서 누군가를 퇴장하지 못하도록 하거나 싫다는데 반복적으로 초대한 적이 있다.
	11) 일부러 시비를 걸어 상대방이 먼저 욕하게 하거나 성격에 문제 있어 보이게 유도한 적이 있다.
	12) 스마트폰 등을 이용해 상대방이 원하지 않는 행동을 시키거나 (담배) 심부름을 시킨 적이 있다.
	13) 누군가를 괴롭힐 목적으로 저격글을 올려 여러 사람이 볼 수 있게 한 적이 있다.
	14) 사이버상에서 누군가를 집중공격을 한 적이 있다
	15) 대화방에 일부러 상대방을 초대하지 않거나 댓글이나 말을 무시한 적이 있다.

공격성 (AGRESS)	1) 작은 일에도 트집을 잡을 때가 있다.
	2) 남이 하는 일을 방해할 때가 있다.
	3) 내가 원하는 것을 못하게 하면 따지거나 덤빈다.
	4) 별것 아닌 일로 싸우곤 한다.
	5) 하루 종일 화가 날 때가 있다.
	6) 아무 이유 없이 울 때가 있다.
친구 관계 (FRIENDS)	1) 친구들과 함께 시간을 보낸다.
	2) 친구들은 속상하고 힘든 일을 나에게 털어 놓는다.
	3) 친구들에게 내 이야기를 잘한다.
	4) 친구들에게 내 비밀을 이야기할 수 있다.
	5) 내가 무슨 일을 할 때 친구들은 나를 도와준다.
	6) 친구들은 나를 좋아하고 잘 따른다.
	7) 친구들은 나에게 관심이 있다.
	8) 친구들과의 관계가 좋다.
	9) 친구들과 의견 충돌이 잦다.
	10) 친구와 싸우면 잘 화해하지 않는다.
	11) 친구가 내 뜻과 다르게 행동하면 화를 내거나 짜증을 낸다.
	12) 나와 다른 아이들과는 친해질 생각이 없다.
	13) 친구들은 나의 어렵고 힘든 점에 대해 관심이 없다.

변수명	변수 설명
ID	학생 아이디
CYDLQ	사이버 비행 경험(6점 Likert 척도로 구성된 15개 문항의 평균) 1: 전혀 없다, 2: 1년에 1~2번, 3: 한 달에 1번, 4: 한 달에 2~3번, 5: 일주일에 1번, 6: 일주일에 여러 번
GENDER	학생의 성별 0: 남학생, 1: 여학생
AGRESS	정서 문제-공격성(4점 Likert 척도로 구성된 6개 문항의 평균) 1: 전혀 그렇지 않다~4: 매우 그렇다
FRIENDS	친구 관계(4점 Likert 척도로 구성된 13개 문항의 평균, 마지막 5개 문항은 역코딩됨) 1: 전혀 그렇지 않다~4: 매우 그렇다

[data file: cyber.csv]

연구가설 및 영가설과 대립가설은 다음과 같다.

〈연구 가설〉

성별(GENDER), 공격성(AGRESS), 친구 관계(FRIENDS)가 사이버 비행 경험(CYDLQ)과 관련 있을 것이다.

〈영가설과 대립가설〉

$H_0 : \beta_1 = \beta_2 = \beta_3 = 0$

$H_A : Otherwise$

먼저 read.csv( )로 cyber.csv 자료를 불러온 후 str( ) 함수로 객체 구조를 확인하였다([R 6.1]). 이 자료는 300명을 5개 변수로 측정한 것임을 알 수 있다.

[R 6.1] cyber.csv 데이터 불러오기

〈R 명령문과 결과〉

〈R code〉

```
cyber = read.csv("cyber.csv")
str(cyber)
```

〈R 결과〉

```
> str(cyber)
'data.frame' : 300 obs. of  5 variables:
 $ ID       : int  1 2 3 4 5 6 7 8 9 10 ...
 $ CYDLQ    : num  2.73 3.31 3.29 2.6 3.3 3.44 3.04 2.66 2.27 3.52 ...
 $ GENDER   : int  0 0 0 1 1 0 0 0 0 1 ...
 $ AGRESS   : num  2.33 2.5 2.83 3 3 2.33 2 2 2 2.5 ...
 $ FRIENDS  : num  1.92 2.23 2.85 2.15 2.69 2.54 3 3.15 2.92 2.62 ...
```

회귀분석의 가정을 확인하기에 앞서 회귀모형 객체를 생성해야 한다. [R 6.2]에서 회귀모형적합 함수인 lm( )으로 회귀모형 객체인 mod1를 생성하였다. lm( ) 함수의 첫 번째 입력값은 회귀모형의 모형식으로 '종속변수~독립변수+독립변수' 꼴로 입력한다. 이 예시에서는 종속변수인 'CYDLQ'를 '~' 왼쪽에 두고 오른쪽에는 독립변수인 GENDER, AGRESS, FRIENDS를 '+'로 연결하였다. 두 번째 입력값인 data에는 모형식에서 사용되는 변수를 포함하고 있는 객체를 입력하면 된다. 이 예시에서는 data 이름인 'cyber'를 써 주었다. mod1을 실행한 후 summary( ) 함수를 이용하면 회귀모형 결과를 알 수 있다. 그러나 회귀모형의 가정을 확인하지 않았으므로 당장 이 결과를 해석하는 것은 적절하지 않다. 다음에 설명될 절차를 따라 가정을 확인한 후 회귀모형 결과를 해석할 것이다.

[R 6.2] lm( ) 함수로 회귀모형 객체 생성하기

〈R 명령문〉

〈R code〉

```
mod1 = lm(CYDLQ~GENDER+AGRESS+FRIENDS, data = cyber)
summary(mod1)
```

R의 plot( ) 함수를 활용하여 잔차의 등분산성 가정, 정규성 가정 등을 확인할 수 있다. plot(mod1)을 수행하면 [R 6.3]과 같이 네 가지 그래프를 얻는다. [R 6.3] 좌상단과 좌하단의 그래프는 등분산성에 대한 것이다. 좌상단은 잔차(residuals)와 추정치(fitted values), 좌하단은 표준화 잔차(standardized residuals) 절대값의 제곱근과 추정치 간 관계를 보여 준다. 이 두 그래프에서 특별한 패턴을 찾을 수 없다면, 즉 잔차와 추정치 간 관계를 산점도로 그린 점들이 무작위로 분포한다면 등분산성 가정을 충족한다. 이 예시의 좌상단과 좌하단의 그래프에서 특별한 패턴을 발견할 수 없으므로 이 회귀모형은 등분산성 가정을 충족한다고 본다. 또한, 좌상단 그래프에서의 붉은 실선은 추정치와 잔차 간 추세를 보여 주는데, 이 선이 기울기가 0인 직선일 때가 가장 이상적이라 할 수 있다. 만일 붉은 실선이 일차함수 형태가 아니라면 선형회귀모형의 선형성 가정을 위배하는 것이 아닌지도 의심할 수 있다. 좌하단의 붉은 실선도 마찬가지로 해석하면 된다.

Q–Q plot으로 불리는 우상단 그래프로 잔차의 정규성 가정 충족 여부를 판단할 수 있다. Q–Q plot은 이론적으로 정규분포를 따르는 변수의 누적값과 실제 자료에

서 나타난 잔차의 누적값 간 관계를 나타낸다(〈심화 6.2〉 참고). 두 누적값이 일치할 경우 그래프에서 점선으로 표시되는 45도 선 위에 위치한다. 즉, 점들이 45도 선에서 이탈하지 않을수록 잔차가 정규성 가정을 충족할 확률이 높아진다. 이 예시에서 대부분의 점이 45도 직선과 일치하므로 잔차가 정규성 가정을 충족한다고 본다. 그러나 표준화 잔차가 음수로 큰 두세 개의 관측값이 45도 선에서 크게 이탈하므로 혹시 이상치가 아닌지 의심할 수 있다. 좌상단 그래프에서도 잔차가 극단적으로 큰 음수값을 보이는 점이 몇 개 있었다. 이는 이 회귀모형이 해당 관측치를 잘 적합하지 못한다는 것을 뜻하므로 이상치가 아닌지 확인할 필요가 있다(〈심화 6.3〉 참고).

[R 6.3] OLS 회귀모형의 가정 확인

〈R 명령문과 결과〉

〈R code〉

```
par(mfrow = c(2,2)) # plot을 2*2 격자로 분할 제시함
plot(mod1)
par(mfrow = c(1,1)) # plot의 분할을 기본값(1*1)으로 되돌림
```

〈R 결과〉

```
> plot(mod1)
```

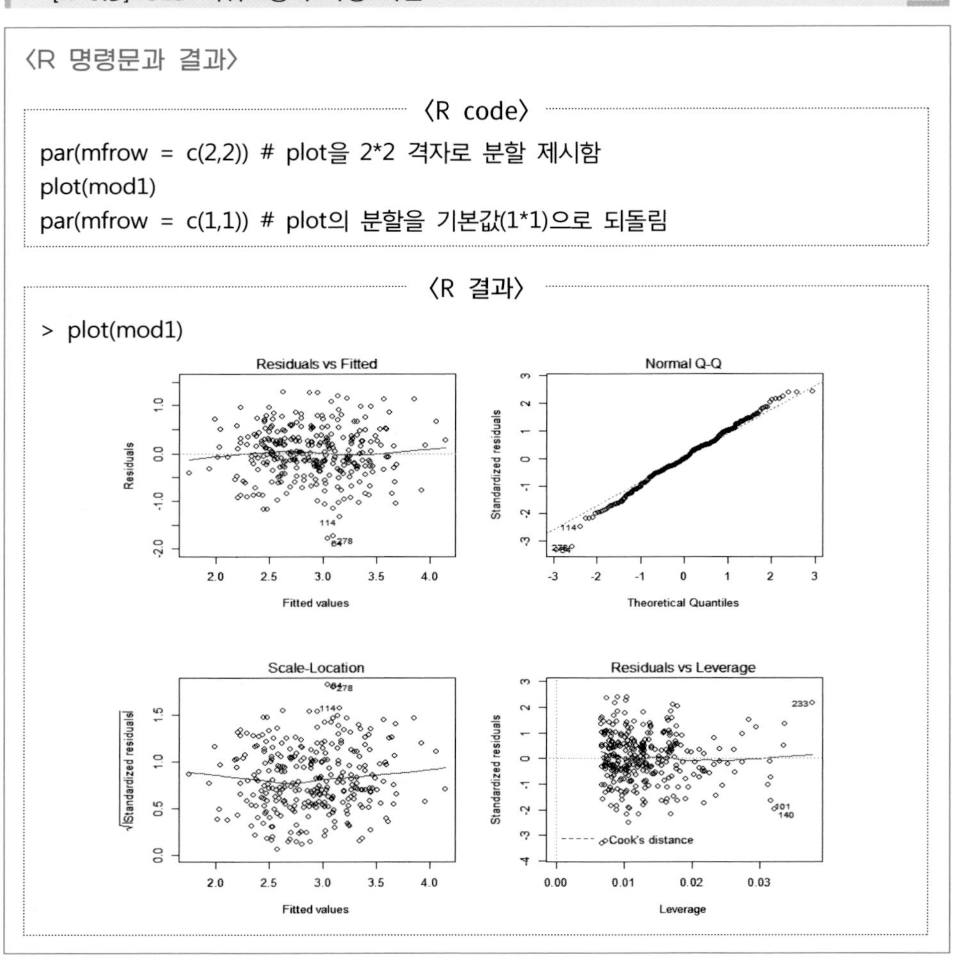

〈심화 6.2〉 Q-Q plot vs P-P plot

[R 6.3]의 우상단 그래프는 Q-Q plot으로 정규성 가정을 확인한다. 반면, SPSS는 P-P plot을 그려 준다. Q-Q plot과 P-P plot 모두 정규성 가정을 확인하기 위한 그래프인데, 차이점은 다음과 같다. Q-Q plot이 자료의 quantiles를 표준화된 이론적 분포의 quantiles와 비교하는 반면, P-P plot은 자료의 CDF(Cumulative Distribution Function; 누적분포함수)를 이론적 CDF와 비교한다. 분포의 중심 부분에 관심이 있다면 P-P plot을, 분포의 꼬리 부분에 관심이 있다면 Q-Q plot을 추천한다.

참고로 SPSS에서 [R 6.3]의 좌상단 그래프를 쉽게 그릴 수 있는 반면, 좌하단 그래프를 그리는 것은 다소 복잡하다. 먼저 표준화 잔차를 'save' 기능으로 구한 후 절대값으로 바꾸고 다시 제곱근을 씌운 후 산점도 메뉴에서 추정치와의 그래프를 그려야 한다.

〈심화 6.3〉 이상치 진단

표준화 잔차와 레버리지(leverage) 간 관계를 산점도로 보여 주는 [R 6.3] 우하단 그래프로 이상치를 확인할 수 있다. 레버리지는 어떤 관측치의 독립변수 값이 다른 관측치의 독립변수 값에 비하여 얼마나 극단적인 값인지를 보여 준다. 즉, 레버리지는 독립변수 값이 극단적인 값이기 때문에 모형이 잘 설명하지 못할 가능성이 있는 관측치를 탐지해 준다. 이 예시에서 101번, 140번, 233번 관측치의 레버리지 값은 다른 관측치의 레버리지 값보다는 컸으나, 이상치를 의심할 수 있는 레버리지 값의 기준인 0.5에는 턱없이 못 미친다. 각 관측치의 레버리지 값은 0.02819, 0.02881, 0.0343였다. 이 그래프로 등분산성도 확인할 수 있다. 즉, 레버리지 값에 따라 잔차가 퍼져 있는 정도가 달라지지 않아야 등분산성 가정을 충족한다. 예를 들어, 레버리지 값이 증가하면서 잔차가 점점 더 넓게 퍼진다면 등분산성 가정을 충족한다고 말하기 힘들다.

R은 같은 그래프에서 쿡의 거리(Cook's distance)에 대한 정보도 제시한다. 쿡의 거리는 레버리지와 잔차를 모두 이용하여 구하는 값으로, 이상치 진단 수치 중 영향력 통계량(influence)으로 분류된다. 쿡의 거리는 각 값이 n개의 모든 회귀모형 추정치에 갖는 영향력을 측정하며, 이 값이 클 경우 해당 측정치를 제거하면 회귀모형이 크게 바뀌게 된다. 단, R은 쿡의 거리가 0.5를 넘는 관측치 영역을 붉은 점선으로 표시해 주는데, 이 예시에서 그러한 값이 없다. 참고로 R은 쿡의 거리가 1을 넘는 관측치는 warning과 함께 제거한다.[5] 이상치를 비롯하여 회귀모형을 진단하는 방법을 더 잘 이해하고 싶다면 유진은(2015a), Neter et al. (1996) 등의 책을 참고하기 바란다.

---

5) https://www.rdocumentation.org/packages/stats/versions/3.6.2/topics/plot.lm

[R 6.4]에서 car 패키지의 vif( ) 함수를 활용하여 다중공선성을 확인하였다. 모든 독립변수의 VIF(분산팽창요인) 값이 10이하이므로 다중공선성을 의심할 필요가 없다.

[R 6.4] vif( ) 함수로 다중공선성 확인하기

〈R 명령문과 결과〉

〈R code〉

```
install.packages("car")
library(car)
vif(mod1)
```

〈R 결과〉

```
> vif(mod1)
GENDER   AGRESS   FRIENDS
1.003005 1.119997 1.123089
```

통계적 가정 및 다중공선성 여부를 확인하였으므로 이제 회귀모형을 해석할 수 있다. [R 6.5]의 summary( )를 활용하면 된다. Multiple R−sqaured 값이 0.3787로 이 회귀모형이 사이버 비행 경험 분산의 37.87%를 설명한다는 것을 알 수 있다. 수정 결정계수인 Adjusted R−squared 값이 0.3724로, 자유도까지 고려했을 때 이 회귀모형은 사이버 비행 경험 분산의 약 37.24%를 설명한다.

[R 6.5]의 가장 마지막 줄은 분산 분석 결과다. 독립변수가 총 3개이므로 회귀모형에 대한 자유도는 3이 된다. 전체 300명에 대한 자료이므로 합계에 대한 자유도 299, 그리고 잔차에 대한 자유도가 이 둘의 차인 296이 된다. 자유도가 3과 296인 F−분포에서 F−통계량 60.14의 F−검정을 수행한 결과, 이 회귀모형이 5% 유의수준에서 통계적으로 유의하다는 것을 알 수 있다(p−value: < 2.2e−16).

[R 6.5] summary( ) 함수로 회귀모형 요약하기

〈R 명령문과 결과〉

〈R code〉

```
summary(mod1)
```

〈R 결과〉

```
> summary(mod1)

Call:
lm(formula = CYDLQ ~ GENDER + AGRESS + FRIENDS, data = cyber)

Residuals:
     Min       1Q   Median       3Q      Max 
-1.77675 -0.29831 -0.00895  0.32489  1.28515 

Coefficients:
            Estimate Std. Error t value Pr(>|t|)    
(Intercept)  0.09680    0.27341   0.354    0.724    
GENDER      -0.27467    0.06214  -4.420 1.39e-05 ***
AGRESS       0.84379    0.06656  12.678  < 2e-16 ***
FRIENDS      0.33089    0.06587   5.023 8.80e-07 ***
---
Signif. codes:  0 '***' 0.001 '**' 0.01 '*' 0.05 '.' 0.1 ' ' 1

Residual standard error: 0.5373 on 296 degrees of freedom
Multiple R-squared:  0.3787,	Adjusted R-squared:  0.3724 
F-statistic: 60.14 on 3 and 296 DF,  p-value: < 2.2e-16
```

다음으로 회귀모형의 계수와 계수의 유의성을 살펴보자. 회귀모형의 절편인 intercept가 약 0.097로 모든 독립변수 값이 0일 때 종속변수인 사이버 비행 경험 값이 약 0.097이 된다는 뜻이다. 회귀계수 값을 각각의 표준오차로 나눈 t 값으로 각 변수의 회귀계수가 0이라는 영가설을 검정한다. 자유도가 296인 t−분포에 근거할 때, 세 독립변수 모두 5% 유의수준에서 통계적으로 유의하였다. 즉, 각 변수의 회귀계수가 0이라는 영가설을 기각하게 된다. 결과표를 이용하여 식 (6.5)과 같이 회귀식을 쓸 수 있다.

$$\hat{y} = 0.097 + 0.844x_{AGRESS} + 0.331x_{FRIENDS} - 0.275x_{GENDER} \quad \cdots (6.5)$$

회귀계수는 다른 모든 독립변수의 값이 고정되었을 때 해당 독립변수가 한 단위 증가할 때 종속변수가 회귀계수 크기만큼 증가 또는 감소한다고 해석한다. 공격성(AGRESS)과 친구 관계(FRIENDS)의 기울기가 각각 약 0.844와 0.331이었다. 즉, 성별(GENDER)과 친구 관계(FRIENDS)가 일정한 값으로 고정되었을 때 공격성이 1점 높아지면 사이버 비행 경험은 0.844만큼 높아진다. 마찬가지로 성별과 공격성이 일정한 값으로 고정되었을 때, 친구 관계가 1점 높아지면, 사이버 비행 경험은 0.331점 높아진다. 반면, 공격성과 친구 관계가 일정한 값으로 고정되었을 때 여학생(GENDER=1)의 사이버 비행 경험이 남학생(GENDER=0)보다 0.275만큼 감소하였다. 식 (6.5)를 성별에 따라 다음과 같은 2개의 회귀모형식으로 정리할 수 있다.

GENDER	회귀모형
0(남학생)	$\hat{y} = 0.097 + 0.844x_{AGRESS} + 0.331x_{FRIENDS}$
1(여학생)	$\hat{y} = 0.097 + 0.844x_{AGRESS} + 0.331x_{FRIENDS} - 0.275$ $= -0.178 + 0.844x_{AGRESS} + 0.331x_{FRIENDS}$

〈필수 내용: 회귀계수 해석 방법〉

통계적으로 유의한 회귀계수를 해석하는 방법은 다음과 같다.

다른 모든 독립변수의 값이 고정되었을 때 x가 한 단위 증가하면 y가 회귀계수 크기만큼 증가/감소한다(회귀계수가 양수인 경우 증가, 회귀계수가 음수인 경우 감소).

제7장

로지스틱 회귀모형

1. 주요 개념 및 통계적 모형
2. R 예시

〈필수 용어〉

오즈비, 사례-대조 연구, 이항분포

〈학습목표〉

1. 오즈비가 무엇인지 설명할 수 있다.
2. 사례-대조 연구와 로지스틱 회귀모형의 관계를 설명할 수 있다.
3. 로지스틱 회귀모형의 통계적 가정 및 특징을 설명할 수 있다.
4. R을 이용하여 로지스틱 회귀모형을 실행하고 해석할 수 있다.

제3장에서 명명척도 또는 서열척도로 측정된 변수를 범주형 변수, 그리고 동간척도 또는 비율척도로 측정된 변수를 연속형 변수라고 하였다. 키, 몸무게, 점수와 같은 연속형 변수에 익숙한데, 생활 속에서 범주형 변수도 많이 찾아볼 수 있다. 이를테면 고속도로 교통정보의 경우, 정체 상황을 한눈에 보여 주기 위하여 시속 몇 킬로미터인지 숫자로 제시하기보다 빨강, 주황, 녹색, 파랑 등의 몇 가지 색깔을 이용한다. 급한 상황에서는 상세한 숫자보다 색깔을 더 쉽게 인지하기 때문이다. 학생 평가의 경우에도 학업성취도 평가 점수를 우수, 보통, 노력 요함 등의 범주형 자료로 바꾸어 제시하면 해당 학생의 학업성취도가 어떤 수준인지 이해하기 좋다. 이렇게 연속형 변수가 필요에 의해 범주형 변수로 바뀐 경우가 있는가 하면, 처음부터 범주형 변수인 경우도 있다. 이를테면, 성별의 경우 남자 아니면 여자이며, 임용고사에 합격하는지 불합격하는지, 어떤 교육 정책에 찬성하는지 반대하는지, 특목고에 진학하는지 특목고 진학에 실패하는지 등은 원래부터 범주형 변수다.

특히 두 가지 범주로 나뉘는 범주형 변수를 이분형 변수라 한다. 그런데 종속변수가 이분형 변수일 때 제6장에서의 OLS 회귀모형을 쓸 수 없다. OLS 회귀모형은 종속변수가 연속형 변수일 때 쓸 수 있기 때문이다. 종속변수가 이분형 변수일 때는 로지스틱(logistic) 회귀모형을 쓰면 된다. 이 장에서는 종속변수가 이분형일 때 활용하는 로지스틱 회귀모형을 다룰 것이다. 로지스틱 회귀모형에서의 중요한 개념인 오즈비부터 시작하여 사례-대조 연구와 로지스틱 회귀모형 간 관계를 설명할 것이다. 그리고 로지스틱 회귀모형의 통계적 가정을 살펴본 후, R에서 실제 예시를 보여 줄 것이다.

1 주요 개념 및 통계적 모형[1)]

1) 오즈비

로지스틱(logistic) 회귀모형을 해석하려면 오즈비(odds-ratio)를 이해해야 한다. 먼저 오즈(odds)에 대해 설명한 후 오즈비에 대하여 설명하겠다. 성공할 확률 π_i에 대한 오즈 Ω는 성공 확률 대 실패 확률의 비율로 정의된다(7.1).

$$\Omega_i = \frac{\pi_i}{1-\pi_i} \quad \cdots\cdots (7.1)$$

예를 들어, 합격할 확률이 0.8이고 실패할 확률이 0.2인 오즈는 $\Omega = \frac{0.8}{0.2} = 4$가 된다. 즉, 성공할 확률이 실패할 확률보다 4배 더 높다는 뜻이다. 오즈비(θ)는 두 오즈에 대한 비율이다(7.2a). 오즈비는 0과 무한대 사이에서 가능한데, 1보다 큰 경우 π_1이 π_2보다 크고(7.2b), 0과 1 사이인 경우 π_2가 π_1보다 더 크다(7.2c). 오즈비가 같은 경우, 즉 $\Omega_1 = \Omega_2$인 경우 2×2 분할표에서 행 변수와 열 변수는 서로 독립이라고 할 수 있다.

$$\theta = \frac{\Omega_1}{\Omega_2} = \frac{\frac{\pi_1}{1-\pi_1}}{\frac{\pi_2}{1-\pi_2}} \quad \cdots\cdots (7.2a)$$

$$1 < \theta < \infty,\ \pi_1 > \pi_2 \quad \cdots\cdots (7.2b)$$

$$0 < \theta < 1,\ \pi_1 < \pi_2 \quad \cdots\cdots (7.2c)$$

오즈비를 사교육 여부와 특목고 합격 여부의 2×2 분할표로 설명하겠다(〈표 7.1〉). 분할표 내 수치는 각 셀(cell)의 빈도수다. 예를 들어, 사교육을 받고 특목고에 합격한

---

1) 유진은(2015a)의 책 제14장을 부분적으로 인용하였다.

학생 수를 n_{11}, 사교육을 받지 않고 특목고에 합격한 학생 수를 n_{21}로 표기하였다. 오즈비 θ는 첫 번째 오즈인 Ω_1과 두 번째 오즈인 Ω_2의 비율이라고 하였다(7.2a). 이때 Ω_1은 사교육을 받고 특목고에 합격하는 오즈이고 Ω_2는 사교육을 받지 않고 특목고에 합격하는 오즈다. 즉, 오즈비 θ는 사교육을 받고 특목고에 합격하는 오즈와 사교육을 받지 않고 특목고에 합격하는 오즈의 비율이다. 오즈비가 1보다 클 경우, 특목고에 합격하는 사례 중 사교육을 받았던 사례가 더 많다는 뜻이다. 반대로 오즈비가 0과 1 사이라면 사교육을 받지 않고 특목고에 합격하는 사례가 사교육을 받고 특목고에 합격하는 사례보다 더 많다고 해석한다.

〈표 7.1〉 2×2 분할표

사교육 여부 \ 특목고 합격	Y	N
Y	n_{11}	n_{12}
N	n_{21}	n_{22}

2×2 분할표에서 오즈비는 대각선 빈도수 비율로 계산할 수 있다(7.3). 이때 n_{11}이 n_{21}보다 더 크면 오즈비가 1보다 크고, 반대로 n_{21}이 n_{11}보다 더 크면 오즈비는 0과 1 사이가 된다.

$$\hat{\theta} = \frac{\dfrac{P(특목고 = Y|사교육 = Y)}{P(특목고 = N|사교육 = Y)}}{\dfrac{P(특목고 = Y|사교육 = N)}{P(특목고 = N|사교육 = N)}} = \frac{\dfrac{n_{11}}{n_{12}}}{\dfrac{n_{21}}{n_{22}}} = \frac{n_{11}n_{22}}{n_{12}n_{21}} \quad \cdots\cdots\cdots\cdots (7.3)$$

2) 사례 – 대조 연구와 오즈비

관찰연구(observational study)를 전향적 연구(prospective study)와 후향적 연구(retrospective study)로 나눌 수 있다. 학생들을 장기간 관찰하고 자료를 수집하여 어떤 특징을 가지는 학생들이 특목고에 합격하는지 밝히는 연구는 전향적 연구다. 후향적 연구는 방향이 반대다. 특목고에 합격한 학생을 특목고에 불합격한 학생과 비교하여 어떤 특징이 있는지 밝히고자 한다면 이는 후향적 연구가 된다. 특히 의학·보건학에서 후향적 연구가 활발하다. 어떤 사람이 더 빨리 늙는지, 어떤 특징을 가진 사람이 암에 걸리는지 등을 주제로 하여 수십 년에 걸쳐 자료를 수집하여 분석하는 전향적 연구는 시간과 돈이 많이 들 뿐만 아니라 관심이 되는 특정 사례가 너무 적어서 통계적으로 의미 없는 결과가 나올 수도 있기 때문이다. 어떤 사람이 암에 걸리는지 알기 위하여 수십 년을 기다렸는데 암 환자의 수가 전체 사례의 극히 드문 일부에 불과하다면 이 결과로부터 통계적 의미를 찾기 힘들다. 따라서 불특정 다수를 수십 년간 추적하여 폐암에 걸리는지 안 걸리는지 연구하기보다는 거꾸로 폐암 발병 여부에 따라 흡연을 했는지 안 했는지 알아보는 후향적 연구를 활용한다. 또한, 후향적 연구에서는 보통 암 발병자의 사례 수와 암 비발병자의 사례 수를 맞춰서 비교하기 때문에 통계적 효과 검정이 문제가 되지 않는다. 사교육 여부와 특목고 합격 여부의 예시도 마찬가지다. 사교육 여부에 따라 특목고에 합격하는지 아닌지 알아보기보다는, 반대로 특목고 합격 여부를 기준으로 사교육을 받았는지 안 받았는지 알아보는 것이 더 간단하며 통계적으로도 의미를 찾기가 쉽다.

사례-대조 연구(case-control study)는 후향적 연구의 일종이다. 사례-대조 연구에서는 단어 그대로 사례군(발병자)과 대조군(비발병자)을 나누어 집단을 구분하는 특성을 파악하려 한다. 이때, 설명변수와 반응변수가 서로 뒤바뀌어도 로지스틱 회귀모형의 오즈비가 같다는 사실로 인하여 로지스틱 회귀모형이 사례-대조 연구에서 널리 쓰인다. 후향적 연구를 해도 전향적 연구를 한 것과 같은 결과를 얻을 수 있기 때문이다. 사교육 여부와 특목고 합격 여부를 예로 들어 보겠다. 사교육 여부와 특목고 합격 여부를 행과 열을 바꿔 두 개의 표로 만들 수 있다. 〈표 7.2〉의 왼쪽은 사교육 여부를 행으로, 특목고 합격 여부를 열로 하는 분할표이고, 〈표 7.2〉의 오른쪽은 특목고 합격 여부를 행으로, 사교육 여부를 열로 하는, 행과 열이 바뀐 표다. 그런데 식 (7.3)으로 오즈비를 구하면, 왼쪽과 오른쪽 표 모두 오즈비가 동일하다는 것을 확인할 수 있다. 즉, 행과 열이 바뀌어도 오즈비가 같다. 왼쪽 표가 전향적 연구, 오른쪽 표가 후향적 연구라 할 때, 오즈비는 전향적·후향적 연구에 관계없이 똑같다.

〈표 7.2〉 사례-대조 연구의 오즈비

	특목고 = Y	특목고 = N
사교육 = Y	a	b
사교육 = N	c	d

$$\frac{\frac{P(\text{특목고}=Y|\text{사교육}=Y)}{P(\text{특목고}=N|\text{사교육}=Y)}}{\frac{P(\text{특목고}=Y|\text{사교육}=N)}{P(\text{특목고}=N|\text{사교육}=N)}} = \frac{\frac{a}{b}}{\frac{c}{d}} = \frac{ad}{bc}$$

	사교육 = Y	사교육 = N
특목고 = Y	a	c
특목고 = N	b	d

$$\frac{\frac{P(\text{사교육}=Y|\text{특목고}=Y)}{P(\text{사교육}=N|\text{특목고}=Y)}}{\frac{P(\text{사교육}=Y|\text{특목고}=N)}{P(\text{사교육}=N|\text{특목고}=N)}} = \frac{\frac{a}{c}}{\frac{b}{d}} = \frac{ad}{bc}$$

정리하면 사례-대조 연구, 즉 후향적 연구에서는 전향적 연구에서의 설명변수와 반응변수가 뒤바뀌게 되는데, 로지스틱 회귀모형의 오즈비는 설명변수와 반응변수가 서로 바뀌어도 똑같다. 이로 인하여 사례-대조 연구에서 로지스틱 회귀모형은 매우 중요한 기법으로 인정받고 있다. 사례-대조 연구는 보통 드문 사례에 대하여 연구를 할 때 많이 쓰이며 전향적 연구에 비하여 시간과 비용이 덜 든다는 장점이 있다. 그러나 요인 간 관계에 대한 정확한 정보를 얻기 힘들고, 여러 요인이 혼재하여 편향(bias)이 발생할 수 있다는 문제점도 있다. 이를테면 특목고 합격 여부에는 사교육 여부뿐만 아니라 연구에서 통제하지 못한 다른 요인이 작용했을 가능성이 있다.

3) 통계적 모형과 가정

성공/실패, 합격/불합격과 같이 결과가 두 가지 수준으로만 나오는 것을 통계학에서는 베르누이 시행(Bernoulli trial)이라고 한다. 베르누이 시행의 성공 확률을 π_i라 하고 n_i번의 베르누이 시행이 서로 독립적일 때, n_i번 반복되는 베르누이 시행의 성공 횟수 y_i는 이항분포(binomial distribution)를 따른다(7.4). 즉, 이항분포는 두 가지 범주를 가지는 종속변수 y_i의 성공 횟수에 대한 분포다. 그때 성공 확률에 대한 오즈는 식 (7.5)와 같이 쓸 수 있다.

$$y_i \sim Bin(n_i,\ \pi_i) \quad \cdots\cdots (7.4)$$

$$\frac{y_i}{n_i - y_i} = \frac{\frac{y_i}{n_i}}{\frac{n_i - y_i}{n_i}} = \frac{\pi_i}{1-\pi_i} \quad \cdots\cdots (7.5)$$

로지스틱 회귀모형에서는 로그오즈(log-odds)를 이용한다. 로그오즈($\log\frac{\pi_i}{1-\pi_i}$)란 말 그대로 오즈($\frac{\pi_i}{1-\pi_i}$)에 로그를 취한 것이다. 설명변수 X에 대한 관측치가 x_i일 때 성공 확률 $\pi(x_i)$에 대한 로지스틱 회귀모형은 (7.6a)와 같다. 이항분포에서는 범주가 성공, 실패의 두 가지밖에 없기 때문에 성공 확률 $\pi(x_i)$는 1에서 실패할 확률을 뺀 것과 같다(7.6b).

$$\log\frac{\pi(x_i)}{1-\pi(x_i)} = \alpha + \beta x_i \quad \cdots\cdots (7.6a)$$

$$\pi(x_i) = P(Y=1|X=x_i) = 1 - P(Y=0|X=x_i) \quad \cdots\cdots (7.6b)$$

OLS 회귀모형에서와 마찬가지로 로지스틱 회귀모형은 자료를 가장 잘 설명해 주는 회귀계수 값을 추정해야 한다. 바로 식 (7.6a)에서 α와 β 값이다. 해석도 OLS 회귀모형과 비슷하다. 회귀계수 α는 x_i가 0일 때 로그오즈 값이다. 그리고 x_i가 한 단위 증가 시 $Y=1$인 로그오즈의 변화량이 β가 된다. 로그오즈를 해석하는 것보다 오즈를 해석하는 것이 의미 전달이 더 쉽기 때문에, 보통 β를 $\exp(\beta)$로 바꿔서 오즈의 변화량으로 해석한다. 즉, x_i가 한 단위 증가 시 $Y=1$인 오즈는 $\exp(\beta)$만큼 변화한다. β가 양수인 경우 $\exp(\beta)$만큼 증가하고, β가 음수인 경우 $\exp(\beta)$만큼 감소한다고 해석한다. 수준이 둘인 변수들을 분석하는 교차분석에서 x_i는 0 또는 1로 코딩하여 더미변수로 이용하면 된다. OLS 회귀모형에서와 마찬가지로 (7.6a)와 같은 로지스틱 회귀모형의 영가설은 회귀계수 β가 0이라는 것이다. 영가설이 기각된다면 설명변수와 종속변수 간 연관이 있다는 뜻이다. 만일 영가설이 기각되지 못한다면, 설명변수와 종속변수 간 연관이 없다고 해석한다.

수준이 둘인 변수들을 분석하는 로지스틱 회귀모형의 통계적 가정은 간단한 편이다. 로지스틱 회귀모형은 OLS 회귀모형에서의 정규성, 등분산성 가정 등을 충족시킬 필요가 없다. 단, 일반화 선형모형(generalized linear model)의 일종인 로지스틱 회귀모형은 반응변수가 지수족(exponential family)에 속해야 한다는 일반화 선형모형의 통계적 가정을 충족해야 한다. 로지스틱 회귀모형은 반응변수가 지수족에 속하는 이항분포를 따르며 로짓(logit) link를 이용하기 때문에 그 가정을 쉽게 충족한다. 로지스틱 회귀모형에 대한 더 자세한 설명은 유진은(2015a)의 책 제14장을 참고하면 된다.

2 R 예시

1) 사교육 여부와 수학 등급

〈SPSS 또는 R 자료: 사교육 여부와 수학 등급〉

연구자가 어느 인문계 고교의 고등학교 3학년 학생을 대상으로 사교육 여부와 수학 등급 간 관련이 있는지 알아보고자 한다. 9월 모의고사에서 상위권(1, 2 등급)과 중위권(3, 4 등급)인 학생을 모았더니 총 257명이었다. 이 학생들을 대상으로 당해 1월 이후 사교육(학원, 과외 등)을 받은 적이 있는지 조사하였다.

변수명	변수 설명
ID	학생 아이디
V2(사교육참여)	사교육 여부(0: 사교육불참, 1: 사교육참여)
V3(나중등급)	9월 모의고사 등급(1: 상위권, 0: 중위권)

[data file: crosstab1.sav, crosstab1.csv]

〈연구 가설〉

사교육 여부와 9월 모의고사 등급 간 관계가 있을 것이다.

〈영가설과 대립가설〉

$H_o : \beta = 0$

$H_A : otherwise$

이 장에서는 SPSS 자료를 불러왔다(〈심화 7.1〉 참고). 이전 장에서와 같이 read.csv( ) 함수로 csv 파일을 불러와도 무방하나, read.spss( ) 함수로 sav 파일을 읽어들이면 메타 데이터를 활용할 수 있다.[2)] [R 7.1]은 read.spss( ) 함수로 crosstab1.sav 데이터를 불러와 str( ) 함수로 살펴본 결과다. crosstab1이 257개의 관측치(obs)와 ID, V2, V3의 세 변수로 이루어진 데이터프레임 객체이며, SPSS에서 설정한 각 변수의 label인 "사교육참여"와 "나중등급"이 메타 데이터로 포함된 것을 확인할 수 있다. csv 파일에서 label 정보를 유지하기 위하여 변수수준을 숫자(예: 0, 1)가 아닌 문자(예: 상위권, 중위권 또는 pass, fail 등)로 입력할 수 있으나, R이 csv 파일의 한글을 제대로 인식하지 못하는 문제가 종종 발생한다. 변수수준에 대한 메타 데이터를 유지하고 싶다면 read.spss( ) 함수를 활용하거나 csv 파일에서 변수수준을 영어로 입력하는 것을 추천한다. csv 파일과 xls 파일 간 차이점은 〈심화 4.1〉에서 이미 설명하였다.

[R 7.1] crosstab1 데이터 객체 구조

〈R code〉

```
install.packages("foreign")
library(foreign)
crosstab1 = read.spss("crosstab1.sav", to.data.frame=TRUE)
str(crosstab1)
```

〈R 결과〉

```
> str(crosstab1)
'data.frame': 257 obs. of  3 variables:
 $ ID: num  30101 30103 30104 30108 30109 ...
 $ V2: Factor w/ 2 levels "사교육불참","사교육참여": 2 2 1 2 1 2 2 2 2 1 ...
 $ V3: Factor w/ 2 levels "상위권","중위권": 2 1 2 1 2 1 2 1 1 2 ...
 - attr(*, "variable.labels")= Named chr  "" "사교육참여" "나중등급"
  ..- attr(*, "names")= chr  "id" "V2" "V3"
```

〈심화 7.1〉 R에서 SPSS 데이터 불러오기

SPSS에서 생성된 sav 파일을 R에서 불러오는 방법에는 여러 가지가 있다. [R 7.1]에서는 foreign 패키지의 read.spss( ) 함수를 활용해 crosstab1.sav 파일을 데이터프레임의 형태로 불러왔다. foreign 패키지가 사전에 설치되지 않았다면 install.packages( ) 함수로 패키지를 설치한 뒤 library( ) 함수로 foreign 패키지를 불러오면 된다.

다음으로 foreign 패키지의 read.spss( ) 함수를 활용한다. crosstab1.sav 파일이 R의 Working Directory에 존재한다면 간단히 파일 이름을 " " 안에 입력해서 데이터를 불러올 수 있다. Working Directory는 RStudio에서 Session 탭의 Set Working Directory–Choose Directory 메뉴를 선택해 변경할 수 있다. 또는 setwd( ) 함수를 활용할 수도 있다. 이때, to.data.frame 인자는 데이터프레임(data frame) 형태 객체 생성 여부를 결정한다. 만일 to.data.frame 인자를 생략하거나 TRUE가 아닌 FALSE로 설정하면 데이터프레임이 아닌 list 형태의 객체가 생성된다. 자료분석 시 데이터프레임이 보다 편리하므로 to.data.frame= TRUE로 설정할 것을 추천한다.

로지스틱 회귀분석과 같은 일반화 선형모형은 glm( ) 함수를 활용하여 분석한다. 그전에 이분형 변수에 대하여 참조수준을 설정하면 모형을 해석하기 좋다. [R 7.1]의 str( ) 함수 결과를 살펴보면 id 변수의 자료 유형은 numeric을 나타내는 num으로, V2와 V3 변수의 자료 유형은 Factor로 표기되어 있다. Factor 자료 유형은 주로 범주형 변수를 표현하기 위해 활용되며 'w/ 2 levels'는 변수의 범주가 두 개라는 것을 나타낸다. glm( ) 함수는 Factor 유형의 변수를 자동으로 더미변환하여 분석에 활용한다. 이때 R에서 Factor 자료 유형의 수준은 오름차순으로 자동정렬되며, 참조수준은 오름차순 정렬 후 가장 첫 번째 수준으로 설정된다. 예를 들어 0과 1의 수준이 있는 변수는 참조수준이 '0'이 된다. 참조수준을 '1'로 바꾸고 싶다면 'relevel( )' 함수를 활용하면 된다. 이 예시에서 V2 변수가 사교육여부를 나타내는 이분형 변수다. R code의 첫 번째 줄은 relevel( ) 함수로 V2 변수의 두 가지 수준인 '사교육불참'과 '사교육참여' 중 참조수준을 '사교육참여'로 변경하라는 명령이다([R 7.2]).

이제 glm( ) 함수를 활용해 로지스틱 회귀모형 객체를 구성한다. glm( ) 함수에 입

2) SPSS version에 따라 차이가 있을 수 있다. SPSS 파일 읽기가 잘 안 되는 경우 csv로 진행하면 된다.

력된 첫 번째 인자는 모형의 식(formula)으로 종속변수~독립변수+독립변수+ … +독립변수의 형태로 표현한다. 이 예시에서 V3 변수가 종속변수, V2 변수가 독립변수이므로 'V3~V2'의 형태로 나타낸다. data 인자에는 식에 포함된 변수들을 포함하고 있는 데이터 객체명을 입력한다. family는 일반화 선형모형의 링크 함수(link function)를 설정하는 인자다. 반응변수가 이항분포를 따르는 로지스틱 회귀모형은 링크 함수로 로짓(logit) 링크를 쓰기 때문에 family에 binomial을 입력한다.

로지스틱 회귀모형 객체를 구성한 뒤, summary( ) 함수로 적합 결과를 확인한다 ([R 7.2]). 이탈도 또는 −2로그우도(log-likelihood)인 Residual deviance는 독립변수를 투입하지 않은 Null 모형의 이탈도인 Null Deviance보다 작은 값이 나와야 한다. anova( ) 함수로 카이제곱 적합도 검정을 실시한 결과, V2 변수를 포함한 모형의 이탈도가 5% 유의수준에서 Null 모형에 비해 유의하게 낮다. 즉, V2 변수는 V3 변수와 관련이 있다. 'Coefficients: '로 회귀계수의 통계적 유의성을 해석한 결과, V2 계수는 5% 유의수준에서 유의하다. R 결과표로 구성한 로지스틱 회귀모형 식은 다음과 같다.

$$\log\left(\frac{\pi}{1-\pi}\right) = 0.6275 + 1.2595X$$

V2 계수인 1.2595는 로그오즈의 회귀계수이고, 1.2595를 지수변환한 3.52(=exp(1.2595))가 바로 오즈비 값이다. 계수 추정치의 95% 신뢰구간은 confint.default( ) 함수로 계산할 수 있다. 지수변환한 계수 추정치 exp(B)의 95% 신뢰구간을 구하려면 exp( ) 함수와 confint.default( ) 함수를 함께 활용하면 된다. confint.default( ) 함수의 level 인자로 신뢰수준을 설정한다. 95% 신뢰구간을 얻으려면 0.95를 입력하면 된다. 그 결과 신뢰구간이 1을 포함하지 않으므로 exp(B)도 5% 유의수준에서 유의하다는 것을 다시 확인할 수 있다. 즉, 사교육을 받지 않으면 중위권이 될 오즈가 약 3.52배 증가하며 이는 5% 유의수준에서 통계적으로 유의하였다.

마지막으로 로지스틱 회귀모형의 분류정확도(classification accuracy)를 구하기 위해 predict( ) 함수와 table( ) 함수를 활용한다. predict( ) 함수는 모형 객체(여기서는

logitmodel)를 입력받아 모형의 예측 결과를 산출하는 함수다. type 인자로 모형의 예측 결과를 나타내는 방법을 설정한다. type="response"를 입력하면 모형이 관측치를 1로 예측할 확률을 알려 준다. 분류정확도를 계산하기 위하여 '>' 연산자를 활용하여 predict( ) 함수 결과 1로 예측할 확률이 0.5를 초과하는 경우 TRUE를, 0.5 이하인 경우 FALSE를 반환하도록 한다. 이 결과와 실제 데이터의 종속변수 관측치를 table( ) 함수를 활용해 비교하면, 모형이 모든 사례를 중위권으로 분류한 것을 알 수 있다. 전체 257명의 관측치 중 184명을 정분류하였으므로 분류정확도는 약 71.6%다.

[R 7.2] glm( ) 함수를 활용한 로지스틱 회귀분석 1

〈R 명령문과 결과〉

〈R code〉

```
crosstab1$V2 = relevel(crosstab1$V2, ref = "사교육참여")
logitmodel = glm(V3~V2, data = crosstab1, family = "binomial")
summary(logitmodel)
exp(1.2595)
anova(logitmodel, test = "Chisq")
exp(confint.default(logitmodel, level = 0.95))
table(crosstab1$V3, predict(logitmodel, type = "response") > 0.5)
```

〈R 결과〉

```
> summary(logitmodel)

Call:
glm(formula = V3 ~ V2, family = "binomial", data = crosstab1)

Deviance Residuals:
    Min       1Q   Median      3Q     Max
-2.0140  -1.4528   0.5312  0.9250  0.9250

Coefficients:
                Estimate  Std. Error  z value   Pr(>|z|)
(Intercept)       0.6275      0.1560    4.022   5.78e-05 ***
V2사교육 불참     1.2595      0.3735    3.372   0.000746 ***
---
```

```
Signif. codes:  0 '***' 0.001 '**' 0.01 '*' 0.05 '.' 0.1 ' ' 1

(Dispersion parameter for binomial family taken to be 1)

    Null deviance: 306.72  on 256  degrees of freedom
Residual deviance: 293.12  on 255  degrees of freedom
AIC: 297.12

Number of Fisher Scoring iterations: 4

> exp(1.2595)

[1] 3.523659

> anova(logitmodel, test = "Chisq")

Analysis of Deviance Table

Model: binomial, link: logit

Response: V3

Terms added sequentially (first to last)

      Df  Deviance  Resid. Df  Resid. Dev   Pr(>Chi)
NULL                      256      306.72
V2     1    13.597        255      293.12  0.0002266 ***
---
Signif. codes:  0 '***' 0.001 '**' 0.01 '*' 0.05 '.' 0.1 ' ' 1

> exp(confint.default(logitmodel, level = 0.95))

                    2.5%     97.5%
(Intercept)     1.379502  2.543083
V2사교육 불참   1.694660  7.326934

> table(crosstab1$V3, predict(logitmodel, type = "response") > 0.5)

         TRUE
  상위권    73
  중위권   184
```

2) 학생의 성별과 진로정보 필요 여부

〈SPSS 또는 R 자료: 학생 성별과 진로정보 필요 여부〉

연구자가 어느 실업계 고교의 고등학교 3학년 학생을 대상으로 성별에 따라 진로정보 필요 여부가 다른지 알아보고자 한다.

변수명	변수 설명
ID	학생 아이디
GENDER	학생 성별(1: 남학생, 2: 여학생)
INFO	진로정보 필요 여부(1: 필요없다, 2: 필요하다)

[data file: infoneeds.sav, infoneeds.csv]

〈연구 가설〉

학생 성별에 따라 진로정보 필요 여부가 다를 것이다.

〈영가설과 대립가설〉

$H_o : \beta = 0$

$H_A : otherwise$

[R 7.3]은 infoneeds의 구조를 str( ) 함수로 살펴본 결과다. 데이터프레임 객체인 infoneeds는 ID와 GENDER, INFO라는 세 변수로 구성되어 있으며, 200개의 관측치(obs)를 포함하고 있다는 사실을 알 수 있다.

[R 7.3] infoneeds 데이터 객체구조

〈R code〉

```
install.packages("foreign")
library(foreign)
infoneeds = read.spss("infoneeds.sav", to.data.frame=TRUE)
str(infoneeds)
```

〈R 결과〉

```
> str(infoneeds)
'data.frame' : 200 obs. of  3 variables:
 $ ID       : num  1 2 3 4 5 6 7 8 9 10 ...
 $ GENDER : Factor w/ 2 levels "남학생","여학생": 1 1 2 2 1 2 1 2 2 1 ...
 $ INFO     : Factor w/ 2 levels "필요없다","필요하다": 1 1 2 2 2 1 1 2 2 1 ...
 - attr(*, "variable.labels")= Named chr [1:3] "" "성별" "진로정보 필요도"
  ..- attr(*, "names")= chr [1:3] "ID" "GENDER" "INFO"
```

로지스틱 회귀분석을 수행하기에 앞서 relevel( ) 함수를 활용하여 이분형 변수인 성별의 참조수준을 남학생으로 설정하였다([R 7.4]). infoneeds 자료의 경우 참조수준을 변경하지 않더라도 남학생이 참조수준이다. 오름차순으로 수준을 정렬하면 첫 번째 수준이 남학생이기 때문이다. 이제 glm( ) 함수로 로지스틱 회귀모형 객체를 구성한다. 이전 예시와 마찬가지로 glm( ) 함수에 입력된 첫 번째 인자는 모형의 식(formula)으로 INFO 변수가 종속변수, GENDER 변수가 독립변수이므로 INFO~GENDER의 형태로 나타낸다. data 인자는 식에 포함된 변수들을 포함하고 있는 데이터 객체를 지시해 준다. family는 일반화 선형모형의 링크 함수(link function) 설정하는 인자로 로지스틱 회귀모형은 로짓 링크를 쓰기 때문에 binomial을 입력한다.

로지스틱 회귀모형 객체 구성 후 summary( ) 함수로 모형적합도를 확인한다. 검정 결과 GENDER 변수를 포함한 모형이 Null 모형에 비해 5% 유의수준에서 이탈도 값이 유의하게 작다. 'Coefficients:'로 확인한 GENDER 계수의 추정치는 1.7488이었다. 지수변환 후 얻은 값인 5.74(=exp(1.7488))가 오즈비 값이며, exp(B)에 대해 95% 신뢰구간을 구한 결과 역시 신뢰구간이 1을 포함하지 않는다. 즉, 여학생일 때 진로정보 필요도에 대한 오즈비가 약 5.74로 여학생의 오즈가 남학생의 오즈보다 약 5.74배 더 높았으며, 성별은 5% 유의수준에서 진로정보 필요도를 설명하는 통계적으로 유의한 변수라는 것을 알 수 있다. R 결과표로 구성한 로지스틱 회귀모형은 다음과 같다.

$$\log\left(\frac{\pi}{1-\pi}\right) = -1.1750 + 1.7488X$$

로지스틱 회귀모형의 분류정확도를 알아보기 위해 predict( ) 함수와 table( ) 함수를 활용한다. 전체 200명 중 92명이 진로정보가 필요하다, 108명이 필요없다고 응답한 자료다. 이 중 139개(=68+71) 관측치가 정분류되어 분류정확도는 69.5%다. 모형적합 없이 더 많이 응답한 '필요없다'로 사례를 분류할 때의 분류정확도가 54%인 점을 고려하면 이 모형은 성별을 설명변수로 투입함으로써 분류정확도를 15.5%p 높였다고 할 수 있다.

[R 7.4] glm( ) 함수를 활용한 로지스틱 회귀분석 2

〈R 명령문과 결과〉

〈R code〉

```
infoneeds$GENDER = relevel(infoneeds$GENDER, ref = "남학생")
logitmodel = glm(INFO~GENDER, data = infoneeds, family = "binomial")
summary(logitmodel)
exp(1.7488)
anova(logitmodel, test = "Chisq")
exp(confint.default(logitmodel, level = 0.95))
table(infoneeds$INFO, predict(logitmodel, type = "response") > 0.5)
```

〈R 결과〉

```
> summary(logitmodel)

Call:
glm(formula = INFO ~ GENDER, family = "binomial", data = infoneeds)

Deviance Residuals:
    Min       1Q   Median       3Q      Max
-1.4287  -0.7337  -0.7337   0.9454   1.6995

Coefficients:
              Estimate Std. Error z value Pr(>|z|)
(Intercept)    -1.1750     0.2496  -4.707 2.52e-06 ***
GENDER여학생    1.7488     0.3184   5.492 3.98e-08 ***
---
```

```
Signif. codes:  0 '***' 0.001 '**' 0.01 '*' 0.05 '.' 0.1 ' ' 1

(Dispersion parameter for binomial family taken to be 1)

    Null deviance: 275.98  on 199  degrees of freedom
Residual deviance: 242.36  on 198  degrees of freedom
AIC: 246.36

Number of Fisher Scoring iterations: 4

> exp(1.7488)

[1] 5.747701

> anova(logitmodel, test = "Chisq")

Analysis of Deviance Table

Model: binomial, link: logit

Response: INFO

Terms added sequentially (first to last)


        Df  Deviance  Resid. Df  Resid. Dev   Pr(>Chi)
NULL                        199      275.98
GENDER   1    33.618        198      242.36  6.705e-09 ***
---
Signif. codes:  0 '***' 0.001 '**' 0.01 '*' 0.05 '.' 0.1 ' ' 1

> exp(confint.default(logitmodel, level = 0.95))

                   2.5%      97.5%
(Intercept)   0.1893252  0.5037469
GENDER여학생   3.0791034 10.7288131

> table(infoneeds$INFO, predict(logitmodel, type = "response") > 0.5)

          FALSE TRUE
  필요없다    68   40
  필요하다    21   71
```

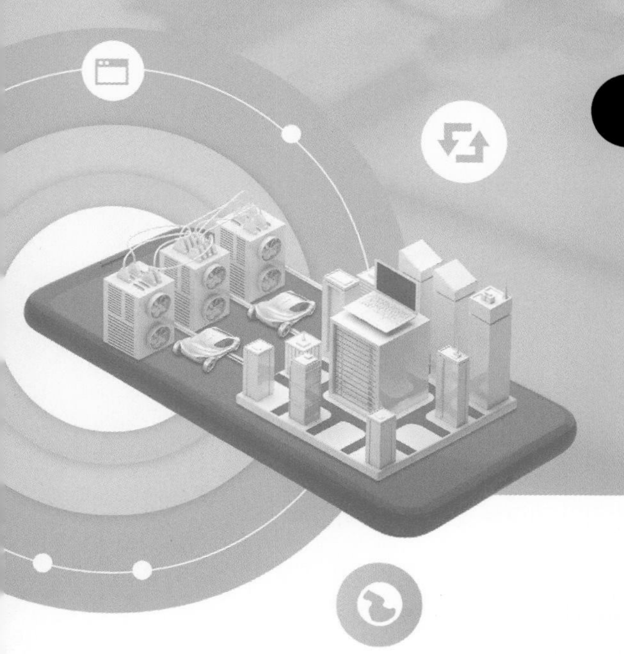

제8장

결측자료 대체

1. 개관
2. 결측 메커니즘
3. 비모수 기법과 모수 기법
4. R 예시

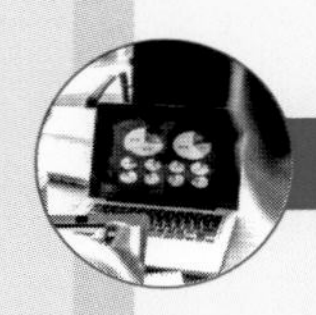

〈필수 용어〉

결측, 결측 메커니즘, k-NN 대체, EM 대체

〈학습목표〉

1. 결측 메커니즘을 이해하고 기본적인 비모수 · 모수 결측기법을 설명할 수 있다.
2. VIM 패키지를 활용하여 k-NN 대체를 수행할 수 있다.
3. Amelia 패키지를 활용하여 EM 대체를 수행할 수 있다.
4. 실제 자료를 연구목적에 적합한 결측자료 대체기법으로 분석할 수 있다.

1 개관

자료분석 기법은 수집된 자료가 무응답(nonresponse) 없이 완전하다고 상정한다. 그러나 양적 · 질적 연구를 막론하고 자료를 분석하는 연구자라면 그 시기와 정도가 다를 뿐, 무응답 자료를 맞닥뜨리게 되고 곧이어 무응답 자료를 어떻게 처리해야 할지 고민하게 된다. 예를 들어, 면접조사의 경우 면접자가 몇몇 질문을 누락하고 물어보지 못할 수 있다. 설문조사에서 응답자는 설문 뒷면에도 문항이 있다는 것을 모르고 지나칠 수 있고, 연봉, 성정체성과 같은 민감한 질문에는 의도적으로 답하지 않을 수도 있다. 어떤 문항들은 논리적으로 답이 불가하여 구조적 결측(structural missingness)이 발생한다. 형제자매가 없는 학생에게 형제자매와의 관계를 물어보는 문항이 그러하다. 여러 해에 걸쳐 자료를 수집하는 종단연구에서 참가자가 이민 또는 사고 등으로 인하여 이후 조사에 참여하지 못할 수도 있다. 여러 자료를 병합(merge)하여 하나로 구성할 때도 결측이 빈번하게 발생한다. 빅데이터 분석 시 결측은 더 만연한 문제다. 표집설계 후 자료를 수집하는 조사연구와 달리 빅데이터는 일반적으로 불특정 다수가 답한 자료로 구성되기 때문이다. 이를테면 영화 평점 자료는 불특정 다수가 자신이 본 특정 영화에만 평점을 매기기 때문에 사람×영화 행렬로 매트릭스를 구성할 경우 필연적으로 관측치보다 결측치가 훨씬 더 많게 된다.[1)]

특히 결측비율이 높거나 결측이 특정 하위집단에 더 많이 발생할 때 문제는 더 심각해진다. 대부분의 통계프로그램에서 디폴트 결측 처리 기법으로 쓰이는 완전제거(listwise deletion)는 결측이 완전히 무선으로 일어난다는 가정하에 타당한 기법이기 때문이다. 제3장에서 설명하였듯이, 완전제거법은 하나의 변수라도 결측이 있다면 그 관측치를 아예 분석에서 제거한다. 특별한 분석 기술 없이도 쓰기 쉽다는 장점이 있으나, 앞서 언급한 통계적 가정 충족의 문제뿐만 아니라 자료의 결측패턴(missingness patterns)에 따라 사례 수가 크게 줄어들 수 있다는 단점 또한 크다. 따라서 완전제거법보다 더 나은 결측기법을 배우고 실제 자료분석 시 적용할 필요가 있다. 이 장에서는 세 가지 결측 메커니즘의 정의부터 시작하여 비모수 기법과 모수 기법에서의 대표적인 결측 처리 기법인 k-NN과 EM을 설명하고 R로 예시를 제시할 것이다.

---

1) 이러한 빅데이터에는 전통적인 분석기법에서의 통계적 추론을 적용하기도 쉽지 않다.

2 결측 메커니즘

Rubin(1976)은 세 가지 결측 메커니즘(missingness mechanism)을 다음과 같이 정의하였다. 먼저 가장 강력한 가정인 MCAR(Missing Completely At Random)은 결측이 완전히 무선으로 일어난다고 가정한다. 결측이 완전히 무선으로 일어난다면, 결측치를 삭제한 자료를 결측이 발생하지 않은 원자료의 무선 표본이라고 생각할 수 있다. 즉, MCAR 가정은 완전제거법을 쓸 때 필요한 가정이다. MAR(Missing At Random)은 결측이 관측자료에 의존하며 결측자료에는 의존하지 않는다는 가정이고, MNAR(Missing Not At Random)은 결측이 결측자료에 의존한다는 가정이다.

세 가지 결측 메커니즘의 예를 들어 보겠다. 어떤 자료가 교육수준 변수와 연봉 변수로 구성되었는데 교육수준은 결측이 없고 연봉은 결측이 있다고 하자. 만일 연봉 변수의 결측이 교육수준 및 연봉에 무관하게 일어났다면, 즉 무선으로 발생했다면 이때의 결측 메커니즘은 MCAR을 따른다. 교육수준이 높은 사람이 자기 연봉이 얼마인지 밝히기를 꺼린다면, 즉 관측된 교육수준 값에 따라 연봉 변수의 결측 여부가 달라진다면 결측 메커니즘은 MAR이다. 반면, MNAR에서는 결측이 결측자료 자체에 의존한다. 연봉이 높거나 낮은 사람이 자신의 연봉이 얼마인지 답을 하지 않는다면 결측 메커니즘은 MNAR을 따른다.

결측 메커니즘이 MNAR일 경우 개별 자료의 관측치 패턴 및 특징을 고려하여야 하므로 결측치 처리가 복잡해진다. MCAR은 결측치 처리는 상대적으로 쉬우나 사회과학 자료에서 충족하기 어려운 결측 메커니즘이라 할 수 있다. 임상병리사가 실수로 혈액 표본 한 줄을 떨어뜨려 오염시켰다든지 하는 식으로 결측이 완전히 무선으로 일어나야 MCAR을 충족하는데, 공부를 못하기 때문에 시험을 일부러 안 본다거나(MNAR) 자기효능감이 낮은 학생이 해당 과목의 시험을 안 보는 식으로(MAR) MCAR이 아닐 확률이 높을 것이기 때문이다. 다음 항에 설명할 EM과 같은 모수(parametric) 통계 기반 결측 처리 기법은 보통 MAR을 가정한다.[2] MCAR의 경우 'Little's MCAR test'와 같이 결측이 MCAR을 따르는지 검정하는 방법이 있으나, MAR은 그렇지 않

2) MCAR을 충족하면 당연히 MAR을 충족한다.

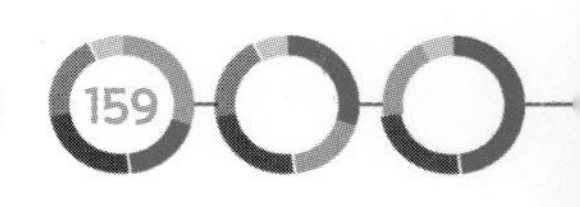

다. 결측 메커니즘이 MAR 가정을 충족하려면 결측과 관련 있을 만한 변수를 결측치 대체모형에 최대한 많이 투입하는 것이 좋다(〈심화 8.1〉).

〈심화 8.1〉 무시할 수 있는 결측과 보조변수

결측 메커니즘이 MCAR 또는 MAR일 때 무시할 수 있는(ignorable) 결측,[3] MNAR일 때 무시할 수 없는(nonignorable) 결측이라고 한다(Rubin, 1976). 무시할 수 없는 결측을 가정한다면 자료별로 결측치 처리를 달리해야 한다. 여러 모수 기반 기법이 MAR 또는 무시할 수 있는 결측을 가정하기 때문에 MAR 가정을 충족하도록 노력할 필요가 있다. 어떤 변수의 결측을 다른 관측된 변수에 의해 설명할 수 있다면 MAR 가정을 충족할 수 있으므로 보조변수(auxiliary variable)를 활용하는 방법이 제안되었다. 보조변수는 연구자의 관심 변수는 아니지만 결측과 관련 있을 만한 변수를 뜻한다. 즉, 보조변수를 대체모형(imputation model)에 포함함으로써 MAR을 충족할 확률을 높이게 되는 것이다. 가능한 한 많은 보조변수를 결측치 대체모형에 투입하는 전략을 Collins, Schafer와 Kam(2001)은 'inclusive strategy'라고 명명하였다. 이와 관련한 모의실험 연구는 Yoo(2009) 또는 Yoo(2013) 등을 참고하면 된다.

3 비모수 기법과 모수 기법

통계학에서 통계적 가정에 기반하여 결측치를 처리하는 다양한 모수(parametric) 기법을 발전시켜 왔다. 그중 최대우도(maximum likelihood) 기반 기법과 베이지안 기반 기법인 다중대체법(multiple imputation)이 최고의 기법으로 각광을 받고 있다(Schafer & Graham, 2002). 전통적인 통계 기법을 쓰는 연구자들이 다중대체법을 추천하나, 고차원 자료를 포함하는 빅데이터 분석 맥락에서 다중대체법에 대한 이론적 연구는 아직 충분치 않다. 표집에 대한 고려 없이 수집된 빅데이터의 출현과 더불어 비모수(nonparametric) 기법에 대한 관심 또한 증가하고 있다. 이 절에서는 대표적인 비모수, 모수 결측 처리 기법으로 각각 k-NN(k-Neareat Neighbors)과 EM(Expectation-

3) 무시할 수 있는 결측의 다른 조건으로 모형과 결측 메커니즘 모수가 서로 독립이어야 한다는 가정도 있다(Rubin, 1976).

Maximization)을 제시한다. k-NN이 비모수 기법으로 결측에 대해 명확한 모형을 가정하지 않는 반면, 모수 기법인 EM은 MAR을 가정한다. k-NN과 EM 모두 단일 대체(single imputation) 기법이다.

1) k-NN

비모수 기법인 k-NN은 직관적이며 이해하기 쉽다는 장점으로 인하여 기계학습에서 널리 쓰여 왔다(Hastie et al., 2009). k-NN에서 NN(Nearest Neighbors, 최근접 이웃)은 결측치 주변의 이웃, 즉 관측치를 뜻하고, 'k'는 그러한 이웃을 몇 개로 잡느냐는 것이다. 예를 들어, k가 5라면 결측치 주변의 가장 가까운 관측치 5개를 이웃으로 잡는다. 결측인 변수가 연속형인 경우 이 5개의 중심경향값으로 결측치를 대체하고, 범주형인 경우 다수결의 원칙으로 더 많이 나온 범주로 결측을 대체한다. 이렇게 실제 자료값을 활용하여 결측치를 대체하기 때문에 대체값이 현실적이며 실제로 가능한 범위 안이라는 점 또한 k-NN의 장점이다. 고차원 자료(high-dimensional data)에서 k-NN은 계산 부담이 크며 속도가 느릴 수 있다는 비판이 있으나, 고차원 자료에서 정의되는 모수 통계 기법이 제한적이므로 비모수 기법인 k-NN이 널리 활용되고 있다.

이웃을 몇 개로 잡을지, 즉 k를 얼마로 정할 것인지, 그리고 이웃을 어떻게 측정할지가 k-NN에서의 관건이 된다. R의 VIM 패키지의 디폴트 k 값은 5인데, k 값으로 완전제거 후 남은 사례 수의 제곱근을 쓸 수도 있다(Beretta & Santaniello, 2016). 거리 측정 방법에 따라 어떤 관측치가 이웃이 될지가 달라질 수 있다. 자료 형태 및 변수 구성에 따라 거리 측정 방법을 정한다. 연속형 변수와 범주형 변수가 모두 있는 자료의 경우 Gower distance(Gower, 1971)를 거리 측정 방법으로 가장 많이 쓴다. Gower distance는 R VIM 패키지의 디폴트다.

2) EM

EM(Expectation-Maximization)은 모수 통계인 최대우도 기반 기법이다. 이름 그대로 E(Expectation)와 M(Maximization)의 두 개 단계로 이루어진다(Dempster et al., 1977). EM 단계를 설명하면 다음과 같다. 먼저 E 단계에서 관측자료로 결측치의 로그우도 기대값을 추정하고 이 값으로 결측치를 대체한다. 이때, 결측을 관측치로 설명할 수 있다는 MAR 가정이 들어간다. 다음 M 단계에서 E 단계에서 대체한 자료의 조건부 로그우도 기대값을 최대로 하는 모수값을 추정하고, 이 모수값을 다음 E 단계에서의 모수값으로 업데이트한다. E와 M의 두 단계를 거듭할수록 관측자료의 로그우도는 증가하며, 이 단계들은 미리 설정한 기준값으로 수렴할 때까지 반복된다. 정리하자면, E 단계는 현재 모수에 기반하여 결측치를 대체하는 단계이고, M 단계는 E 단계에서 대체된 자료와 관측자료로 모수를 재추정하는 단계다. EM은 최대우도 기반 기법이므로 EM 추정치도 최대우도 추정치의 특징을 지닌다. 즉, EM 추정치 또한 적절한 regularity 조건하에서 점근적으로 불편향이며 정규분포를 따르고 효율적이라는 장점을 지닌다(Little & Rubin, 2002; Schafer, 1997).

4 R 예시

결측이 있는 자료는 결측 대체가 완료된 후 분석해야 한다. 이미 제3장에서 간단한 결측 처리 기법인 완전제거법과 평균대체법을 설명하였다. 이 장에서 더 발전된 기법인 k-NN과 EM 대체법을 다루었다. 참고로 다음 장에서 설명할 교차타당화와 모형평가 등은 이 장의 k-NN 대체 결과에 기반하여 진행된다. 그러나 EM 대체 결과를 활용하더라도 이후의 절차는 동일하다.

1) 결측치 확인

우선 자료에 대한 구체적인 시나리오 없이 다양한 유형의 변수로 구성된 prdata1.csv 자료를 활용하여 결측치를 확인하고 대체하는 예시를 보여 주겠다. 이 자료는 연속형 종속변수 1개(Y)와 Likert 척도 변수 10개(5개 문항*2개 문항 묶음, L11~L15, L21~L25), 이분형 변수 6개(Gender, B01~B05), 비율척도형 변수 5개(R01~R05)로 구성된 자료다.

〈R 자료: Likert 척도, 이분형, 비율척도형 변수 자료〉

변수명	변수 설명
ID	ID
Y	종속변수(연속형)
Gender	성별(0: 남, 1: 여)
L11~L15	5점 Likert 척도 변수(문항 묶음 1)
L21~L25	5점 Likert 척도 변수(문항 묶음 2)
B01~B05	이분형 변수
R01~R05	비율척도형 변수

[data file: prdata1.csv]

데이터 파일을 R의 작업공간에 불러온다. File-Import Dataset 메뉴의 명령을 활용해도 되고, 데이터 파일이 csv 형식이기 때문에 read.csv( ) 함수를 활용해도 좋다. prdata1.csv 자료를 prdata1 객체에 저장한 후 str( ) 함수로 prdata1 객체의 구조를 확인하였다. 이 객체가 2,000개의 사례와 총 23개의 변수를 포함한 자료임을 알 수 있다([R 8.1]). 더 자세히 살펴보면, 종속변수 Y와 비율척도 변수인 R01, R02, R03, R04, R05는 수치형(numeric)으로 표현된 반면, 나머지 변수는 정수형(integer)으로 표현된 것을 알 수 있다. 즉, Likert 척도 변수와 이분형 변수 등은 정수만으로 표현 가능하며, 소수로 표시될 수 있는 비율척도형 변수는 수치형으로 정의되었다. 수치형은 정수형과 실수형(double)을 모두 포괄하는 표현 방식이다. 또한 prdata1 데이터의 일부 변수가 NA 값을 가지고 있다는 사실도 확인할 수 있다. NA는 결측치를 나타내는 특수

자료형으로, 분석에 앞서 이 값을 처리해야 한다. 결측치를 대체하기 전 R의 기본 내장 함수로 결측이 있는 변수 및 결측치의 규모를 알아보겠다.

[R 8.1] prdata1 데이터 불러오기

〈R 명령문과 결과〉

〈R code〉

```
prdata1 = read.csv("prdata1.csv")
str(prdata1)
```

〈R 결과〉

```
> str(prdata1)
'data.frame': 2000 obs. of  23 variables:
 $ ID     : int  1 2 3 4 5 6 7 8 9 10 ...
 $ Y      : num  85 86.3 82.6 82.7 83 ...
 $ Gender : int  1 1 1 0 0 1 1 1 1 0 ...
 $ L11    : int  3 3 3 3 5 3 4 1 1 3 ...
 $ L12    : int  4 2 3 4 5 3 3 1 1 2 ...
 $ L13    : int  3 2 4 2 4 3 4 1 1 2 ...
 $ L14    : int  5 NA 3 3 3 2 3 2 2 4 ...
 $ L15    : int  4 3 2 3 4 3 4 3 2 NA ...
 $ L21    : int  5 5 3 5 4 4 5 5 5 2 ...
 $ L22    : int  5 4 1 5 4 1 5 5 5 4 ...
 $ L23    : int  5 4 1 4 5 4 5 5 5 4 ...
 $ L24    : int  3 5 NA 5 4 NA 5 4 5 5 ...
 $ L25    : int  5 5 NA 5 5 4 4 5 5 3 ...
 $ B01    : int  1 0 0 0 0 1 0 1 0 1 ...
 $ B02    : int  1 0 0 1 0 1 1 1 0 1 ...
 $ B03    : int  1 0 0 0 0 1 1 1 1 1 ...
 $ B04    : int  1 1 NA 1 NA 1 NA 1 1 1 ...
 $ B05    : int  NA NA NA NA NA 1 NA 1 1 NA ...
 $ R01    : num  155 157 152 149 147 ...
 $ R02    : num  52.6 45.8 53.1 49.5 45.3 47.4 49 50 52.6 44 ...
 $ R03    : num  8.6 3.8 6.8 5.8 2.4 4.5 4.7 5.3 9.5 6.2 ...
 $ R04    : num  1.4 4.7 NA 4.3 1.4 1 2.2 5.7 6.4 5.7 ...
 $ R05    : num  1.8 4.7 3.8 2.7 NA 2.3 1.8 8.9 4.8 2.3 ...
```

colSums( ) 함수와 is.na( ) 함수를 조합하면 결측된 변수와 결측치의 규모를 파악하기 편리하다. colSums( ) 함수는 2차원 이상의 객체에 대하여 열(column) 방향으로 모든 값을 더해 주는 함수이며, is.na( ) 함수는 객체에 포함된 NA 값의 위치를 논리 자료형으로 표시해 주는 함수다. 변수 수가 몇 개 안 된다면 is.na( ) 함수만을 활용해 결측된 변수와 결측치의 규모를 파악할 수 있으나, 객체의 크기가 클수록 이 방법은 가독성이 떨어진다. 반면, is.na( )의 결과에 colSums( )를 조합하면 각 변수에서 몇 개 행이 결측되었는지 그 숫자를 출력할 수 있어 is.na( ) 함수만을 쓰는 것보다 가독성을 높일 수 있다. 특히 대용량 자료에 대하여 변수별로 결측치를 확인할 때 is.na( )와 colSums( ) 함수를 같이 쓰는 것을 추천한다. [R 8.2]에서 is.na( )를 실행한 후 colSums( ) 함수를 적용한 결과를 살펴보았다. L14, L15, L24, L25, B04, B05, R04, R05 변수가 결측되었으며 나머지 변수는 결측이 없는 것을 알 수 있다. 특히 결측이 있는 경우 각 변수별로 몇 개 행이 결측인지까지 확인할 수 있다. 예를 들어, R05 변수는 총 195개 행에서 결측이 발생하였고, L25 변수는 총 148행에서 결측이 발생하였다.

결측이 있을 때 가장 쉽게 고려할 수 있는 결측치 처리 기법은 완전제거법이다. 결측률이 매우 낮아서(예: 5% 이하) 완전제거법을 실행해도 자료 손실이 적고 분석 결과에 영향을 미치지 않는다면 굳이 복잡한 대체법을 적용할 필요가 없기 때문이다. 완전제거법을 적용한 후 얼마나 자료가 남아 있는지 확인하려면 na.omit( ) 함수를 쓰면 된다. 이 예시 자료를 보면 dim( ) 함수를 추가로 활용하여 완전제거 후 차원을 확인했더니 1,377행이 남는다는 것을 알 수 있다([R 8.2]). 원자료의 사례 수가 2,000개였으므로 완전제거 후 약 68.8%의 사례가 남는다. 실제 자료분석 시 변수별 결측은 크지 않은데도 결측 패턴에 따라 완전제거 후 사례 수가 대폭 축소되는 경우도 빈번하다. '몇 % 사례가 남아야 완전제거법을 적용할 수 있다'와 같은 구체적인 지침은 없으나, 사례 수가 많을수록 전통적 분석 관점에서 검정력이 높아진다. 기계학습 관점에서도 교차타당화 등의 이후 절차를 고려할 때 사례 수를 충분히 확보할 필요가 있다. 따라서 완전제거 후 자료 손실이 적은 경우가 아니라면 완전제거를 사용하지 않고 결측치를 대체하는 것이 낫다. 그러나 평균대체와 같은 기법은 분포의 특성을 왜곡할 수 있으므로(자세한 내용은 제4장을 참고) 이 장에서 설명하는 k-NN 또는 EM과 같은 대체기법을 활용할 것을 추천한다.

[R 8.2] prdata1 데이터 결측치 확인

〈R 명령문과 결과〉

〈R code〉

```
colSums(is.na(prdata1))
dim(na.omit(prdata1))
```

〈R 결과〉

```
> colSums(is.na(prdata1))
 ID      Y Gender    L11    L12    L13    L14    L15    L21    L22    L23    L24    L25    B01    B02    B03    B04    B05
  0      0      0      0      0      0     73     72      0      0      0     63    148      0      0      0    104    105
R01    R02    R03    R04    R05
  0      0      0     64    195

> dim(na.omit(prdata1))
[1] 1377    23
```

2) k-NN 대체

[R 8.3]은 VIM 패키지의 kNN( ) 함수를 활용하여 k-NN으로 결측치를 대체하는 과정을 보여 준다. kNN( ) 함수를 활용하기에 앞서 as.factor( ) 함수를 활용해 이분형 변수(Gender, B01~B05)를 factor 자료형으로 변환해 임시로 저장한다. 정수형으로 표기된 이분형 변수는 범주형(factor)으로 바꿔야 catNum 함수를 적용할 수 있기 때문이다. kNN( ) 함수에는 data, variable, k, numFun, catFun, imp_var 등의 인자를 입력하면 된다. data에는 결측 대체가 수행되는 데이터프레임 또는 행렬 객체를 입력한다. prdata1 예시에서는 첫 번째 변수가 ID로 결측 대체를 하지 않는 변수이므로 이 변수를 제외한 나머지 변수들이 대상이 된다. variable에는 결측이 있는 변수명을 입력한다. 'c'로 변수명을 설정하며, 이때 각각의 변수명을 " "로 처리한 것을 눈여겨볼 필요가 있다. k가 바로 몇 개의 최근접 이웃을 고려할 것인지를 정하는 값이다. 이 예시에서는 완전제거 후 사례 수인 1,377의 제곱근을 반올림한 값을 k값으로 사용하였다. 이렇게 계산된 k 값은 37이다. 즉, 결측치 주변 37개 이웃의 값을 대체값으로 활용하였다. numFun에는 수치형 변수(numeric, integer)의 대체값을 계산하기 위해 활용할 함수가 입력되고, catFun에는 범주형 변수(factor)의 대체값을 계산하기 위해 활

용할 함수가 입력된다. VIM 패키지의 디폴트가 median과 maxCat이므로 'numFun = median' 'catFun = maxCat'은 굳이 쓰지 않아도 된다. 마지막으로 imp_var는 결측 대체가 일어난 위치를 표시하는 변수를 생성해 주는 인자인데, 이 부분은 확인할 필요가 없다고 판단하여 'imp_var = F'로 설정하였다. 앞서 설명한 대로 VIM 패키지의 kNN( ) 함수는 Gower distance가 디폴트다. Gower distance는 연속형 및 범주형 변수가 혼합된 자료의 거리 측정 방법이므로 디폴트 그대로 쓰면 된다.

k-NN 결측 대체를 수행한 후 그 결과를 prdata1.kNN 객체에 저장하였다. kNN( ) 함수를 적용할 때 prdata1 객체에 포함된 ID 변수를 활용하지 않았으므로 새로 생성한 객체에 ID 변수를 다시 부착할 필요가 있다. cbind( ) 함수를 활용해 원객체(prdata1)의 ID 변수를 부착해 준다. 단, 이 경우 ID 변수의 변수명이 prdata1$ID로 저장되므로 colnames( ) 함수를 활용해 첫 번째 원소명을 ID로 바르게 고친다. str( ) 함수의 출력 결과를 확인하면 NA 값이 더 이상 나타나지 않는다. [R 8.3] 마지막 줄의 write.csv는 k-NN 대체 결과를 prdata1.kNN.csv 파일로 저장하기 위한 것이다.

[R 8.3] VIM 패키지를 활용한 k-NN 결측 대체

〈R 명령문과 결과〉

〈R code〉

```
install.packages("VIM")
library(VIM)

prdata1.Bfactor <- prdata1
prdata1.Bfactor$Gender <- as.factor(prdata1$Gender)
prdata1.Bfactor$B01 <- as.factor(prdata1$B01)
prdata1.Bfactor$B02 <- as.factor(prdata1$B02)
prdata1.Bfactor$B03 <- as.factor(prdata1$B03)
prdata1.Bfactor$B04 <- as.factor(prdata1$B04)

prdata1.Bfactor$B05 <- as.factor(prdata1$B05) # 이분형 변수를 factor 유형으로 변환

prdata1.kNN <-
  kNN(data = prdata1.Bfactor[,2:23],
      variable = c("L14", "L15", "L24", "L25", "B04", "B05", "R04", "R05"),
      k=round(sqrt(1377)), numFun = median, catFun = maxCat, imp_var = F)
```

```
prdata1.kNN <- cbind(prdata1$ID, prdata1.kNN)
colnames(prdata1.kNN)[1] <- "ID" # ID 변수를 다시 추가하고 변수명을 재수정
str(prdata1.kNN)

write.csv(prdata1.kNN, "prdata1.kNN.csv", col.names=T, row.names=F, quote=T)
```

〈R 결과〉

```
> str(prdata1.kNN)
'data.frame': 2000 obs. of  23 variables:
 $ ID     : int  1 2 3 4 5 6 7 8 9 10 ...
 $ Y      : num  85 86.3 82.6 82.7 83 ...
 $ Gender : Factor w/ 2 levels "0","1": 2 2 2 1 1 2 2 2 2 1 ...
 $ L11    : int  3 3 3 3 5 3 4 1 1 3 ...
 $ L12    : int  4 2 3 4 5 3 3 1 1 2 ...
 $ L13    : int  3 2 4 2 4 3 4 1 1 2 ...
 $ L14    : int  5 3 3 3 3 2 3 2 2 4 ...
 $ L15    : int  4 3 2 3 4 3 4 3 2 3 ...
 $ L21    : int  5 5 3 5 4 4 5 5 5 2 ...
 $ L22    : int  5 4 1 5 4 1 5 5 5 4 ...
 $ L23    : int  5 4 1 4 5 4 5 5 5 4 ...
 $ L24    : int  3 5 4 5 4 4 5 4 5 5 ...
 $ L25    : int  5 5 4 5 5 4 4 5 5 3 ...
 $ B01    : Factor w/ 2 levels "0","1": 2 1 1 1 1 2 1 2 1 2 ...
 $ B02    : Factor w/ 2 levels "0","1": 2 1 1 2 1 2 2 2 1 2 ...
 $ B03    : Factor w/ 2 levels "0","1": 2 1 1 1 1 2 2 2 2 2 ...
 $ B04    : Factor w/ 2 levels "0","1": 2 2 2 2 1 2 2 2 2 2 ...
 $ B05    : Factor w/ 2 levels "0","1": 2 1 1 1 1 2 2 2 2 2 ...
 $ R01    : num  155 157 152 149 147 ...
 $ R02    : num  52.6 45.8 53.1 49.5 45.3 47.4 49 50 52.6 44 ...
 $ R03    : num  8.6 3.8 6.8 5.8 2.4 4.5 4.7 5.3 9.5 6.2 ...
 $ R04    : num  1.4 4.7 5.5 4.3 1.4 1 2.2 5.7 6.4 5.7 ...
 $ R05    : num  1.8 4.7 3.8 2.7 5.9 2.3 1.8 8.9 4.8 2.3 ...
```

colSums(is.na( ))를 적용할 때 각 변수에 대한 결측행이 모두 0이다([R 8.4]). 결측치가 모두 대체되었음을 확인할 수 있다. prdata1.kNN의 차원 또한 2000행×23열로 완전제거 이전 원자료의 차원과 동일하다.

[R 8.4] 대체 결과 확인

〈R code〉

```
colSums(is.na(prdata1.kNN))
dim(na.omit(prdata1.kNN))
```

〈R 결과〉

```
> colSums(is.na(prdata1.kNN))
  ID      Y Gender    L11    L12    L13    L14    L15    L21    L22    L23    L24    L25    B01    B02    B03    B04    B05
   0      0      0      0      0      0      0      0      0      0      0      0      0      0      0      0      0      0
 R01    R02    R03    R04    R05
   0      0      0      0      0
> dim(na.omit(prdata1.kNN))
[1] 2000   23
```

3) EM 대체

[R 8.5]는 Amelia 패키지의 amelia( ) 함수를 활용한 EM 결측 대체의 수행 절차를 보여 준다. amelia( ) 함수는 x, m, ords 등의 인자를 입력받는다. x에는 결측 대체가 수행되는 데이터프레임 또는 행렬 객체가, m에는 계산되는 결측 대체값의 수가, ords에는 서열형 척도 변수의 이름이 입력된다. [R 8.5]에서 x의 경우 [R 8.3]에서와 마찬가지로 ID 변수를 제외한 나머지 모든 변수가 입력되었으며, m=1로 입력해 하나의 결측 대체값만을 얻는다. ords에는 비율척도형 변수인 R04, R05를 제외한 나머지 변수를 입력한다. amelia( ) 함수는 그 결과로 EM 결측 대체 과정 중 발생한 다양한 결과를 담고 있는 리스트 객체를 반환한다. 따라서 amelia( ) 함수가 반환한 객체 중 구체적인 대체값을 나타내는 imputations와 imputations 안에서도 첫 번째 대체값(m=1이므로 하나만 생성됨)을 나타내는 imp1을 $ 기호를 활용해 불러와 prdata1.EM으로 저장하였다. 마찬가지로 amelia( ) 함수를 적용할 때 prdata1 객체에 포함된 ID 변수를 활용하지 않았으므로 새로 생성한 객체에 ID 변수를 다시 부착할 필요가 있다. cbind( ) 함수를 활용해 원객체(prdata1)의 ID 변수를 부착해 준다. 이때 ID 변수의 변수명이 prdata1$ID로 저장되므로 colnames( ) 함수로 첫 번째 원소명을 ID로 바르게 고친다. colSums(is.na( ))를 적용하면 결측 대체가 수행되었다는 것을 확인할 수 있다. str( ) 함수의 출력 결과를 확인해 보아도 NA 값이 더 이상 나타나지 않는다.

[R 8.5] 마지막 줄의 write.csv로 EM 대체 결과를 prdata1.EM.csv 파일에 저장하였다.

[R 8.5] Amelia 패키지를 활용한 EM 결측 대체

〈R 명령문과 결과〉

〈R code〉

```
install.packages("Amelia")
library(Amelia)
prdata1.amelia <-
  amelia(x = prdata1[,2:23], m=1,
         ords = c("L14", "L15", "L24", "L25"), noms = c("B04", "B05"))
prdata1.EM <- prdata1.amelia$imputations$imp1
prdata1.EM <- cbind(prdata1$ID, prdata1.EM)
colnames(prdata1.EM)[1] <- "ID" # ID 변수를 다시 추가하고 변수명을 재수정

colSums(is.na(prdata1.EM))
str(prdata1.EM)
write.csv(prdata1.EM, "prdata1.EM.csv", col.names=T, row.names=F, quote=T)
```

〈R 결과〉

```
> colSums(is.na(prdata1.EM))
    ID      Y Gender    L11    L12    L13    L14    L15    L21    L22    L23    L24    L25    B01    B02    B03    B04    B05
     0      0      0      0      0      0      0      0      0      0      0      0      0      0      0      0      0      0
   R01    R02    R03    R04    R05
     0      0      0      0      0

> str(prdata1.EM)
'data.frame' : 2000 obs. of  23 variables:
 $ ID     : int  1 2 3 4 5 6 7 8 9 10 ...
 $ Y      : num  85 86.3 82.6 82.7 83 ...
 $ Gender : int  1 1 1 0 0 1 1 1 1 0 ...
 $ L11    : int  3 3 3 3 5 3 4 1 1 3 ...
 $ L12    : int  4 2 3 4 5 3 3 1 1 2 ...
 $ L13    : int  3 2 4 2 4 3 4 1 1 2 ...
 $ L14    : num  5 3 3 3 3 2 3 2 2 4 ...
 $ L15    : num  4 3 2 3 4 3 4 3 2 3 ...
 $ L21    : int  5 5 3 5 4 4 5 5 5 2 ...
 $ L22    : int  5 4 1 5 4 1 5 5 5 4 ...
 $ L23    : int  5 4 1 4 5 4 5 5 5 4 ...
 $ L24    : num  3 5 3 5 4 5 5 4 5 5 ...
 $ L25    : num  5 5 3 5 5 4 4 5 5 3 ...
```

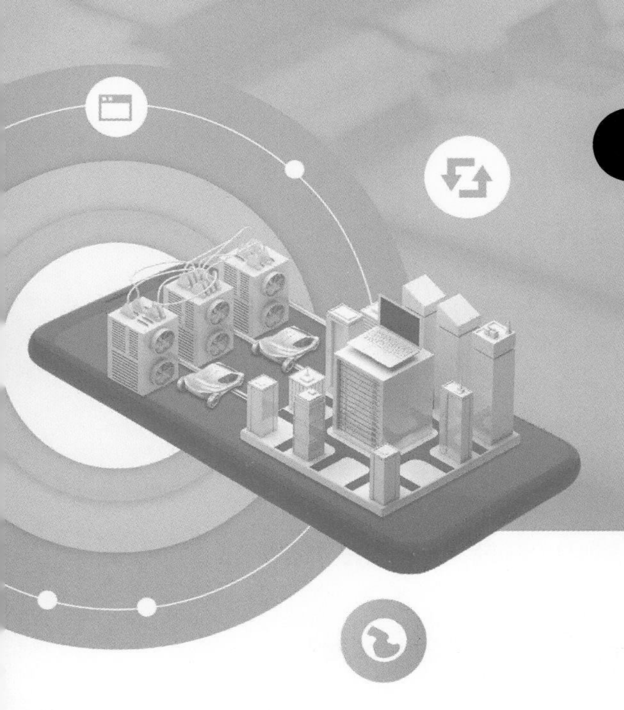

제9장

모형평가

1. 개관
2. CV
3. 모형평가 기준
4. R 예시
5. 예측모형과 조율모수

〈필수 용어〉

모형평가, 예측모형, CV(교차타당화), 훈련자료, 시험자료, 예측 측도, 조율모수

〈학습목표〉

1. CV의 개념을 이해하고 기계학습에서 어떠한 역할을 하는지 설명할 수 있다.
2. 변수 유형(연속형/범주형)에 따라 어떤 예측 측도가 쓰이는지 설명할 수 있다.
3. 실제 자료를 훈련자료, 시험자료로 나누어 CV를 실시하고 모형을 평가할 수 있다.

1 개관

기계학습의 근본 목적은 예측모형(prediction model)을 구축하는 것이다. 기존 분석 기법이 주어진 자료를 잘 설명하는 모형 구축에 초점을 맞춘다면, 기계학습 기법에서는 새로운 자료에도 잘 들어맞는 모형을 만드는 것이 중요하다. 즉, 기계학습 모형은 현재 자료를 잘 설명하기보다 아직 분석되지 않은 새로운 자료를 잘 예측해야 한다. 이를 위하여 기계학습에서는 자료를 훈련자료(training data)와 시험자료(test data)로 나눈다. 그리고 훈련자료로 모형들을 구축하고 시험자료로 예측오차(prediction error)를 구한 후 예측오차가 낮은 모형을 선택한다. 이러한 모형평가(model assessment) 절차를 거친 모형을 예측모형이라 한다. 이때 시험자료는 훈련자료와 구분되는, 모형 구축에 쓰이지 않은 새로운 자료다. 다시 말해, 훈련자료로부터 얻은 모형이 새로운 자료(시험자료)에 잘 들어맞는다면 이 모형은 예측을 잘하는 모형이라 할 수 있다.

예측모형이 왜 중요한지를 예시로 설명하겠다. 어떤 학생이 기말고사에 대비하기 위하여 기말고사와 범위가 같은 모의고사를 보고 틀린 문항을 집중적으로 공부하였다고 하자. 이제 이 학생은 똑같은 모의고사를 다시 본다면 상당히 높은 점수를 받을 것이다. 이미 그 모의고사에서 틀린 문항을 집중적으로 공부하였기 때문이다. 그러나 모의고사에서 높은 점수를 받았다고 하여 이 학생이 목표로 하는 기말고사에서도 높은 점수를 받을 수 있을 것인지는 불투명하다. 왜냐하면 실제 기말고사에서는 이 학생이 모의고사에서 보지 못한 새로운 유형의 문항이 나올 수 있기 때문이다. 이 예시에서 모의고사와 실제 검사를 각각 기계학습에서의 훈련자료와 시험자료와 연결지어 생각할 수 있다. 실제 검사에서 높은 점수를 받고 싶어서 모의고사로 연습(훈련)을 하지만, 모의고사를 반복적으로 풀어서 만점에 가까운 점수를 받는다고 하여 실제 검사에서도 높은 점수를 받을 것이라고 확신할 수는 없다. 모의고사에서는 잘했는데 기말고사에서는 잘하지 못했다면 예측모형이 제대로 구축되지 못한 것이다. 반대로 실제 검사의 새로운 유형의 문항도 잘 풀었다면 이 학생의 지식 및 기능이 일반화가 잘 된 것이다. 즉, 예측모형이 잘 구축되었다고 할 수 있다. 따라서 기계학습 모형의 예측력을 평가하기 위하여 훈련자료에서 쓰이지 않은 새로운 자료를 시험자료로 두고 훈련자료에서 구축한 모형을 시험자료에 적합하여 그 결과를 비교한다.

정리하면, 시험자료를 고려하지 않는 기존 분석기법에서는 모의고사에서 잘하도록 만들어진 모형을 구축하는 반면, 기계학습 모형은 실제 검사에서도 잘 수행하는 것을 목표로 구축된 예측모형이라 할 수 있다. 이 장에서는 기계학습에서의 모형평가를 개관하고 변수 유형에 따른 모형평가 기준을 설명한 후 R 예시 또한 제시하겠다.

2 CV

사회과학 자료를 기계학습 기법으로 분석할 때의 일반적인 모형평가 절차를 간략하게 설명하겠다. 먼저 자료를 훈련자료와 시험자료로 분할한다. 그다음 훈련자료에 CV(Cross-Validation, 교차타당화)를 적용하여 모형을 구축한 후, 그 모형을 시험자료에 적용하여 예측오차를 구하고 기법 간 비교를 수행한다. 앞선 예시로 설명하자면, 훈련자료에 CV 기법을 적용하여 모형을 구축하는 것을 모의고사 문제를 열심히 풀면서 실제 검사에 대비하는 것에, 그리고 실제 검사에서의 정오표를 예측 결과에 비유할 수 있다. 모의고사에서 틀린 문항을 집중적으로 공부하여 모의고사에서는 높은 점수를 받았는데 실제 검사에서는 그렇지 못했다면 과적합(overfitting)이 일어난 것이라 생각할 수 있다. 다시 말해, 시험자료 없이 훈련자료만으로 모형을 선택할 경우 과적합 문제를 일으킬 수 있으며, CV와 시험자료를 활용하지 않는 기존 분석기법으로 도출된 모형은 보통 새로운 자료로 일반화하기가 어렵다.

1) CV와 홀드아웃 기법

앞서 자료를 훈련자료와 시험자료로 나누어 훈련자료로 CV를 실행하고 시험자료로 모형을 비교하는 것이 사회과학 자료분석에서의 일반적인 절차라고 하였다. 사례 수가 몇십만 또는 몇백만 개에 달하는 자연과학 또는 공학자료의 경우 자료를 한 번만 적합하는 홀드아웃(hold-out) 기법을 쓰기도 한다. 홀드아웃 기법은 자료를 훈련자료(training set), 검증자료(validation set), 시험자료(test set)로 나누어 훈련자료와 검증자료로 모형을 구축하고 시험자료로 모형을 비교하는 기법이다([그림 9.1]). 훈련자료, 검증자료, 시험자료로 나누는 비율은 해당 분야에서의 관례 및 사례 수에 따라 결정하면 되는데, 2:1:1의 비율로 나누는 것이 일반적이다(Hastie et al., 2009).

[그림 9.1] 홀드아웃 기법

홀드아웃 기법은 훈련자료와 검증자료로 모형을 한 번 구축하기 때문에 간단하고 시간이 적게 든다. 따라서 연구 초기에 여러 모형을 탐색할 때 쓰기 좋다. 반면, 훈련자료, 검증자료, 시험자료로 자료를 한 번 분할하기 때문에 편향(bias)이 일어날 가능성이 있다는 점을 주의해야 한다. 사진 또는 음성 자료분석의 경우에는 눈으로 보거나 소리를 듣고 검증이 가능하므로 자료 분할 시 편향을 막을 수 있어 홀드아웃 기법이 좋은 선택이 될 수 있다. 그러나 사회과학 연구에서 주로 분석하는 자료는 사진 자료와 같이 눈으로 바로 확인할 수 있는 자료가 아니기 때문에 자료 분할 시 편향이 일어났는지 알기가 어렵다. 또한, 사회과학 분야의 경우 대용량 자료라고 하더라도 사례 수가 몇천 명 정도에 불과하므로 홀드아웃 기법이 적절하지 않다. 자료 분할(data split)을 어떻게 했느냐에 따라 모형이 크게 바뀔 수 있기 때문이다. 따라서 사회과학 분야 연구에서는 CV를 반복함으로써 자료 분할로 인한 편향을 줄이고자 한다. CV 기법에는 여러 변형이 있는데, 이 절에서는 가장 많이 쓰는 기법인 k-fold CV(k겹 교차타당화) 및 상대적으로 사례 수가 적을 때 쓸 수 있는 LOOCV를 설명하겠다.

2) k-fold CV

[그림 9.1]에서 홀드아웃 기법을 설명하면서 전체 자료를 훈련자료, 검증자료, 시험자료로 나눈다고 하였다. k-fold CV에서는 훈련자료와 시험자료로 나눈 후, 훈련자료를 다시 검증자료로 나눈다. k값으로 어떤 값을 쓰느냐는 해당 분야의 관례 및 자료의 크기에 따라 다른데, 보통 5 또는 10을 쓴다. 이해를 돕기 위하여 그림으로

설명하겠다. [그림 9.2]는 10−fold CV 예시다. 파란색으로 표시된 부분이 훈련자료(training set), 회색으로 표시된 부분이 검증자료(validation set)가 된다. 10−fold CV에서는 첫 번째 세트(k=1)에서 회색 부분을 제외한 파란색 부분으로 모형을 적합하고 그 모형을 회색 부분 자료에 적용하여 검증오차(validation error)를 구한다. 두 번째 세트(k=2)에서도 회색 부분을 제외한 파란색 부분으로 모형을 적합하고 그 모형을 회색 부분에 적용하여 검증오차를 구한다. 이를 10개 세트에 모두 반복하여 검증오차 평균과 표준편차를 구할 수 있다.

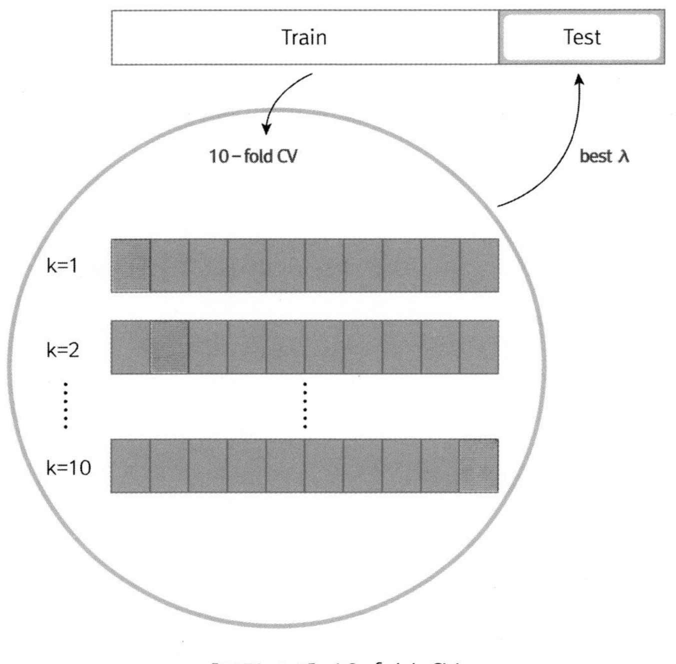

[그림 9.2] 10-fold CV

자료 특성에 맞게 k−fold CV를 세분화하여 쓰기도 한다. 범주 간 사례 수가 불균형한 범주형 반응변수의 경우 반응변수의 비율이 훈련자료와 검증자료에서 일정하게 유지될 필요가 있다. 이때 stratified k−fold CV를 쓴다. 예를 들어 합격/불합격을 반응변수로 예측모형을 만든다고 하자. 전체 자료에서의 합격/불합격 비율이 1:4라면 훈련자료와 검증자료에서도 합격/불합격 비율을 1:4로 유지하여 CV를 수행하는 것이 바로 stratified k−fold CV다.

〈심화 9.1〉 벌점회귀모형에서의 k-fold CV와 예측오차

제12장에서 설명할 벌점회귀모형적합 시 k-fold CV가 어떻게 진행되는지 좀 더 설명하겠다. 벌점회귀모형의 조율모수(tuning parameter)는 λ다. CV로 최적의 λ 값을 구하기 위하여 가능한 범위의 λ 값에 대하여 모두 CV를 적용한 후, 그중 검증오차(validation error) 값이 가장 작은 λ 값을 찾는 것이 CV의 목적이다.

이 과정을 좀 더 자세하게 설명하면 다음과 같다. 첫째, 전체 자료를 훈련자료와 시험자료로 나눈다. 둘째, 어떤 λ 값을 정한다. 셋째, 훈련자료를 k 부분으로 무작위 분할한 후 그 λ 값에 대하여 돌아가며 자료를 적합하여 검증오차를 구한다. 둘째와 셋째 단계를 범위 내 모든 λ 값에 반복한 후 검증오차가 가장 작은 λ 값을 찾는다.[1] 마지막으로 이렇게 찾은 λ 값을 시험자료에 적용하여 예측오차(prediction error)를 구하여 모형 간 비교를 수행한다.

3) LOOCV

사례 수가 많지 않은 경우 k-fold CV를 쓰는 것이 적절하지 않다. 특히 범주별 사례 수가 충분하지 않은 범주형 반응변수에 대하여 이를테면 10-fold CV로 자료를 적합하려 할 때 문제가 발생할 수 있다. 이러한 경우 LOOCV(Leave-One-Out CV)를 추천한다. LOOCV는 한 사례만 제외한 자료를 훈련자료로, 훈련자료에 쓰지 않은 그 한 사례를 검증자료로 쓰는 CV를 뜻한다. 따라서 사례 수가 적은 자료분석 시 되도록 많은 사례를 모형 구축에 쓰려고 할 때 LOOCV를 활용할 수 있다. 앞서 설명했던 k-fold CV가 자료를 k개로 나누었다. LOOCV는 자료를 사례 수로 하나하나 나누어 CV를 실시하므로 n-fold CV라고도 불린다. k-fold CV가 편향이 큰 대신 분산이 작은 모형을 도출하는 반면, LOOCV는 편향이 작은 대신 분산이 큰 모형을 도출한다는 특징이 있다(Ambroise & McLachlan, 2002). 특히 자료의 사례 수가 많을수록 LOOCV는 계산 부담이 커지고 자료 처리 속도가 느려진다는 단점이 있다.

---

1) 또는 좀 더 간단한 모형을 얻기 위하여 1-표준오차 규칙(one-standard error rule)을 활용하기도 한다(Hastie et al., 2009). 1-표준오차 규칙이란, λ 최소값을 기준으로 ±1 표준오차 내에 있는 λ 중 오차가 가장 작은 λ를 찾는 것을 뜻한다.

3 모형평가 기준

제2장에서 R은 변수를 크게 문자형(character)과 수치형(numeric)으로 구분하고, 수치형 변수는 다시 정수형(integer)과 실수형(double)으로 나눈다고 하였다. 통계학에서는 문자형 변수를 범주형(categorical) 변수라 하고 수치형 변수를 연속형(continuous) 변수라고 한다(제3장 참조). 척도 개념으로 본다면 문자형 변수는 명명척도로 측정된 것이고 수치형 변수는 그 외 척도로 측정된 것이다. 자료분석 시 변수가 어떤 척도로 측정되었는지는 매우 중요하다. 이를테면 제6장의 회귀모형을 쓰려면 반응변수가 연속형 변수로 적어도 동간척도일 것을 가정한다. 제7장의 로지스틱 회귀모형은 반응변수가 범주형 변수로 명명척도 또는 서열척도로 측정된다. 제8장의 결측치 처리에 있어서도 변수의 척도는 중요하다. 분석기법이 변수를 어떤 척도로 취급하느냐에 따라 차이가 있기 때문이다. 예를 들어, R VIM 패키지의 k-NN은 수치형 변수를 일괄적으로 동간척도로 취급하는데, Amelia의 EM은 동간척도와 서열척도로 구분하여 처리한다. 모형평가 또한 변수의 척도에 따라, 즉 범주형 변수인지 연속형 변수인지에 따라 측도가 달라진다. 이 절에서는 범주형 변수와 연속형 변수를 각각 모형화할 때 어떤 예측 측도(prediction measures)가 쓰이는지 예시와 함께 설명하겠다.

1) 연속형 변수

모형평가 측도로 관측값과 예측값 간 차이를 쓴다. 이 차이가 작을수록 좋은 모형이다. 연속형 변수의 경우 RMSE(Root Mean Squared Error)가 가장 많이 쓰이는 예측 측도다. RMSE는 관측값과 예측값 간 차의 제곱 평균값에 제곱근을 씌운 값이다(식 9.1). 식 (9.1)에서 Y_i는 시험자료에서의 실제 관측값, $\widehat{Y}_i$은 훈련자료로 구축된 모형을 시험자료에 적용했을 때의 예측값을 뜻한다. RMSE 값이 작을수록 시험자료에서의 관측값(Y_i)과 예측값($\widehat{Y}_i$) 간 차이가 작으므로 해당 모형의 예측력이 높다고 할 수 있다.

$$RMSE = \sqrt{\sum_{i=1}^{N} \frac{(Y_i - \widehat{Y}_i)^2}{N}} \quad \cdots\cdots (9.1)$$

2) 범주형 변수

제6장에서 가설검정을 설명하면서 진실과 결정의 두 축으로 2×2 표를 구성하고, 4개 셀(cell) 중 2개가 제1종 오류와 제2종 오류임을 명시하였다. 마찬가지로 모형평가에서도 진실(true)과 예측(predicted)의 두 축으로 2×2 표를 구성하면 4개 셀 중 2개는 잘못 예측한 경우가 된다. 범주형 변수에 대한 모형평가 측도를 confusion matrix(혼동행렬)로 설명하겠다. 〈표 9.1〉은 2×2 표이며 TP, FP, FN, TN의 4개 셀로 구성된다. 이 중 TP(True Positive)와 TN(True Negative)은 옳게 예측한 경우를 뜻한다. TP는 실제로 ⊕인데 예측도 ⊕로 한 경우이고, TN은 실제로 ⊖인데 예측도 ⊖인 경우다. 반대로 FP(False Positive)는 실제로는 ⊖인데 ⊕로, FN(False Negative)는 실제로는 ⊕인데 ⊖로 예측한 경우다. 가설검정의 제1종 오류와 제2종 오류는 각각 FP, FN과 연결되는 개념이다. P, N, $\hat{P}$, $\hat{N}$는 주변 확률(marginal probability)이다. P는 실제로 ⊕일 때의 예측 확률인 TP와 FN을 모두 더한 확률, N은 실제로 ⊖일 때의 예측 확률인 FP와 TN을 더한 확률이다. 마찬가지로 예측이 ⊕일 때의 확률인 TP와 FP을 더한 확률을 $\hat{P}$, 예측이 ⊖일 때의 확률인 FN과 TN을 더한 확률을 $\hat{N}$로 표기하였다.

〈표 9.1〉 confusion matrix

True \ Pred	positive(⊕)	negative(⊖)	
positive(⊕)	TP	FP (Type I error)	$\hat{P}$
negative(⊖)	FN (Type II error)	TN	$\hat{N}$
	P	N	

정확도(accuracy)는 전체 사례 중 옳게 예측한 비율이다. 분모에 전체 사례인 TP, TN, FP, FN의 합이 들어가고, 분자에 옳게 예측한 경우인 TP와 TN의 합이 들어간다(9.2). 일견 정확도만 제시하면 되지 않나 생각할 수 있으나 그렇지 않다. 범주 비율이 매우 불균형할 때 특히 그러하다. COVID−19 검사의 예를 들어 보겠다. 2021년 3월

기준 우리나라의 COVID-19 확진자 수는 약 9만 3,000명이다.[2] 이를 검사를 받은 사람 수인 680만 명으로 나눈다면 확진자 비율이 1.4%에 지나지 않는다. 가설검정 관점에서 생각하면 영가설은 비확진자, 대립가설은 확진자가 된다. 영가설은 다른 증거가 없을 때 사실로 여겨지는 가설이므로 확진자 비율이 1.4%에 불과하다면 비확진자일 것이라고 생각하는 쪽이 상식적이기 때문이다.

그런데 이렇게 범주 비율이 불균형할 경우(98.6% vs 1.4%) 상식 수준에서는 예측모형이 필요 없다. 아무런 검사 없이 모두 COVID-19 확진자가 아니라고 예측해도 정확도가 98.6%나 되기 때문이다. 즉, 예측 정확도만 고려한다면 데이터사이언티스트는 아무것도 하지 않아도 된다! 그러나 확진자임에도 확진자가 아니라고 판정을 했을 때, COVID-19가 얼마나 빨리 병을 전파할 것인지는 상상만 해도 끔찍하다. 따라서 전체의 1.4%에 불과한 확진자를 찾아내기 위하여 정확한 검사 키트를 구비하고 역학조사를 하는 등 모든 노력을 경주해야 한다. 이때 확진자인데 확진자가 아니라고 예측하는 FN이 낮아야 한다. 물론 확진자가 아닌데 확진자라고 예측하는 FP도 낮아야 하겠지만, 확진자가 자신을 무감염자라고 생각하고 거리를 활보하며 병을 전파하는 것이 비확진자가 억울하게 자가격리를 하는 것보다 사회적 비용이 더 크기 때문이다. 따라서 예측정확도뿐만 아니라 FN과 FP를 구분하는 예측 측도 또한 제시해야 한다.

확진자인데 확진자가 아니라고 예측하는 오류가 어느 정도인지 알아보는 측도가 바로 민감도(sensitivity)다(9.3). 민감도는 실제 확진자 중 확진자로 예측하는 비율을 뜻한다. 즉, 민감도가 높으면 확진자를 잘 예측한다. 가설검정에서의 제2종 오류와 연결되는 민감도는 재현율(recall)이라고도 부른다. 반대로, 확진자가 아닌데 확진자라고 예측하는 오류를 알아보는 측도는 특이도(specificity)다(9.4). 특이도는 실제 비확진자 중 비확진자로 예측되는 비율이다.

$$\text{정확도(accuracy)} = \frac{TP+TN}{TP+TN+FP+FN} \quad \cdots\cdots (9.2)$$

2) 2021년 3월 9일 기준. http://ncov.mohw.go.kr/

$$\text{민감도(sensitivity)} = P(\hat{Y} = \oplus \mid Y = \oplus) = \frac{TP}{P} = \frac{TP}{TP+FN} \quad \cdots (9.3)$$

$$\text{특이도(specificity)} = P(\hat{Y} = \ominus \mid Y = \ominus) = \frac{TN}{N} = \frac{TN}{FP+TN} \quad \cdots (9.4)$$

AUC(Area Under the ROC Curve)와 kappa도 이분형 반응변수의 모형평가 측도로 많이 쓰인다. AUC와 kappa 모두 클수록 예측 분류가 정확한 것으로 해석한다. AUC는 이분형 변수 분류 시 절단값(cutoff)에 따른 분류정확도를 보여 주는 ROC 곡선의 면적값이다. AUC 값은 random guess일 때 0.5, 완벽하게 일치할 때 1이다. kappa는 이분형 변수 분류 시 분류 일치 정도에 우연적으로 발생할 확률을 반영한 값이다. Landis와 Koch(1977)는 kappa 값이 0.00부터 0.20일 때 작은(slight), 0.21부터 0.40은 괜찮은(fair), 0.41부터 0.60은 중간(moderate), 0.61부터 0.80은 상당한(substantial), 0.81부터 1.00은 거의 완벽한(almost perfect) 일치도라고 해석하였다.

〈심화 9.2〉 이분형 반응변수의 다른 예측 측도

이분형 반응변수의 경우 정밀도(precision), FDR(False Discovery Rate), F1-measure 등의 다양한 예측 측도가 있다. 식은 다음과 같다. 자세한 설명은 Lantz(2015) 등을 참고하면 된다.

$$\text{정밀도(precision)} = P(Y = \oplus \mid \hat{Y} = \oplus) = \frac{TP}{\hat{P}} = \frac{TP}{TP+FP}$$

$$FDR = P(Y = \ominus \mid \hat{Y} = \oplus) = \frac{FP}{\hat{P}} = \frac{FP}{TP+FP}$$

$$F1 = \frac{2TP}{2TP+FP+FN}$$

4 R 예시

연속형 변수와 범주형 변수의 모형평가 예시를 제시하기 위하여 각각 제6장과 제7장의 자료를 활용하였다. 이 장에서는 훈련자료와 시험자료로 나누어 훈련자료에서 모형을 적합하고 시험자료로 예측오차를 구하는 간단한 예시를 보여 주겠다. 다음 장인 제10장부터 10-fold CV 예시를 제시할 것이다. 마찬가지로 연속형 변수에 대한 예측 측도로 RMSE, 범주형 변수에 대한 예측 측도로 정확도만 보여 줄 것이다. 다양한 예측 측도를 다루는 예시 또한 제10장부터 제13장을 참고하면 된다.

1) 연속형 변수

〈R 자료: 사이버 비행 경험〉

변수명	변수 설명
ID	학생 아이디
CYDLQ	사이버 비행 경험(6점 Likert 척도로 구성된 15개 문항의 평균) 1: 전혀 없다, 2: 1년에 1~2번, 3: 한 달에 1번, 4: 한 달에 2~3번, 5: 일주일에 1번, 6: 일주일에 여러 번
GENDER	학생의 성별 0: 남학생, 1: 여학생
AGRESS	정서 문제-공격성(4점 Likert 척도로 구성된 6개 문항의 평균) 1: 전혀 그렇지 않다~4: 매우 그렇다
FRIENDS	친구 관계(4점 Likert 척도로 구성된 13개 문항의 평균, 마지막 5개 문항은 역코딩됨) 1: 전혀 그렇지 않다~4: 매우 그렇다

[data file: cyber.csv]

먼저 read.csv( ) 함수로 cyber.csv 자료를 불러왔다([R 9.1]). str( ) 함수로 확인하면 이 자료는 300명을 5개 변수로 측정한 것임을 알 수 있다. 성별(GENDER)을 제외한 CYDLQ, AGRESS, FRIENDS 변수는 모두 Likert 척도로 측정되었다. 일반적으로 신뢰도가 일정 수준 이상일 때 서열척도인 Likert 척도로 측정된 문항의 평균을 구하여 동간척도인 것처럼 취급한다. 이 예시에서도 하위 영역에 대한 문항 평균을 구하여 연속형 변수로 취급하였다. 이 자료에 대한 자세한 설명은 제6장의 예시를 참고하면 된다.

[R 9.1] cyber.csv 데이터 불러오기

〈R 명령문과 결과〉

〈R code〉

```
cyber = read.csv("cyber.csv")
str(cyber)
```

〈R 결과〉

```
> str(cyber)
'data.frame' :      300 obs. of  5 variables:
 $ ID      : int  1 2 3 4 5 6 7 8 9 10 ...
 $ CYDLQ   : num  2.73 3.31 3.29 2.6 3.3 3.44 3.04 2.66 2.27 3.52 ...
 $ GENDER  : int  0 0 0 1 1 0 0 0 0 1 ...
 $ AGRESS  : num  2.33 2.5 2.83 3 3 2.33 2 2 2 2.5 ...
 $ FRIENDS : num  1.92 2.23 2.85 2.15 2.69 2.54 3 3.15 2.92 2.62 ...
```

전체 300명의 사례를 7:3으로 무선분할(random split)하였다([R 9.2]). 70%의 자료를 훈련자료로 분할하기 위하여 sample( ) 함수로 1부터 300까지의 원소를 갖는 벡터에서 210(=300*0.7)개의 사례를 추출하였다. 이 70%에 해당되는 사례를 train 객체에 저장하였다. head( ) 함수와 tail( ) 함수로 결과를 살펴보면 사례가 무선으로 선택되었음을 확인할 수 있다. 참고로 sample( ) 함수에서 replace=F로 설정하였으므로 같은 사례를 여러 번 뽑지 않는 비복원 추출(sampling without replacement)이 실행된다.

[R 9.2] 훈련자료와 시험자료 분할(cyber)

〈R 명령문과 결과〉

〈R code〉

```
set.seed(1)
train = sample(1:300, 300*0.7, replace = F)
head(train)
tail(train)
```

〈R 결과〉

```
> head(train)
[1] 167 129 270 187  85 277
> tail(train)
[1]  62   6   4  35 300 166
```

다음으로 회귀모형적합 함수인 lm( )으로 회귀모형 객체 mod1를 생성하였다([R 9.3]). lm( ) 함수의 첫 번째 입력값은 회귀모형의 모형식으로 '반응변수~설명변수+설명변수' 꼴로 입력한다. 이 예시에서는 반응변수인 'CYDLQ'를 '~' 왼쪽에 두고 오른쪽에는 설명변수인 GENDER, AGRESS, FRIENDS를 '+'로 연결하였다. 두 번째 입력값인 data에는 모형식에서 사용되는 변수를 포함하고 있는 객체를 입력하면 된다. 훈련자료만 모형적합에 써야 하므로 data 이름인 'cyber'를 쓰고 색인(indexing)을 활용하여 train 객체에 포함된 사례만을 입력하였다. mod1을 실행한 후 summary( ) 함수를 이용하면 회귀모형 결과를 알 수 있다. summary( ) 함수 결과는 제6장에서와 마찬가지로 해석하면 된다. [R 9.3]에서 훈련자료만으로 모형을 적합한다는 점이 제6장의 회귀모형과의 차이점이다.

[R 9.3] lm( ) 함수를 활용한 회귀모형 객체 생성

〈R 명령문과 결과〉

〈R code〉

```
mod1 = lm(CYDLQ~GENDER+AGRESS+FRIENDS, data = cyber[train,])
summary(mod1)
```

〈R 결과〉

```
> summary(mod1)

Call:
lm(formula = CYDLQ ~ GENDER + AGRESS + FRIENDS, data = cyber[train,])

Residuals:
     Min       1Q   Median       3Q      Max
-1.78940 -0.28561 -0.01752  0.29561  1.26861

Coefficients:
            Estimate Std. Error t value Pr(>|t|)
(Intercept)  0.29244    0.33822   0.865 0.388250
GENDER      -0.27444    0.07048  -3.894 0.000133 ***
AGRESS       0.82774    0.08104  10.213  < 2e-16 ***
FRIENDS      0.27465    0.07800   3.521 0.000529 ***
---
Signif. codes:  0 '***' 0.001 '**' 0.01 '*' 0.05 '.' 0.1 ' ' 1

Residual standard error: 0.5105 on 206 degrees of freedom
Multiple R-squared:  0.3691,	Adjusted R-squared:  0.3599
F-statistic: 40.17 on 3 and 206 DF,  p-value: < 2.2e-16
```

이제 시험자료로 모형을 평가하는 매우 중요한 부분이다. 연속형 변수의 경우 시험자료에서의 관측값과 예측값 간 차이가 모형평가 기준이 된다. 구체적으로 관측값과 예측값 간 차이 제곱 평균값에 제곱근을 씌운 값인 RMSE(Root Mean Square Error)를 연속형 변수의 예측 측도로 쓴다.

시험자료의 관측값은 자료값을 그대로 쓰면 되고, 예측값을 구해야 한다. R에서는 predict( ) 함수로 예측값을 구하는데, predict( ) 함수에 두 가지 값만 입력하면 된다([R 9.4]). 첫 번째 자리에 예측에 활용할 회귀모형 객체인 mod1을 입력하고, 두 번째 자리인 newdata에 cyber[−train,]을 입력한다. cyber[−train,]은 색인을 통해 시험자료 사례만 남긴 객체다. predict( ) 함수를 실행한 후 결과를 pred.mod1으로 저장하고 head( ) 함수로 살펴보면, 시험자료에 포함된 각 사례의 예측값이 계산되었음을 확인할 수 있다. 예를 들어, 3번째 관측치의 예측값은 약 3.418이다.

RMSE 계산은 간단한 편이므로 직접 수식을 입력하여 계산할 수도 있으나, [R 9.4]에서는 caret 패키지의 RMSE( ) 함수로 구하는 방법을 제시하였다. RMSE( ) 함수에 차례대로 예측값과 관측값을 입력하고 실행한 결과, 시험자료의 RMSE는 약 0.597이었다. 비교를 위하여 훈련자료의 RMSE도 계산하였다. 시험자료는 훈련자료보다 언제나 예측 측도 값이 좋지 않다. 훈련자료로 적합한 모형으로 시험자료의 RMSE를 구하기 때문이다. RMSE는 관측값과 예측값 간 차를 뜻하므로 작은 값이 더 좋은 값이다. 이 예시에서도 훈련자료의 RMSE가 시험자료의 RMSE보다 작다는 것을 확인할 수 있다.

[R 9.4] RMSE 계산

〈R 명령문과 결과〉

〈R code〉

```
pred.mod1 = predict(mod1, newdata = cyber[-train,])
head(pred.mod1)

install.packages("caret")
library(caret)
RMSE(pred.mod1, cyber$CYDLQ[-train]) # 시험자료 RMSE
RMSE(predict(mod1), cyber$CYDLQ[train]) # 훈련자료 RMSE
```

〈R 결과〉

```
> head(pred.mod1)
       3        5        7        8       10       11
3.417698 3.240032 2.771867 2.813064 2.806935 2.252137

> RMSE(pred.mod1, cyber$CYDLQ[-train]) # 시험자료 RMSE
[1] 0.5965292

> RMSE(predict(mod1), cyber$CYDLQ[train]) # 훈련자료 RMSE
[1] 0.5056546
```

2) 범주형 변수

〈R 자료: 학생의 성별과 진로정보 필요 여부〉

변수명	변수 설명
ID	학생 아이디
GENDER	학생의 성별(1: 남학생, 2: 여학생)
INFO	진로정보 필요 여부(1: 필요없다, 2: 필요하다)

[data file: infoneeds.sav, infoneeds.csv]

read.csv( ) 함수로 infoneeds.csv 자료를 불러왔다([R 9.5]). str( ) 함수로 확인하면, 200명을 2개 변수(GENDER, INFO)로 측정한 자료임을 알 수 있다. 이 자료에 대한 자세한 설명은 제7장을 참고하면 된다.

[R 9.5] infoneeds.csv 데이터 불러오기

〈R 명령문과 결과〉

〈R code〉

```
library(foreign)
infoneeds = read.spss("infoneeds.sav", to.data.frame=TRUE)
str(infoneeds)
```

〈R 결과〉

```
> str(infoneeds)
'data.frame' : 200 obs. of  3 variables:
 $ ID       : num  1 2 3 4 5 6 7 8 9 10 ...
 $ GENDER: Factor w/ 2 levels "남학생","여학생": 1 1 2 2 1 2 1 2 2 1 ...
 $ INFO     : Factor w/ 2 levels "필요없다","필요하다": 1 1 2 2 2 1 1 2 2 1 ...
 - attr(*, "variable.labels")= Named chr  "" "성별" "진로정보 필요도"
  ..- attr(*, "names")= chr  "ID" "GENDER" "INFO"
```

연속형 변수의 예시와 마찬가지로 훈련자료와 시험자료를 7:3으로 무선분할한 후, 훈련자료로 모형을 적합하고 시험자료로 모형을 평가한다. [R 9.6]의 훈련자료와 시

험자료를 분할하는 방법은 [R 9.2]와 동일하다.

[R 9.6] 훈련자료와 시험자료 분할(infoneeds)

〈R 명령문과 결과〉

〈R code〉

```
set.seed(1)
train = sample(1:200, 200*0.7, replace = F)
head(train)
tail(train)
```

〈R 결과〉

```
> head(train)
[1]  68 167 129 162  43  14
> tail(train)
[1]  23 189 174 141  29 108
```

다음으로 glm( ) 함수를 활용해 로지스틱 회귀모형 객체를 구성한다. data 인자는 식에 포함된 변수들을 포함하고 있는 데이터 객체를 지시한다. 훈련자료 사례만으로 모형을 구축해야 하므로 색인을 통해 infoneeds 객체의 사례 중 train 객체 행만 data에 입력한다. family는 일반화 선형모형의 링크 함수(link function) 설정하는 인자다. 로지스틱 회귀모형의 경우 반응변수가 이항분포를 따르며 링크 함수로 로짓 링크를 쓰기 때문에 이에 해당하는 binomial을 입력해 준다. 로지스틱 회귀모형 객체를 구성한 뒤, summary( ) 함수를 활용해 모형의 적합 결과를 확인한다. summary( ) 함수 결과는 제7장에서와 마찬가지로 해석하면 된다. [R 9.7]에서 훈련자료만으로 모형을 적합한다는 점이 제7장의 로지스틱 회귀모형과의 차이점이다.

[R 9.7] glm( ) 함수를 활용한 로지스틱 회귀모형 객체 생성

〈R 명령문과 결과〉

〈R code〉

```
logitmodel = glm(INFO~GENDER, data = infoneeds[train,], family = "binomial")
summary(logitmodel)
```

〈R 결과〉

```
> summary(logitmodel)

Call:
glm(formula = INFO ~ GENDER, family = "binomial", data = infoneeds[train, ])

Deviance Residuals:
    Min       1Q   Median       3Q      Max
-1.4224  -0.6799  -0.6799   0.9508   1.7766

Coefficients:
              Estimate Std. Error z value Pr(>|z|)
(Intercept)    -1.3471     0.3113  -4.327 1.51e-05 ***
GENDER여학생    1.9067     0.3912   4.874 1.09e-06 ***
---
Signif. codes:  0 '***' 0.001 '**' 0.01 '*' 0.05 '.' 0.1 ' ' 1

(Dispersion parameter for binomial family taken to be 1)

    Null deviance: 192.25  on 139  degrees of freedom
Residual deviance: 165.09  on 138  degrees of freedom
AIC: 169.09

Number of Fisher Scoring iterations: 4
```

범주형 변수의 경우 시험자료의 관측값과 모형에서의 예측값을 비교하는 Confusion Matrix로 예측 측도를 계산한다. 예측 정확도(accuracy), 민감도, 특이도, Kappa 계수, AUC 등이 있으나, 이 예시에서는 직관적이고 가장 간단하게 구할 수 있는 예측 정확도를 살펴보겠다. 시험자료의 관측값은 자료에 이미 있으므로 모형으로부터 예측값을 구해야 한다. 예측값을 구하기 위해 predict( ) 함수를 활용한다. predict( ) 함

수에 세 가지 값을 입력하면 된다([R 9.8]). 첫 번째 자리에 예측에 활용할 회귀모형 객체인 logitmodel을 입력하고, 두 번째 자리의 newdata에 infoneeds[−train,]을 입력한다. infoneeds[−train,]은 색인을 통해 시험자료 사례만 남긴 객체다. 세 번째로 type에는 predict( ) 함수가 반환할 예측값의 형태를 입력해야 하는데, response를 입력하면 모형이 반응변수 Y의 예측 확률, 즉 진로정보 필요 여부 확률을 알려 준다.

predict( ) 함수 실행 후 결과를 pred.logitmod에 저장하고 head( ) 함수로 살펴보면, 시험자료에 포함된 각 사례의 예측 확률을 알려 주는 것을 확인할 수 있다. 예를 들어, 두 번째 관측치의 예측 확률은 약 0.20이다. 예측 정확도를 계산할 때 0.5를 기준으로 그보다 확률이 큰 값은 1로 분류하고 작거나 같은 값은 0으로 분류한다. 이를 종합하여 table( ) 함수로 시험자료의 분류와 예측된 분류를 대조할 수 있다. FALSE로 분류된 값은 0.5보다 작은 확률이었으므로 '필요없다'로 예측된 것이며, TRUE로 분류된 값은 0.5보다 큰 확률이었으므로 '필요하다'로 예측된 것이다. 총 60개 사례 중 40(= 18+22)개 사례가 정분류되었으므로 로지스틱 회귀모형의 예측 정확도는 40/60 = 0.66이다.[3] 참고로 훈련자료의 분류정확도도 계산하였다. 총 140개 사례 중 99(= 50+49)개를 정분류하여 훈련자료의 분류정확도는 약 0.71(= 99/140)였다. 연속형 변수 예시에서와 마찬가지로 훈련자료의 분류정확도가 시험자료보다 더 높았다.

3) 〈표 9.1〉의 confusion matrix는 왼쪽 첫 번째 셀부터 TP, FP, FN, TN 순인데 [R 9.8]에서는 TN, FP, FN, TP 순으로 제시되는 순서가 다르다.

[R 9.8] 예측 정확도 계산

〈R 명령문과 결과〉

〈R code〉

```
pred.logitmod = predict(logitmodel, newdata = infoneeds[-train,],
                        type = "response")
head(pred.logitmod)

table(infoneeds$INFO[-train], pred.logitmod > 0.5)


pred.logitmod2 = predict(logitmodel, newdata = infoneeds[train,],
                         type = "response")
table(infoneeds$INFO[train], pred.logitmod2 > 0.5)
```

〈R 결과〉

```
> head(pred.logitmod)
        2         3         4         5         6         8
0.2063492 0.6363636 0.6363636 0.2063492 0.6363636 0.6363636

> table(infoneeds$INFO[-train], pred.logitmod > 0.5)

           FALSE TRUE
  필요없다    18   12
  필요하다     8   22

> table(infoneeds$INFO[train], pred.logitmod2 > 0.5)

           FALSE TRUE
  필요없다    50   28
  필요하다    13   49
```

5 예측모형과 조율모수

이 장에서는 설명변수가 몇 개 안 되는 간단한 자료로 주효과(main effect)로만 이루어진 모형을 하나 만들어 그 모형의 예측오차를 구해 보았다. 그러나 기계학습에서의 모형평가(model assessment)가 가능하려면 여러 모형을 만들고 그중 예측오차가 가장 작은 모형이 무엇인지 파악하는 과정이 수반되어야 한다. 이 장의 예시 자료는 설명변수가 3개(cyber 자료) 또는 1개(infoneeds 자료)에 불과하다. 이러한 소규모 자료의 경우 여러 모형을 만들고 모형 간 비교를 하는 것이 불가능하지 않으나, 의미를 찾기가 어렵다. 이를테면 설명변수의 지수항 또는 상호작용항을 포함하는 모형을 만들어 주효과 모형과 예측력을 비교할 수는 있다. 그러나 사회과학 연구에서는 그러한 모형을 만들고 비교하는 것이 논리적으로 설명이 가능해야 모형을 비교하는 의의가 있다. 예측력이 상대적으로 높은 모형이라도 설명하기 곤란한 모형이라면 의의가 퇴색되기 때문이다.

제10장부터 제13장에서는 변수 수가 더 많은 자료에 대하여 여러 예측모형을 만들고 비교하는 예시를 제시할 것이다. 예측모형을 만들기 전 모형타당화 과정에서 조율모수(tuning parameter)를 결정하는 단계에서도 모형평가가 들어간다. 각 장의 기법마다 조율모수가 있으며 이러한 조율모수를 어떻게 설정할 것인지 말 그대로 조율(tuning)하는 과정이 필수적인데, 이때 모형평가가 수반되는 것이다. 이를테면 제10장의 의사결정나무모형의 경우 나무의 깊이를 얼마나 깊게 할 것인지가 조율모수가 된다. 제11장의 랜덤포레스트는 나무 수를 몇 개로 만들 것인지, 각 노드에서 고려하는 설명변수 수를 몇 개로 설정할 것인지 등이 중요한 조율모수로 쓰인다. 제12장부터 제13장의 벌점회귀모형에서는 규제화(regularization) 정도를 결정하는 벌점모수(penalty parameter)가 가장 중요한 조율모수가 된다. 어떤 조율모수가 최적의 모형을 산출하는지 탐색할 때 바로 이 장에서 다루었던 모형평가 기법이 활용된다.

참고로 조율모수가 여러 개가 있을 때, 특히 사례 수가 많지 않은 사회과학 자료분석에서는 가장 중요한 조율모수에 CV를 적용한다. 사례 수가 충분히 많다면 조율모수의 조합을 만들고 오차를 가장 작게 하는 조율모수 조합을 찾을 수 있다. 그러나 보통 사례 수가 충분하지 않기 때문에 상대적으로 덜 중요한 조율모수는 특정 값으로 고정하고 더 중요한 조율모수를 결정하기 위하여 타당화 절차를 밟는 것이다. 예를 들어, 제13장에 설명할 Enet의 조율모수는 λ와 α의 2개다. 그중 회귀계수를 얼마나 축소할지 결정하는 벌점모수 λ가 ridge 정도를 결정하는 α보다 더 중요하다. 따라서 조율모수 α는 연구자의 재량으로 선택하고(T. Hastie, Personal communication, February 9, 2017), λ에 대하여 CV 절차를 적용하여 오차를 최소화하는 최적의 λ 값을 찾는 것이 일반적이다.

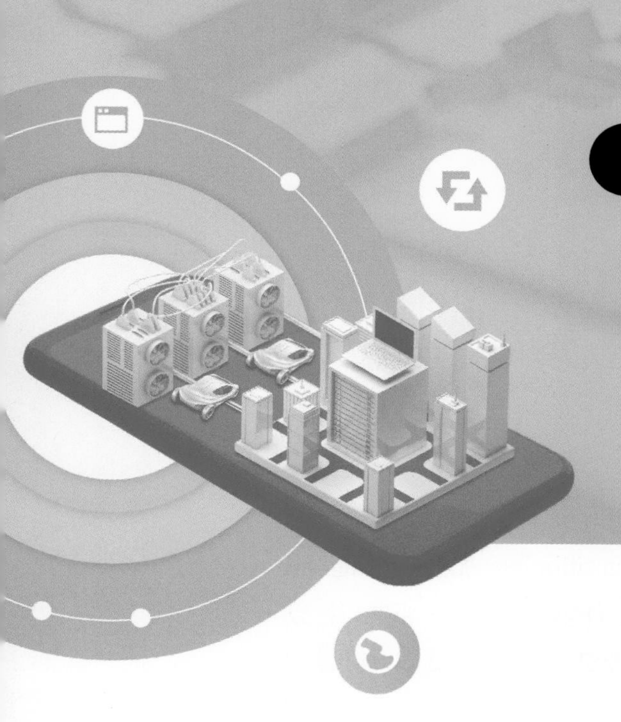

제10장

의사결정나무모형

1. 주요 개념 및 특징
2. R 예시

〈필수 용어〉

성장, 가지치기, recursive partitioning

〈학습목표〉

1. 성장, 가지치기, recursive partitioning 개념을 이해한다.
2. 의사결정나무모형의 모형적합 과정을 이해하고 설명할 수 있다.
2. 변수 유형에 따라 의사결정나무모형을 적합하고 그 결과를 해석할 수 있다.

의사결정나무모형(decision tree, 이하 나무모형과 혼용)은 다양한 맥락에서 여러 다른 이름의 알고리즘으로 발전되어 왔다. 초기 나무모형인 Morgan과 Sonquist(1963)의 AID (Automatic Interaction Detection)와 Morgan과 Messenger(1973)의 THAID(THeta AID)는 흥미롭게도 사회과학 설문조사 맥락에서 발전한 것으로 설명변수 간 상호작용 파악이 주된 목적이었으나 큰 반향을 얻지 못했다. 이후 Breiman과 동료들(Breiman et al., 1984)이 발표한 CART(Classification And Regression Trees), 그리고 Quinlan(1993, 1996)의 C4.5, C5.0 등이 지금까지 널리 쓰이고 있는 나무모형 알고리즘으로 꼽힌다(Yoo & Rho, 2017). CART 알고리즘이 이진 분리(binary split)을 하는 반면, C5.0류의 알고리즘은 다지 분리(multiple split)을 하는 등의 세부적인 차이는 있으나, CART, C5.0 등의 나무모형 알고리즘은 하위 집단에서의 엔트로피, 지니지수와 같은 불순도(impurity)를 줄이는 방향으로 분류(classification)와 회귀(regression) 문제를 해결한다는 공통점이 있다. 나무모형은 적합 후 거꾸로 뒤집힌 나무 모양의 그래프(graph)를 제시하기 때문에 직관적으로 이해하기 좋고 쓰기도 쉬워서 많은 분야에서 활용되어 왔다.

1 주요 개념 및 특징

1) 정의

나무모형은 노드(node, 마디)와 에지(edge, 간선)로 구성되는 그래프 모형(graph model)이다. 변수가 분기되는 것이 노드이고 노드들을 잇는 선이 에지다. 첫 번째 가지(branch)의 분리가 이루어지는 노드를 뿌리 노드(root node), 마지막 노드를 최종 노드(terminal node)라고 한다. 최종 노드는 잎(leaf)이라고도 부른다. 또한, 뿌리 노드와 같이 가지 분리가 이루어지는 상위 노드를 부모 노드(parent node)라 하고, 그 결과로 생긴 하위 노드를 자녀 노드(child node)라 한다. 뿌리 노드부터 최종 노드까지 가지(branch)로 연결되며, 한 가지의 노드 수가 많을수록 그 나무의 깊이(depth)가 깊다고 한다. 정리하면, 나무모형 그래프는 뿌리 노드로부터 시작하여 자녀 노드로 반응변수를 가장 잘 설명하는 설명변수들로 가지(branch)가 뻗어 나가며 마지막에 최종 노드로 끝나는 형태를 띤다.

나무모형이 recursive partitioning(재귀적 분할) 알고리즘을 쓴다는 것을 이해할 필요가 있다. 나무모형에서는 여러 변수 중 가장 정보를 많이 주는 변수를 선택하여 첫 번째 가지 분리가 이루어지며, 다음은 그 다음 정보를 많이 주는 변수를 선택하여 가지 분리가 이루어진다. 이렇게 가지 분리를 계속해 나갈 때 한 방향으로만 가지가 뻗어 나가며, 한 번 선택된 변수는 아래 단계에서 되돌릴 수 없다. 이것이 바로 recursive partitioning 알고리즘이다. 참고로 나무모형은 DAG(Directed Acyclic Graph)의 일종으로 순환하지 않는 그래프 모형이라 한다.

나무모형을 예시로 설명하겠다. [그림 10.1]은 총 316개 설명변수로 1,534명의 학생의 진로선택 여부(0=미선택, 1=선택)를 분류하는 나무모형이다(유진은, 2015b, p. 435). 모두 7개 변수가 모형에서 선택되었으며, 이 나무모형은 모두 10개의 최종 노드(잎)로 구성되었다는 것을 알 수 있다. 그중 q1a1w5 변수가 뿌리 노드로, 이 변수가 2.5보다 작으면 왼쪽으로, 그렇지 않으면 오른쪽으로 내려간다. 뿌리 노드인 q1a1w5 변수를 부모 노드, 그 아래에 있는 q5a8w5, q1a6w5와 같은 변수를 자녀 노드라 부른다.

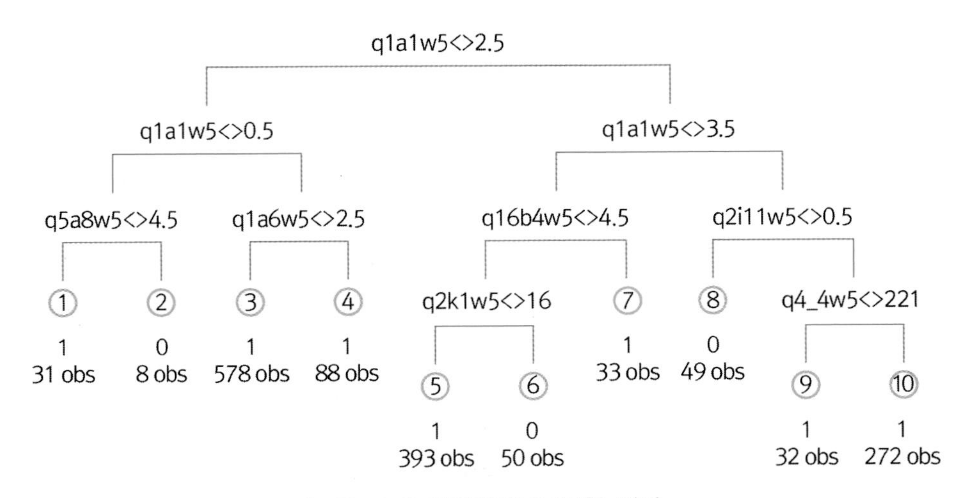

[그림 10.1] 의사결정나무모형 예시

2) 성장과 가지치기

특히 변수 수가 많은 자료에 대하여 나무모형을 끝까지 성장(growing)시키면 많은 노드들로 구성된 거대한 모형을 얻을 수 있다. 그러나 이렇게 끝까지 성장한 나무모형의 경우 훈련자료는 잘 설명하나 새로운 자료에는 잘 들어맞지 않게 되는 과적합 문제가 발생할 수 있다. 따라서 나무모형에서는 얼마나 성장시킬지, 즉 언제 그만 성장시킬지 정지 규칙(stopping rules)을 만들거나, 아니면 나무모형을 끝까지 성장시킨 후 가지치기(pruning)을 통해 덜 복잡한 모형을 만들어 과적합 문제를 줄이려 한다.

최대 깊이(maximum depth)를 처음부터 정해 놓고 더 성장하지 못하도록 제한할 수 있고 아니면 나무모형의 불순도(impurity) 측도로 쓰이는 지니지수(Gini index), 엔트로피지수(entropy index) 등을 활용하여 일정 수준 이상의 정보 획득(information gain)이 없을 때 그만 성장하도록 정지 규칙을 만들 수도 있다. 일반적으로 나무모형을 성장시키다가 정지 규칙을 적용하는 방법보다는 나무모형을 끝까지 성장시킨 후 가지치기하는 방법을 많이 쓴다. 즉, 가지치기를 해도 나무모형의 불순도가 증가하지 않는다면 해당 노드를 최종 노드로 만드는 것이다. 단, 나무모형의 가지치기는 실제 나무에서의 가지치기와 다르다. 즉, 가지치기로 최종 노드 아래 노드를 버리는 것이 아니라 최종 노드로 가지를 합치는 것과 같다.

[그림 10.2]는 [그림 10.1]의 나무모형을 가지치기한 것이다(유진은, 2015b, p. 436). 가지치기 전에는 최종 노드가 10개였는데 가지치기 이후 최종 노드가 4개로 모형이 단순해진 것을 확인할 수 있다. 뿌리 노드는 여전히 q1a1w5 변수인데, 가지치기 후 [그림 10.1]에 있었던 왼쪽 큰 가지가 하나로 합쳐진 것을 알 수 있다. 즉, 가지치기 전 나무의 1번부터 4번 잎이 가지치기 후 1번 잎으로 합쳐졌다. 각각 31, 8, 578, 88개 관측치로 구성된 4개 잎이 이제 705개의 한 개 잎이 된 것이다. 마찬가지로 가지치기 전 나무의 9번(32개 관측치)과 10번(272개 관측치) 잎 또한 가지치기 후 304개 관측치로 구성된 4번 잎으로 합쳐졌다. 가지치기 이후 최종 노드 수가 줄어들며, 각 최종 노드에 포함된 관측치 수는 증가하게 된다.

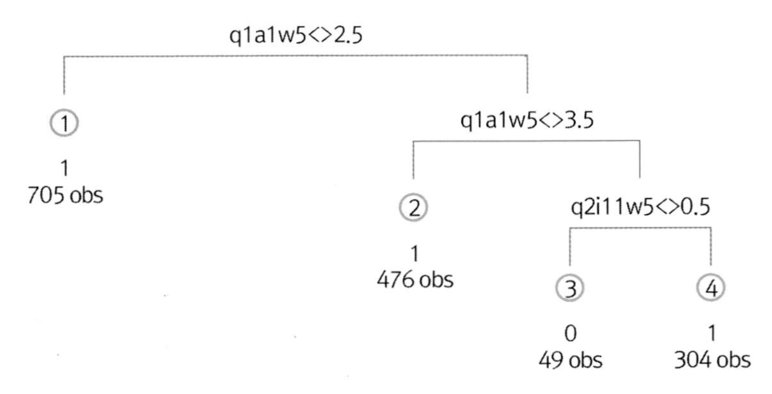

[그림 10.2] 가지치기 예시

3) 특징

나무모형은 비모수적(nonparametric) 기법으로 모형에 대한 별다른 통계적 가정이 없다. 연속형 및 범주형 설명변수를 모두 모형화할 수 있으며, 변수를 정규화(normalization)하거나 더미코딩할 필요도 없다. 최종 결과가 플로우 차트(flow-chart)와 같은 형태로 제시되기 때문에 직관적으로 이해하기 쉽다는 것도 큰 장점이다. 참고로 제11장에 설명될 랜덤포레스트에서는 이러한 플로우 차트를 얻기 힘들다. 그러나 설명변수 경계가 불연속적이거나 선형모형을 상정하는 자료분석 시 결과가 좋지 않다(Siroky, 2009). 또한, 과적합 문제를 줄이기 위하여 얼마나 나무를 성장(growing)시킬지 또는 성장한 나무를 얼마나 어떤 식으로 가지치기(pruning)할지 등을 연구자가 판단해야 한다. 무엇보다 모형 불안정성이 나무모형의 가장 큰 문제점으로 꼽힌다(박창이 등, 2013). 서로 비슷한 예측력을 가지는 변수들이 여럿 있을 수 있는데 나무모형은 그중 한 변수만을 선택하여 가지를 나누기 때문이다. 따라서 자료가 약간만 달라져도 전혀 다른 모형이 도출될 수 있다는 것이 나무모형의 큰 단점이다. 이러한 문제에 대한 해결책으로 랜덤포레스트가 제안되었다. 랜덤포레스트는 나무모형으로 구성되기 때문에 랜덤포레스트를 제대로 이해하려면 나무모형에 대한 이해가 선행되어야 한다.

〈필수 내용: 나무모형의 조율모수〉

• 나무의 깊이, 노드당 최소 관측치 수, 최종 노드의 최소 관측치 수 등

나무모형에서는 나무를 얼마나 성장시킬지 또는 나무를 끝까지 성장시킨 후 얼마나 가지치기를 할지 결정해야 한다. 즉, 나무모형에서는 나무 크기를 결정하는 것이 관건으로, 가지치기 또는 정지 규칙을 통해 나무 크기를 조정한다.
나무모형 패키지로 tree, rpart, party 등이 있으며 패키지에 따라 디폴트값이 다르다. 모형적합 전 각 패키지의 디폴트값을 확인하고 필요한 경우 디폴트값을 바꿀 수 있다.

2 R 예시

〈제10~13장의 모형평가 요약〉

기계학습에서 자료를 훈련자료(training set)와 시험자료(test set)로 무선분할한 후 훈련자료로 CV(교차타당화)를 실행하고 시험자료로 예측모형을 평가한다고 하였다. 무선분할에 따라 자료가 달라지고 모형적합 결과 또한 달라질 수 있으므로 무선분할을 여러 번 반복한 후 그 결과를 종합하는 것을 추천한다(Yoo & Rho, 2020, 2021).[1] 제10장부터 제13장의 모형적합 과정은 다음과 같다.

1. 7:3의 비율로 훈련자료와 시험자료를 무선분할한다.
2. 훈련자료에 대하여 10-fold CV로 모형을 적합하고 시험자료로 예측오차를 구한다.
3. 1과 2를 100번 반복한 후 그 결과를 종합한다.

제10장부터 제13장은 기법 간 비교가 가능하도록 같은 예시 자료를 분석하였다. 연속형 자료의 경우 제9장의 k-NN 대체 자료인 prdata1.kNN.csv를, 범주형 자료의 경우 binomdata.csv를 활용하였다.

1) 이렇게 자료를 무선분할하여 k-fold CV를 반복하는 것을 딥러닝(deep learning)에서는 shuffled k-fold CV라고 부른다.

1) 자료 분할

[R 10.1]에서 무선분할을 100번 반복하는 예시를 구성하였다. k-NN 대체 자료(prdata1.kNN.csv)를 불러온 후(제9장 참고), 자료를 7:3 비율로 100회 무선분할하기 위한 인덱스 행렬을 생성한다. 즉, 2,000명의 사례를 1,400:600으로 100회 무선분할하는 것이다. 그 결과 생성된 객체 train은 1,400*100 행렬로, 각 행은 훈련자료로 활용할 사례의 행 번호를, 각 열은 무선분할의 회차(round)를 나타낸다. 모형적합 시 훈련자료만을 활용하므로 회차마다 train 객체의 각 열을 순차적으로 입력하면 된다. train 객체를 생성한 방법을 자세히 살펴보겠다.

첫 번째 명령인 train = matrix(NA, round(2000*0.7), 100)은 모든 원소가 NA인 1,400*100 크기 행렬을 생성하라는 뜻이다. 즉, 이 결과로 생성된 train 행렬은 빈(blank) 행렬이다. matrix( ) 함수의 첫 번째 입력값은 행렬의 원소를, 두 번째, 세 번째 입력값은 각각 생성할 행렬의 행과 열의 길이를 의미한다. 두 번째 입력값에서 반올림을 계산해 주는 round( ) 함수를 활용했는데, 2,000개 사례의 70%를 뜻하는 1,400을 직접 입력해도 무방하다. round( )를 활용하는 방식을 쓴 이유는 실제 자료분석에서 사례의 수 * 0.7을 계산했을 때 자연수로 떨어지지 않는 경우가 발생할 수 있기 때문이다.

이제 생성된 train 행렬의 각 열에 무선으로 뽑힌 1,400개 사례의 번호를 저장하는 단계다. for(r in 1:100)에서 r 값으로 1부터 100까지 값을 넣어 반복한다. for 반복문의 중괄호{ } 안 명령은 set.seed( ) 함수와 sample( ) 함수로 구성하였다. 시드(seed)를 설정하는 함수인 set.seed( )는 실제 분석에서 필수적이지는 않으나, set.seed( ) 함수에 동일한 값을 입력하면 똑같은 결과를 얻을 수 있어 이 예시에서 제시하였다. sample( ) 함수로 표본 추출을 수행한다. [R 10.1]에서 첫 번째 입력값으로 받은 벡터(1:2000)에서 두 번째 입력값인 1,400(=round(2000*0.7))개 원소를 무작위로 비복원추출(replace=F)하도록 설정하였다. 또한, sample( ) 함수의 결과가 정렬되도록 sort( ) 함수를 활용하였다. 이 결과는 train 객체의 r번째 열에 저장된다.

반복문 수행 후 저장된 train 객체를 확인하기 위하여 첫 다섯 행을 보여 주는 head( )와 마지막 다섯 행을 보여 주는 tail( ) 함수로 처음과 마지막 1~5열을 살펴보았다. 각 열에 1,400개 사례가 무작위 index로 저장되었음을 확인할 수 있다. 자료의 무선분할을 완료하였으므로 다음 단계에서 훈련자료를 활용하여 교차타당화(Cross-Validation: CV)를 수행할 것이다.

[R 10.1] 7:3으로 100회 무선분할(prdata1.kNN)

〈R 명령문과 결과〉

〈R code〉

```
prdata1.kNN<- read.csv("prdata1.kNN.csv")

train = matrix(NA, round(2000*0.7), 100)

for(r in 1:100){
  set.seed(r)
  train[,r] <- sort(sample(1:2000, round(2000*0.7), replace = F))
}

head(train[,1:5])
tail(train[,1:5])
```

〈R 결과〉

```
> head(train[,1:5])
     [,1] [,2] [,3] [,4] [,5]
[1,]    1    1    1    2    1
[2,]    5    3    2    3    2
[3,]    7    6    3    4    3
[4,]    8    8    4    6    5
[5,]    9    9    5    7    6
[6,]   13   10    6    9    7

> tail(train[,1:5])
        [,1] [,2] [,3] [,4] [,5]
[1395,] 1993 1993 1989 1991 1995
[1396,] 1995 1994 1990 1994 1996
[1397,] 1996 1997 1991 1996 1997
[1398,] 1997 1998 1993 1997 1998
[1399,] 1998 1999 1995 1998 1999
[1400,] 2000 2000 1996 2000 2000
```

2) 연속형 변수

〈R 자료: 연속형 반응변수〉

변수명	변수 설명
ID	ID
Y	종속변수(연속형)
Gender	성별(0: 남, 1: 여)
L11−L15	5점 Likert 척도 변수(문항 묶음 1)
L21−L25	5점 Likert 척도 변수(문항 묶음 2)
B01−B05	이분형 변수
R01−R05	비율척도형 변수

[data file: prdata1.kNN.csv]

의사결정나무(decision tree)에 교차타당화(CV)를 적용하겠다. 이 장에서는 의사결정나무를 적합하기 위해 활용할 수 있는 다양한 R 패키지 중 명령문이 가장 직관적인 tree 패키지를 활용하였다. 또한, 과적합을 줄이기 위하여 나무를 완전히 성장시킨 후 교차타당화로 가지치기를 수행하였다.

[R 10.2]는 의사결정나무를 적합하고 교차타당화를 수행하는 예시를 보여 준다. [R 10.1]에서 구성한 훈련자료 인덱스인 train 객체를 활용하였으며, 각 회차의 결과를 for 반복문을 활용해 리스트 객체(MOD.tree)로 저장하였다. 의사결정나무를 적합하는 함수인 tree( )는 크게 두 가지의 입력값을 갖는다. 첫 번째 입력값은 모형식(formula)으로 이 예시에서는 반응변수가 Y이고 다른 나머지 변수는 설명변수로 활용하였다. 두 번째 입력값은 모형식 입력값을 갖는 함수에서 쓰이는 data 인자로 모형식에 쓰인 변수들을 포함하는 자료 객체를 입력하면 된다. 여기서는 각 r번째 회차마다 미리 지정한 1,400개의 훈련자료만을 활용할 것이므로 train 객체의 r번째 열을 활용해 prdata1.kNN 객체의 행을 지정해 주었다.

tree( ) 함수로 나무모형을 적합한 후 나무 크기를 결정하기 위해 cv.tree( ) 함수로 교차타당화를 수행한다. 마찬가지로 for 반복문을 활용하여 각 회차의 교차타당화 결과를 저장하였다. for 반복문의 중괄호{ } 내부는 cv.tree( ) 함수와 그 외의 함수로 이루어지는데, cv.tree( ) 함수는 교차타당화를 수행하며 나머지 함수로 시드 설정 및 반복된 모형적합의 경과를 살펴보았다. cv.tree( ) 함수는 두 가지 입력값이 있다. 첫 번째 입력값은 가지치기의 대상인 나무모형 객체이며, 두 번째 입력값은 K-fold 교차타당화의 K 값이다. 사례 수가 1,400인 점을 고려하여 K는 10으로 설정하였다.

[R 10.2] 연속형 변수에 대한 교차타당화

〈R 명령문〉

〈R code〉

```
install.packages("tree")
library(tree)

MOD.tree <- list( )
for(r in 1:100){
  MOD.tree[[r]] <- tree(Y~., data = prdata1.kNN[train[,r],-1])
}

plot(MOD.tree[[1]])
text(MOD.tree[[1]])

CV.tree <- list( )
for(r in 1:100){
  set.seed(r)
  start_time <- Sys.time( )
  CV.tree[[r]] <- cv.tree(MOD.tree[[r]], K = 10)
  end_time <- Sys.time( )

  print(r)
  print(end_time - start_time)
}
```

[R 10.3]은 [R 10.2]에서 구축한 100개의 모형에서 각각 가지치기를 수행하여 최적의 나무모형을 구성하기 위한 명령문이다. prune.tree( ) 함수를 활용하여 가지치기를 수행하였다. 첫 번째 입력값에 모형을, 두 번째 입력값인 best에 교차타당화 결과 계산된 최적 나무 크기 값을 입력한다. 최적값은 which.min( ) 함수를 활용해 deviance가

가장 작은 값을 찾는 방식으로 구하였다.

[R 10.3] 가지치기(pruning) 수행: 연속형 변수

〈R 명령문〉

〈R code〉

```
PRUNE.tree <- list( )
for(r in 1:100){
  PRUNE.tree[[r]] <- prune.tree(MOD.tree[[r]],
                          best = CV.tree[[r]]$size[which.min(CV.tree[[r]]$dev)])
}
```

[R 10.1]부터 [R 10.3]까지의 절차를 거쳐 연속형 변수에 대하여 의사결정나무모형을 적합하였으므로 이제 모형을 평가하면 된다. 종속변수가 연속형일 때의 모형평가 측도로 RMSE를 활용한다. RMSE 공식에 들어가는 예측값을 구하기 위하여 predict( ) 함수를 쓴 후, caret 패키지의 RMSE( ) 함수로 RMSE를 계산하였다([R 10.4]). 순서대로 predict( ) 함수의 결과를 리스트로 저장하고 RMSE( ) 함수의 계산 결과를 저장하였다. summary( ) 함수로 100개 RMSE 값들의 통계량을 살펴본 결과, 평균 1.530, 표준편차 0.045였다.

[R 10.4] 나무모형 예측력(RMSE)

〈R 명령문과 결과〉

〈R code〉

```
pred.tree <- list( )
for(r in 1:100){
  pred.tree[[r]] <- predict(PRUNE.tree[[r]], newdata = prdata1.kNN[-train[,r],])
}

library(caret)

RMSE.tree <- c( )
for(r in 1:100){
  RMSE.tree[r] <- RMSE(pred.tree[[r]], prdata1.kNN$Y[-train[,r]])
}

summary(RMSE.tree)
sd(RMSE.tree)
```

〈R 결과〉

```
> summary(RMSE.tree)
   Min.  1st Qu.  Median   Mean  3rd Qu.   Max.
  1.435    1.502   1.532  1.530    1.559  1.632

> sd(RMSE.tree)
[1] 0.04493958
```

3) 범주형 변수

〈R 자료: 범주형 반응변수〉

변수명	변수 설명
ID	ID
Y	종속변수(범주형)
L11～L14	5점 Likert 척도 변수(문항 묶음 1)
L21～L24	5점 Likert 척도 변수(문항 묶음 2)
B01～B04	이분형 변수
R01～R04	비율척도형 변수

[data file: binomdata.csv]

이분형 종속변수에 대하여 나무모형적합 예시를 보여 주겠다. 예시 자료인 binomdata의 설명변수는 4개의 이분형 변수, 8개의 Likert 척도 변수 그리고 4개의 비율척도형 변수를 포함한다. 사례 수가 2,000이므로 전술한 예시와 동일한 방법으로 무선분할한 후 행렬 객체 train을 구성하였다([R 10.5]).

[R 10.5] 7:3으로 100회 무선분할(binomdata)

〈R 명령문과 결과〉

〈R code〉

```
binomdata = read.csv("binomdata.csv")
str(binomdata)

train = matrix(NA, round(2000*0.7), 100)
for(r in 1:100){
  set.seed(r)
  train[,r] <- sort(sample(1:2000, round(2000*0.7), replace = F))
}
```

〈R 결과〉

```
> str(binomdata)
'data.frame': 2000 obs. of  18 variables:
 $ ID : int  1 2 3 4 5 6 7 8 9 10 ...
 $ Y  : int  0 1 1 1 1 1 0 0 1 0 ...
 $ B01: int  0 1 1 0 0 0 0 0 0 0 ...
 $ B02: int  0 1 1 0 0 0 1 0 1 0 ...
 $ B03: int  0 1 1 0 0 1 0 0 1 0 ...
 $ B04: int  1 1 1 0 0 1 0 0 0 0 ...
 $ L11: int  3 3 3 4 3 4 2 3 4 3 ...
 $ L12: int  3 3 5 3 4 4 2 3 2 3 ...
 $ L13: int  3 4 3 3 4 4 3 4 4 3 ...
 $ L14: int  3 3 5 3 3 4 2 3 3 4 ...
 $ L21: int  2 3 4 4 3 3 3 3 4 3 ...
 $ L22: int  2 3 4 4 2 2 4 3 4 3 ...
 $ L23: int  3 3 4 4 3 2 3 2 3 3 ...
 $ L24: int  3 4 4 3 3 2 4 2 4 3 ...
 $ R01: num  2.6 6.7 6.7 4.4 5 8.2 7.5 6.5 3.1 5.3 ...
 $ R02: num  5.1 5.7 4.8 5.6 6.1 6.8 6.1 6 5.7 6.1 ...
 $ R03: num  3.8 5.8 7.3 4.2 6.8 5.7 6.5 6.7 6.6 5.7 ...
 $ R04: num  5.7 5.8 3.3 5.1 5 7.3 4.6 6.7 7.1 6.3 ...
```

범주형(이분형) 변수의 경우에도 연속형 변수와 마찬가지로 훈련자료 인덱스인 train 객체를 활용하였으며, 각 회차의 결과를 for 반복문을 활용해 리스트 객체(MOD.tree)로 저장하였다. 나무의 크기를 결정하기 위해 cv.tree( ) 함수로 교차타당화를 수행하였으며, for 반복문을 활용하여 각 회차의 교차타당화 결과를 저장하였다. 이분형 종속변수 Y를 as.factor( ) 함수로 포장해 factor 자료형으로 고정한 점이 연속형 변수 예시와의 차이점이다([R 10.6]).

[R 10.6] 범주형 변수에 대한 교차타당화

〈R 명령문과 결과〉

〈R code〉

```
library(tree)

MOD.tree <- list( )
for(r in 1:100){
  MOD.tree[[r]] <- tree(as.factor(Y)~., data = binomdata[train[,r],-1])
}

plot(MOD.tree[[1]])
text(MOD.tree[[1]])

CV.tree <- list( )
for(r in 1:100){
  set.seed(r)
  start_time <- Sys.time( )
  CV.tree[[r]] <- cv.tree(MOD.tree[[r]], K = 10)
  end_time <- Sys.time( )

  print(r)
  print(end_time - start_time)
}
```

[R 10.7]은 [R 10.6]에서 구축한 100개의 모형에서 각각 가지치기를 수행하여 최적의 나무모형을 구성하는 명령문이다. 연속형 반응변수와 마찬가지로 가지치기에 prune.misclass( ) 함수를 활용하였다. 첫 번째 입력값에 모형을, 두 번째 입력값인 best에 교차타당화 결과 계산된 최적 나무 크기 값을 입력한다. which.min( ) 함수를 활용하여 deviance가 가장 작은 값을 구하고 그때의 나무 크기를 최적의 값으로 결정하였다.

[R 10.7] 가지치기(pruning) 수행: 범주형 변수

〈R 명령문〉

〈R code〉

```
PRUNE.tree <- list( )
for(r in 1:100){
  PRUNE.tree[[r]] <- prune.misclass(MOD.tree[[r]],
                              best = CV.tree[[r]]$size[which.min(CV.tree[[r]]$dev)])
}
```

[R 10.5]부터 [R 10.7]에서 나무모형을 적합하였으므로 이제 모형을 평가하면 된다. 범주형 종속변수에 대한 모형평가 측도는 정확도(accuracy), Kappa, AUC 등이다. [R 10.8]부터 [R 10.10]까지 예측 측도를 구하기 위하여 predict( ) 함수와 caret, ROCR 패키지를 활용하였다. 구체적으로 caret 패키지의 confusionMatrix( ) 함수로 정확도, Kappa, 민감도, 특이도 등을 계산할 수 있다. 그런데 confusionMatrix( ) 함수는 factor 자료형만을 입력받으므로 as.factor( )를 적용해 벡터를 factor로 고정해야 한다([R 10.8]). 예측 확률로 계산된 pred.tree 객체를 종속변수 Y와 동일하게 이분형으로 만들기 위하여 ifelse( ) 함수를 활용하였다. ifelse( ) 함수에서 객체 연산자 기준, 기준 부합 시 입력되는 숫자, 부합 외 숫자를 차례대로 입력하면 된다.

[R 10.8] 나무모형 예측력: 범주형 변수

〈R 명령문과 결과〉

〈R code〉

```
library(caret)
pred.tree <- list( )
for(r in 1:100){
  pred.tree[[r]] <- predict(PRUNE.tree[[r]],
                   newdata = binomdata[-train[,r],-1], type = "vector")[,2]
}

cfmat.tree <- list( )
for(r in 1:100){
  cfmat.tree[[r]] <- confusionMatrix(as.factor(ifelse(pred.tree[[r]] > 0.5, 1, 0)),
                           as.factor(binomdata$Y[-train[,r]]))
}

cfmat.tree[[1]]$overall[1:2]
cfmat.tree[[1]]$byClass[1:2]
```

〈R 결과〉

```
> cfmat.tree[[1]]$overall[1:2]
 Accuracy     Kappa
0.7816667  0.5605993

> cfmat.tree[[1]]$byClass[1:2]
  Sensitivity  Specificity
  0.7886792    0.7761194
```

100회 모형의 Confusion Matrix에서 계산된 각 예측 측도를 종합하기 위하여 [R 10.8]의 결과를 하나의 객체로 저장하고 summary( ), sd( ) 함수를 활용해 기초통계량을 계산한다([R 10.9]). 모형 정확도(acc; accuracy)로 해석할 때, 나무모형은 범주형(이분형) 종속변수를 100번 중 약 77번 정확하게 분류한다.

[R 10.9] 예측 측도의 저장 및 종합: 범주형 변수

〈R 명령문과 결과〉

〈R code〉

```
ACC.tree <- matrix(NA, 100, 4)
colnames(ACC.tree) <- c("acc", "kappa", "sens", "spec")
ACC.tree <- as.data.frame(ACC.tree)

for(r in 1:100){
  ACC.tree$acc[r] <- cfmat.tree[[r]]$overall[1]
  ACC.tree$kappa[r] <- cfmat.tree[[r]]$overall[2]
  ACC.tree$sens[r] <- cfmat.tree[[r]]$byClass[1]
  ACC.tree$spec[r] <- cfmat.tree[[r]]$byClass[2]
}
apply(ACC.tree, 2, sd)
apply(ACC.tree, 2, summary)
```

〈R 결과〉

```
> apply(ACC.tree, 2, sd)
       acc      kappa       sens       spec
0.01534072 0.03286984 0.05964494 0.04081233

> apply(ACC.tree, 2, summary)
              acc     kappa      sens      spec
Min.    0.7216667 0.4435559 0.5942623 0.6783626
1st Qu. 0.7600000 0.5069345 0.6802324 0.7769892
Median  0.7716667 0.5303404 0.7239232 0.8054326
Mean    0.7697333 0.5273911 0.7226547 0.8046205
3rd Qu. 0.7787500 0.5489558 0.7738572 0.8308605
Max.    0.8166667 0.6196053 0.8410853 0.8955224
```

AUC를 구하려면 ROCR 패키지가 필요하다. ROCR 패키지는 prediction( ) 함수를 활용해 별도의 Confusion matrix를 구성한 후 performance( ) 함수로 AUC를 계산한다. ROCR 패키지의 prediction( ) 함수는 caret 패키지의 confusionMatrix( ) 함수와 유사하게 첫 번째 입력값으로 모형의 분류 예측을, 두 번째 입력값으로 실제 범주를 입력받는다. performance( ) 함수에 predction( ) 함수의 출력값을 입력하고 measure를 auc로 설정한 후, 함수 결과 중 y.values[[1]]에 해당하는 값을 불러온다([R 10.10]).

AUC는 .784와 .871 사이에서 움직이며 평균이 0.823, 표준편차가 약 0.017임을 확인할 수 있다. AUC를 구할 때 '@' 기호를 쓴 이유는 〈심화 10.1〉에 설명하였으니 참고하면 된다.

[R 10.10] 예측 측도의 저장 및 종합(AUC): 범주형 변수

〈R 명령문과 결과〉

〈R code〉

```
library(ROCR)

AUC.tree <- c( )
for(r in 1:100){
  pred <- prediction(pred.tree[[r]], binomdata$Y[-train[,r]])
  AUC.tree[r] <- performance(pred, measure = "auc")@y.values[[1]]
}

summary(AUC.tree)
sd(AUC.tree)
```

〈R 결과〉

```
> summary(AUC.tree)
   Min. 1st Qu.  Median    Mean 3rd Qu.    Max.
 0.7838  0.8108  0.8241  0.8232  0.8342  0.8714

> sd(AUC.tree)
[1] 0.01695179
```

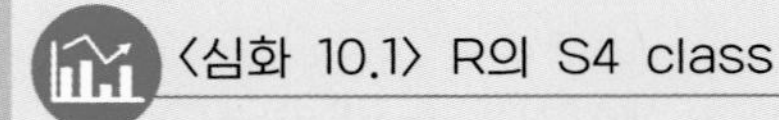

제2장에서 R이 객체지향(object-oriented)이라고 하였다. R의 자료 class는 S3, S4, S5의 세 가지로 나뉜다. 그중 S4 객체의 속성(attributes, slots)에 접근하려면 $ 기호가 아닌 @ 기호를 써야 한다. [R 10.10]의 AUC를 구하는 명령문에서 @를 쓴 이유는 해당 객체의 class가 S4이기 때문이다.

제11장

랜덤포레스트

1. 주요 개념 및 특징
2. R 예시

〈필수 용어〉

앙상블 기법, OOB error, 중요도지수, 부분의존성 도표

〈학습목표〉

1. 앙상블(ensemble) 기법에 대하여 이해한다.
2. 랜덤포레스트의 조율모수가 무엇인지 설명하고 모형을 적합할 수 있다.
3. 반응변수 종류에 맞게 랜덤포레스트 모형을 적합하고 해석할 수 있다.

랜덤포레스트(random forest)는 UC Berkeley 통계학과 교수로 나무모형과 배깅(bagging)을 제안한 Breiman(2001)이 개발한 것으로, 2005년 타계한 Breiman의 마지막 작품이다. 랜덤포레스트는 말 그대로 많은 나무로 구성된 모형으로, 주된 목적은 나무모형을 다수 만들어 더 정확한 예측을 하는 것이다. 제10장에서 나무모형의 장단점을 설명하며 나무모형의 대안으로의 랜덤포레스트를 이미 언급한 바 있다. 나무모형은 분석이 쉽고 결과가 그래프 형태로 나오기 때문에 해석도 쉽다는 장점이 있다. 그러나 나무모형 알고리즘에서는 뿌리 노드부터 최종 노드로 방향이 한쪽으로만 흘러가기 때문에 설명변수가 한 번 잘못 투입되면 이후 노드에 계속 영향을 끼치게 된다. 또한, 분기 시 하나의 변수만을 이용하기 때문에 표본이 조금만 달라져도 모형이 달라지는 모형 불안정성이 문제점으로 지적되어 왔다.

앙상블(ensemble) 기법인 랜덤포레스트에서는 나무모형을 많이 만들어 그 결과를 종합함으로써 이러한 문제를 해결하려 한다. 분석에서의 용이성으로 인하여 다양한 연구 분야에서 적용되고 있는 랜덤포레스트는 특히 설명변수가 많으며 설명변수 간 상호작용이 복잡한 고차원(high-dimensional) 자료분석 시 예측력이 높다고 알려져 있다(Cutler et al., 2007; Strobl et al., 2009). 그러나 나무모형과 비교 시 직관적으로 이해하기 힘들다는 단점으로 인하여 중요도지수, 부분의존성 도표 등을 추가로 고려할 필요가 있다. 이 장에서는 랜덤포레스트의 특징 및 모형적합 과정을 설명하고 R 예시를 제시할 것이다. 랜덤포레스트 모형 해석에 필요한 중요도지수 및 부분의존성 도표 또한 R 예시로 보여 줄 것이다.

1 주요 개념 및 특징

1) 이론적 배경

랜덤포레스트는 나무모형을 기저로 하는 비모수 기법으로, 나무모형과 마찬가지로 통계적 가정을 하지 않는다. 랜덤포레스트는 표본을 많이 만들고 그 표본에 대하여 나무모형을 많이 적합하고 그 결과를 종합함으로써 나무모형의 불안정성을 해소하려 한다. 이때, 무작위성(randomness)을 최대로 부여하는 것이 중요하다. 그 이유를 Breiman(2001)을 인용하여 간단히 설명하겠다. 랜덤포레스트에서는 생성된 나무모형 간 상관이 낮을수록 예측오차가 줄어들기 때문이다. 따라서 부트스트랩 표본(bootstrapped samples)을 생성하는 부분에서부터 무작위성이 들어가고, 개별 나무모형적합 시 각 노드에서 설명변수를 선택할 때도 무작위성이 더해진다. 즉, 랜덤포레스트는 무작위로 생성된 부트스트랩 표본에 설명변수에 대한 무선표집까지 실시함으로써 예측오차를 줄이려 한다. Breiman(2001)에 따르면, 나무 수가 늘어날수록 랜덤포레스트의 예측오차가 줄어들고 랜덤포레스트는 나무 수가 많아도 과적합되지 않는다. 더 자세한 설명은 Breiman(2001)을 참고하면 된다.

2) 특징

랜덤포레스트는 부트스트랩 표본을 다수 생성하고 생성된 부트스트랩 표본에 각각 나무모형을 적용하여 그 결과를 종합하는 앙상블 기법이다. 앙상블 기법에서는 다수의 분류기(classifier, 랜덤포레스트의 경우 나무모형)를 생성하고 각 분류기의 예측결과를 종합함으로써 하나의 분류기를 활용하는 것보다 더 정확한 예측을 도출하고자 한다. 일반적으로 앙상블에서 결과를 종합할 때 반응변수가 연속형인 회귀 문제의 경우 평균을, 반응변수가 범주형인 분류 문제의 경우 다수결의 원칙을 적용하여 가장 많이 나온 범주를 결과로 제시한다.

제9장에서 모형타당화(model validation) 목적으로 홀드아웃 기법 또는 CV를 쓴다고 설명하였다. 제10장의 나무모형, 제12장과 제13장의 벌점회귀모형과 같은 기계학습 기법에서 홀드아웃 또는 CV를 통하여 모형을 타당화한다. 이와 대비가 되는 랜덤포레스트의 특징으로, 홀드아웃 기법 또는 CV를 쓸 필요 없이 OOB(out-of-bag) 분석을 할 수 있다는 것을 들 수 있다. 이는 랜덤포레스트의 부트스트랩 표본과 관련된다. 앞서 랜덤포레스트가 부트스트랩 표본을 생성한다고 하였다. 부트스트랩은 복원추출(sampling with replacement) 기법이므로 같은 표본이 여러 번 뽑힐 수도 있다. 이때 부트스트랩 표본으로 뽑히지 않고 남은 표본을 OOB 자료라 하며 시험자료(test data) 대신 쓸 수 있다는 데 착안한 것이다. 즉, 랜덤포레스트에서는 따로 시험자료를 떼 놓을 필요가 없어 매우 편리하며, 훈련에 더 많은 자료를 쓸 수 있다.

랜덤포레스트의 또 다른 장점으로 높은 예측력을 들 수 있다. 랜덤포레스트는 특히 설명변수가 다수일 때 예측력이 매우 높으며 매우 안정적인 모형을 제공한다(박창이 등, 2013; Siroky, 2009). 나무모형과 달리 성장, 가지치기 등과 관련된 조율모수(tuning parameter)가 없다는 점 또한 커다란 장점이다. 그러나 부트스트랩 표본을 몇 개로 할 것인지, 각 노드에서 설명변수 개수를 몇 개로 설정할 것인지 등의 조율모수(tuning parameter)는 여전히 연구자가 선택해야 할 사항으로 남아 있다. Breiman (2001)은 설명변수 개수의 경우 반응변수가 범주형인 경우 $floor(\sqrt{p})$를, 반응변수가 연속형인 경우 $floor(\frac{p}{3})$를 제안하였으며(이때 p는 설명변수 개수임), 이는 R의 randomforest( ) 패키지의 디폴트로 쓰이고 있다.

〈필수 내용: 랜덤포레스트의 조율모수[1]〉

- 부트스트랩 표본 개수(나무 수): randomForest( )에서 ntree
- 각 노드에서 고려할 설명변수 개수: randomForest( )에서 mtry

3) 중요도지수와 부분의존성 도표

랜덤포레스트의 최종모형은 나무모형에서와 같이 직관적인 그래프가로 도출되지 않는다. 수백 개의 나무모형 결과를 하나의 그래프로 종합하기 어렵기 때문이다. 따라서 최종 결과에 대한 해석이 어렵다는 단점이 있다. 대신 랜덤포레스트에서는 중요도지수(variable of importance index), 부분의존성 도표(partial dependence plots) 등을 제시하여 설명변수의 반응변수에 대한 중요도(영향력)를 알아보려 한다. 중요도지수는 변수별로 산출되는 값이다. 중요도지수가 크면 해당 설명변수의 중요도 또는

---

1) R의 randomForest( ) 패키지에서는 최종 노드의 최소 크기 또한 설정할 수 있으나, 일반적으로 디폴트값인 1을 최소 크기로 쓰기 때문에 조율모수에 포함시키지 않았다.

영향력이 크다고 해석할 수 있다. 중요도지수는 OOB 자료로 구한다. 먼저 OOB 자료에서 해당 변수 값을 무선으로 삭제하고 난 후의 수정된 OOB 자료로 분류오차를 구한다. 그리고 원래 OOB 자료에서의 표준오차와 수정된 OOB 자료의 분류오차 차이의 평균을 표준오차로 나눈 값을 구하면 된다(Hastie et al., 2009; Strobl et al., 2009). 중요도지수는 점근적으로 표준정규분포를 따르므로 2 또는 3 이상이 기준이 될 수 있다(Strobl et al., 2009).

어떤 설명변수에 대한 부분의존성은 모형에서 그 변수를 제외한 다른 모든 설명변수의 효과를 평균적으로 뺀 후 예측된 반응변수 확률을 이용한다(Hastie et al., 2009). 부분의존성 도표의 X축은 해당 설명변수의 범위가 된다. Y축이 바로 X 값에 대한 부분의존성으로, 범주가 2개인 반응변수의 경우 로짓(logit) 값을 2로 나누면 Y값이 된다(Cutler et al., 2007; Hastie et al., 2009). 부분의존성 도표는 각 설명변수에 대하여 그려도 되고, 몇 개의 설명변수(주로 세 개 이하) 합집합에 대하여 그릴 수도 있다(Hastie et al., 2009). 일반적으로 중요도지수가 높은 변수를 선택하여 부분의존성 도표를 그린다.

2 R 예시

〈제10~13장의 모형평가 요약〉

기계학습에서 자료를 훈련자료(training set)와 시험자료(test set)로 무선분할한 후 훈련자료로 CV(교차타당화)를 실행하고 시험자료로 예측모형을 평가한다고 하였다. 무선분할에 따라 자료가 달라지고 모형적합 결과 또한 달라질 수 있으므로 무선분할을 여러 번 반복한 후 그 결과를 종합하는 것을 추천한다(Yoo & Rho, 2020, 2021).[2] 제10장부터 제13장의 모형적합 과정은 다음과 같다.

1. 7:3의 비율로 훈련자료와 시험자료를 무선분할한다.
2. 훈련자료에 대하여 10-fold CV로 모형을 적합하고 시험자료로 예측오차를 구한다.

3. 1과 2를 100번 반복한 후 그 결과를 종합한다.

제10장부터 제13장은 기법 간 비교가 가능하도록 같은 예시 자료를 분석하였다. 연속형 자료의 경우 제9장의 k-NN 대체 자료인 prdata1.kNN.csv를, 범주형 자료의 경우 binomdata.csv를 활용하였다.

필수 내용에서 정리한 것과 같이 제10장부터 제13장은 같은 모형평가 방법으로 같은 예시 자료를 적합하여 기법 간 비교를 꾀하였다. [R 11.1]은 제10장 2절의 자료 분할과 동일하므로 자세한 설명이 필요하다면 해당 부분을 참고하면 된다.

[R 11.1] 7:3으로 100회 무선분할(prdata1.kNN)

〈R 명령문과 결과〉

〈R code〉

```
prdata1.kNN<- read.csv("prdata1.kNN.csv")

train = matrix(NA, round(2000*0.7), 100)
for(r in 1:100){
  set.seed(r)
  train[,r] <- sort(sample(1:2000, round(2000*0.7), replace = F))
}

head(train[,1:5])
tail(train[,1:5])
```

2) 이렇게 자료를 무선분할하여 k-fold CV를 반복하는 것을 딥러닝(deep learning)에서는 shuffled k-fold CV라고 부른다.

〈R 결과〉

```
> head(train[,1:5])
     [,1] [,2] [,3] [,4] [,5]
[1,]    1    1    1    2    1
[2,]    5    3    2    3    2
[3,]    7    6    3    4    3
[4,]    8    8    4    6    5
[5,]    9    9    5    7    6
[6,]   13   10    6    9    7

> tail(train[,1:5])
        [,1] [,2] [,3] [,4] [,5]
[1395,] 1993 1993 1989 1991 1995
[1396,] 1995 1994 1990 1994 1996
[1397,] 1996 1997 1991 1996 1997
[1398,] 1997 1998 1993 1997 1998
[1399,] 1998 1999 1995 1998 1999
[1400,] 2000 2000 1996 2000 2000
```

1) 연속형 변수

랜덤포레스트는 다수의 나무를 묶어 다수결 또는 평균으로 결과를 예측하는 앙상블(ensemble) 모형이다. [R 11.2]에서 randomForest 패키지를 활용해 랜덤포레스트 모형을 적합하는 예시를 보여 준다. randomForest( ) 함수는 tree( )와 마찬가지로 모형식과 자료(훈련자료)를 입력받는다. 앞서 필수 내용에서 랜덤포레스트의 조율모수로 나무 수와 각 노드에서 고려할 설명변수 개수를 언급하였다. 각각을 randomForest( ) 함수에서 ntree와 mtry 인자로 설정하여 ntree와 mtry 값을 조율하기 위한 작업을 수행할 수도 있으나 이 예시에서는 디폴트값을 활용하였다. 참고로 randomForest( ) 함수에서 ntree의 디폴트값은 500이다. 연속형 종속변수의 경우 각 노드에서 고려할 디폴트 설명변수 개수는 $floor(\frac{p}{3})$이므로 $7(=floor(\frac{21}{3}))$개였다.

랜덤포레스트의 특징으로 부트스트랩 표본을 사용하며 자료 중 일부만을 활용하며 각 나무모형적합에 활용하지 않은 나머지 사례로 OOB(Out Of Bag) error를 얻을 수 있다고 설명하였다. randomForest( ) 함수는 OOB error를 자동으로 계산해 준다. 또한, randomForest( ) 함수의 xtest, ytest 인자에 시험자료를 입력하면 시험자료 오차(test set error)도 구해 준다. 이 예시에서는 시험자료를 따로 두고 시험자료 오차를 구하였다. 각 회차의 랜덤포레스트 모형(MOD.rf[[r]])에는 시험자료에서 계산된 예측값이 저장되어 있다. caret 패키지를 활용하여 시험자료의 RMSE를 계산하여 저장하고 RMSE의 기술통계를 구한 결과, 평균 1.194, 표준편차 0.036이었다([R 11.2]). 나무모형의 RMSE 평균과 표준편차가 각각 1.530과 0.044인 점을 감안할 때, 랜덤포레스트가 나무모형보다 예측력이 더 높았다. 참고로 부트스트랩 표본이 매번 달라지므로 RMSE 결과도 매번 달라질 수 있으나, 랜덤포레스트 모형적합을 100번 반복할 경우 RMSE의 기술통계는 소숫점 이하만 살짝 달라진다.

[R 11.2] 랜덤포레스트 모형적합: 연속형 변수

〈R 명령문과 결과〉

〈R code〉

```
library(randomForest)
prdata1.kNN.df <- as.data.frame(prdata1.kNN)

MOD.rf <- list( )

for(r in 1:100){
  start_time <- Sys.time( )
  MOD.rf[[r]] <- randomForest(Y~., data = prdata1.kNN.df[train[,r],2:23],
                              xtest = prdata1.kNN.df[-train[,r],3:23],
                              ytest = prdata1.kNN.df[-train[,r],2])
  end_time <- Sys.time( )
  print(r)
  print(end_time - start_time)
} # 랜덤포레스트 모형 적합

library(caret)
RMSE.rf <- c( )

for(r in 1:100){
```

```
  RMSE.rf[r] <- RMSE(MOD.rf[[r]]$test$predicted, prdata1.kNN.df$Y[-train[,r]])
} # RMSE 저장

summary(RMSE.rf)
sd(RMSE.rf)
```

〈R 결과〉

```
> summary(RMSE.rf)
   Min.  1st Qu.  Median   Mean  3rd Qu.   Max.
  1.108    1.170    1.192  1.194    1.217  1.285

> sd(RMSE.rf)
[1] 0.03632397
```

2) 범주형 변수

범주형 반응변수에서 예측력을 평가하는 예시를 보여 주기 위하여 binomdata에서 랜덤포레스트(Random forest) 모형을 적합하겠다. 연속형 변수 예시에서와 마찬가지로 자료를 7:3으로 무선분할하는 과정을 100번 반복한다([R 11.3]).

[R 11.3] 7:3으로 100회 무선분할(binomdata)

〈R 명령문과 결과〉

〈R code〉

```
binomdata<- read.csv("binomdata.csv")

train = matrix(NA, round(2000*0.7), 100)
for(r in 1:100){
  set.seed(r)
  train[,r] <- sort(sample(1:2000, round(2000*0.7), replace = F))
}

head(train[,1:5])
tail(train[,1:5])
```

〈R 결과〉

```
> head(train[,1:5])
     [,1]  [,2]  [,3]  [,4]  [,5]
[1,]    1     1     1     2     1
[2,]    5     3     2     3     2
[3,]    7     6     3     4     3
[4,]    8     8     4     6     5
[5,]    9     9     5     7     6
[6,]   13    10     6     9     7

> tail(train[,1:5])
         [,1]  [,2]  [,3]  [,4]  [,5]
[1395,] 1993  1993  1989  1991  1995
[1396,] 1995  1994  1990  1994  1996
[1397,] 1996  1997  1991  1996  1997
[1398,] 1997  1998  1993  1997  1998
[1399,] 1998  1999  1995  1998  1999
[1400,] 2000  2000  1996  2000  2000
```

함수 적용에 앞서 binomdata 객체를 데이터프레임으로 변환하고, 종속변수 Y를 factor로 저장한다([R 11.4]). 범주형 반응변수의 경우 randomForest( ) 함수의 formula에서 오류가 발생할 수 있으므로 x와 y에 변수를 직접 입력할 것을 권한다. 부분의존성 도표 예시를 보여 주기 위하여 keep.forest 인자를 입력해 TRUE로 설정하였다. 연속형 변수 예시에서와 마찬가지로 랜덤포레스트 모형의 디폴트값을 활용하였다. 즉, 나무 수는 500이며 노드당 고려하는 설명변수 수는 4($= floor(\sqrt{16})$)개였다. 함수 실행 후 첫 번째 모형을 불러오면 이 모형의 시험자료 오차(test set error)와 OOB 오차(OOB error)가 자동으로 계산된 것을 확인할 수 있다.

[R 11.4] OOB error와 test set error

〈R 명령문과 결과〉

〈R code〉

```
library(randomForest)
binomdata.df <- as.data.frame(binomdata)
binomdata.df$Y <- as.factor(binomdata.df$Y)
str(binomdata.df)

MOD.rf <- list( )

for(r in 1:100){
  start_time <- Sys.time( )
  MOD.rf[[r]] <- randomForest(x = binomdata.df[train[,r], 3:18],
                              y = binomdata.df[train[,r], 2],
                              xtest = binomdata.df[-train[,r], 3:18],
                              ytest = binomdata.df[-train[,r], 2],
                              keep.forest = T)
  end_time <- Sys.time( )
  print(r)
  print(end_time - start_time)
} # 랜덤포레스트 모형 적합

MOD.rf[[1]]
```

〈R 결과〉

```
> MOD.rf[[1]]
               Type of random forest: classification
                     Number of trees: 500
No. of variables tried at each split: 4

        OOB estimate of  error rate: 22.14%
Confusion matrix:
    0   1 class.error
0 409 167   0.2899306
1 143 681   0.1735437
                Test set error rate: 20.33%
Confusion matrix:
    0   1 class.error
0 212  53   0.2000000
1  69 266   0.2059701
```

confusionMatrix( ) 함수를 실행한 후 정확도, kappa, 민감도와 특이도 등의 예측 측도를 저장하고 기술통계 결과를 정리하였다([R 11.5]). 예측 정확도 평균이 0.786, 표준편차가 0.013이었다. 이 랜덤포레스트 모형은 새로운 자료에 대하여 평균적으로 약 78.6% 정확하게 분류하였다. 같은 자료를 나무모형으로 분석할 때의 정확도 평균과 표준편차는 각각 0.77과 0.015로 예측 정확도에 있어서 랜덤포레스트와 나무모형은 차이를 보이지 않았다.

[R 11.5] 랜덤포레스트 모형적합: 예측 측도

〈R 명령문과 결과〉

〈R code〉

```
library(randomForest)
cfmat.rf = list( )
for(r in 1:100){
  cfmat.rf[[r]] <- confusionMatrix(as.factor(MOD.rf[[r]]$test$predicted),
                                   as.factor(binomdata$Y[-train[,r]]))
}
ACC.rf <- matrix(NA, 100, 4)
colnames(ACC.rf) <- c("acc", "kappa", "sens", "spec")
ACC.rf <- as.data.frame(ACC.rf)

for(r in 1:100){
  ACC.rf$acc[r] <- cfmat.rf[[r]]$overall[1]
  ACC.rf$kappa[r] <- cfmat.rf[[r]]$overall[2]
  ACC.rf$sens[r] <- cfmat.rf[[r]]$byClass[1]
  ACC.rf$spec[r] <- cfmat.rf[[r]]$byClass[2]
}
apply(ACC.rf, 2, sd)
apply(ACC.rf, 2, summary)
```

〈R 결과〉

```
> apply(ACC.rf, 2, sd)
       acc      kappa       sens       spec
0.01341561 0.02714852 0.02773902 0.02137366

> apply(ACC.rf, 2, summary)
              acc     kappa      sens      spec
Min.    0.7600000 0.5040696 0.6567164 0.7787611
1st Qu. 0.7750000 0.5402264 0.7125270 0.8138836
Median  0.7866667 0.5583403 0.7290027 0.8274854
Mean    0.7861000 0.5596139 0.7284722 0.8288974
3rd Qu. 0.7954167 0.5804314 0.7444691 0.8439928
Max.    0.8250000 0.6398189 0.8016529 0.8892216
```

연속형 반응변수에서와 마찬가지로 ROCR 패키지를 활용하여 AUC를 구하였다([R 11.6]). prediction( ) 함수에는 예측 확률을 입력해야 하는데 이는 모형 객체 MOD.rf[[r]]$test에 votes로 저장되어 있다. 이 객체는 행렬이므로 첫 번째 수준(1)으로 예측할 확률을 의미하는 두 번째 열을 지정해 준다. 랜덤포레스트 모형의 AUC는 .843에서 .904 사이였으며 평균 0.867, 표준편차 0.012였다.

[R 11.6] 예측 측도 저장 및 종합(AUC)

〈R 명령문과 결과〉

〈R code〉

```
library(ROCR)

AUC.rf <- c( )
for(r in 1:100){
  pred <- prediction(MOD.rf[[r]]$test$votes[,2], binomdata$Y[-train[,r]])
  AUC.rf[r] <- performance(pred, measure = "auc")@y.values[[1]]
}

summary(AUC.rf)
sd(AUC.rf)
```

〈R 결과〉

```
> summary(AUC.rf)
   Min.  1st Qu.  Median   Mean  3rd Qu.   Max.
 0.8430   0.8579   0.8659  0.8666   0.8759  0.9043

> sd(AUC.rf)
[1] 0.01243535
```

마지막으로 첫 번째 랜덤포레스트 모형의 결과를 바탕으로 랜덤포레스트 모형의 중요도지수 및 부분의존성 도표 예시를 제시하겠다. 먼저 중요도지수다. 중요도지수는 랜덤포레스트 모형에 포함된 각 나무에서 예측에 보다 많이 기여하는 변수, 즉 노드 불순도(node impurity)를 많이 낮춰 주는 변수를 나타낸다. randomforest 패키지에서는 랜덤포레스트 모형 객체를 입력받아 varImpPlot( ) 함수로 그린다. [R 11.7]에서 varImpPlot( ) 함수로 첫 번째 모형의 중요도지수(variable impotance) 도표를 작성하였다. B01 변수의 중요도지수가 월등히 높고, R01, R03, R02, R04, L12, L11 변수가 순서대로 나머지 변수들에 비해 상대적으로 중요도지수가 높았다.

[R 11.7] 중요도지수 도표

〈R 명령문과 결과〉

〈R code〉

```
par(mfrow = c(1,1))
varImpPlot(MOD.rf[[1]])
```

〈R 결과〉

```
> varImpPlot(MOD.rf[[1]])
```

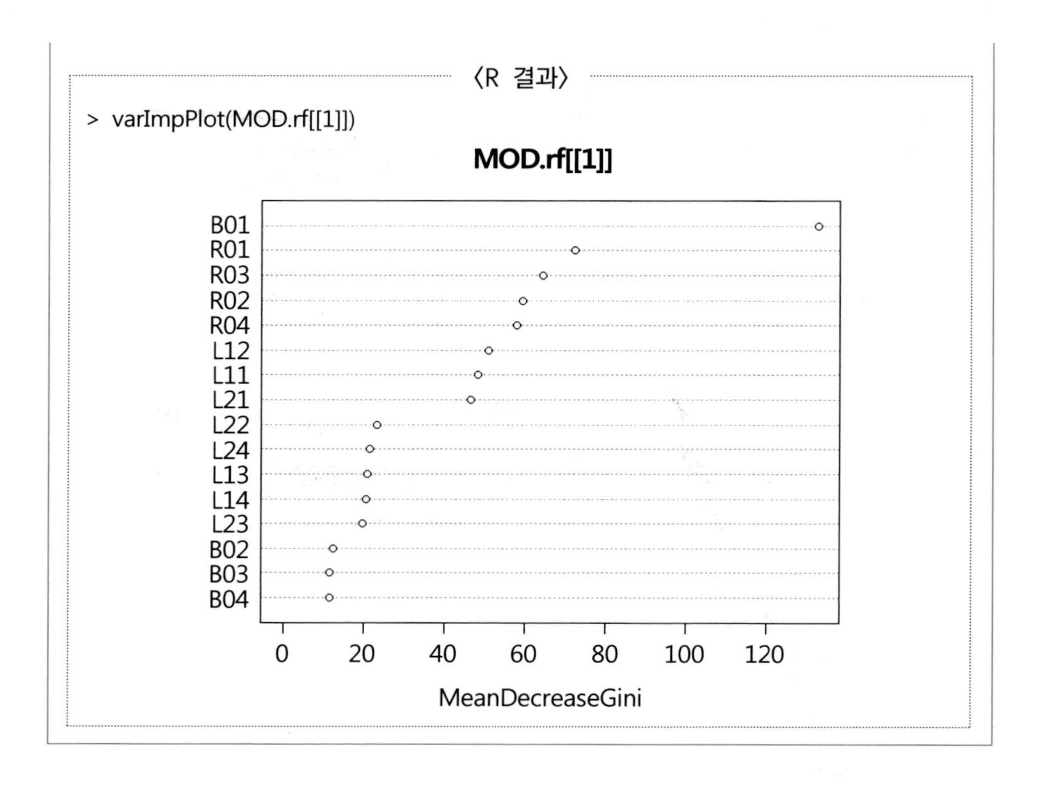

다음으로 부분의존성 도표다. 부분의존성 도표는 독립변수의 각 수준이 종속변수에 영향을 끼치는 정도를 수치화하여 보여 준다. randomForest 패키지에서는 partialPlot( ) 함수로 부분의존성 도표를 그리는데, partialPlot( ) 함수는 모형, 모형에 활용한 독립변수 행렬, 변수명, 종속변수의 범주 등을 순서대로 입력받는다. 변수 수가 많으므로 도표를 그리기 전 par(mfrow=c( )) 명령으로 격자를 생성하고 지면 관계상 9개 변수의 도표만을 제시하였다([R 11.8]). 변수마다 도표의 Y-축 길이가 다르게 설정되므로 ylim 인자로 −0.5부터 1까지로 고정하였다. [R 11.7]의 중요도지수 결과를 참고하여 중요도지수가 높은 순서대로 B01부터 R01, R03, R02, R04, L12, L11 변수까지 부분의존성 도표를 그리고, 비교 목적으로 중요도지수가 낮은 B03과 B04의 부분의존성 도표도 제시하였다. 중요도지수가 높은 변수와 달리, 중요도지수가 낮은 B03과 B04 변수의 부분의존성 도표가 평행에 가까워 종속변수와 관련이 없음을 알 수 있다.

[R 11.8] 부분의존성 도표

〈R 명령문과 결과〉

〈R code〉

```
par(mfrow = c(3,3))
partialPlot(MOD.rf[[1]], binomdata.df[train[,1], 3:18], B01, 1, ylim = c(-0.5, 1))
partialPlot(MOD.rf[[1]], binomdata.df[train[,1], 3:18], R01, 1, ylim = c(-0.5, 1))
partialPlot(MOD.rf[[1]], binomdata.df[train[,1], 3:18], R03, 1, ylim = c(-0.5, 1))
partialPlot(MOD.rf[[1]], binomdata.df[train[,1], 3:18], R02, 1, ylim = c(-0.5, 1))
partialPlot(MOD.rf[[1]], binomdata.df[train[,1], 3:18], R04, 1, ylim = c(-0.5, 1))
partialPlot(MOD.rf[[1]], binomdata.df[train[,1], 3:18], L12, 1, ylim = c(-0.5, 1))
partialPlot(MOD.rf[[1]], binomdata.df[train[,1], 3:18], L11, 1, ylim = c(-0.5, 1))
partialPlot(MOD.rf[[1]], binomdata.df[train[,1], 3:18], B03, 1, ylim = c(-0.5, 1))
partialPlot(MOD.rf[[1]], binomdata.df[train[,1], 3:18], B04, 1, ylim = c(-0.5, 1))
```

〈R 결과〉

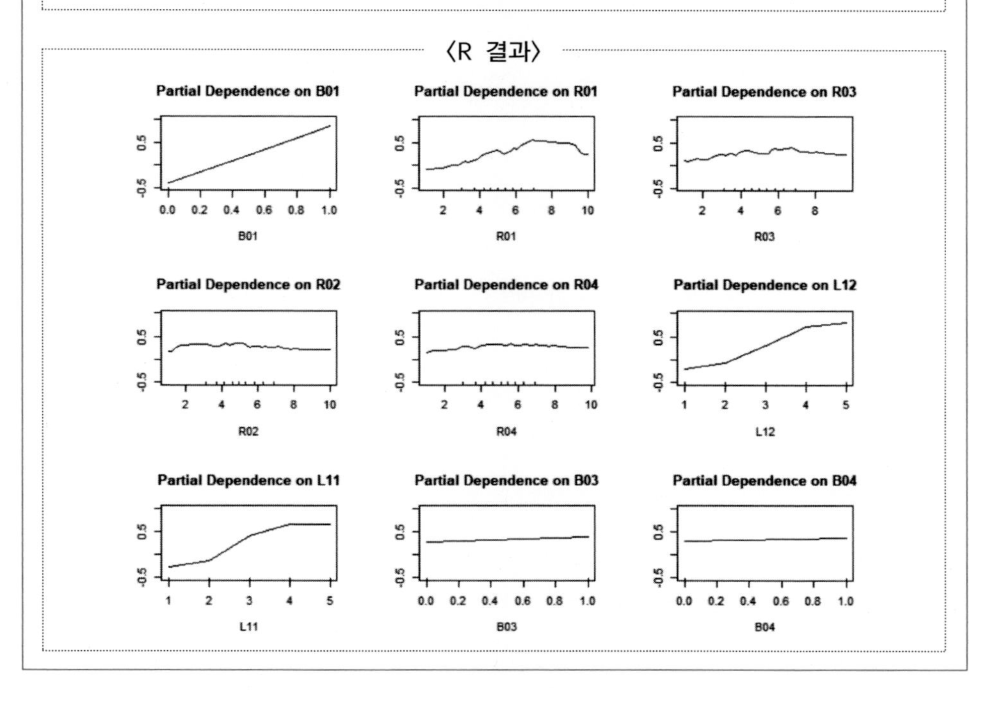

제12장

LASSO

1. 개관
2. 벌점회귀모형
3. R 예시

〈필수 용어〉

OLS, 다중공선성, ridge, LASSO, selection counts

〈학습목표〉

1. 벌점회귀모형이 어떤 자료분석 상황에서 적절한지 설명할 수 있다.
2. 벌점회귀모형의 종류 및 특징을 설명할 수 있다.
3. 반응변수 종류에 따라 LASSO를 적합하고 평가할 수 있다.

1 개관

제1장에서 기계학습 기법이 비수렴, 과적합 등의 문제를 줄이며 예측모형을 도출한다고 하였다. 기계학습 기법이 예측을 강조하며 설명을 상대적으로 중시하지 않기 때문에 사회과학 자료분석 시 제한점이 존재한다(유진은, 2019). 이를테면 소위 블랙박스(black box) 모형으로 불리는 딥러닝(deep learning), 랜덤포레스트, SVM(Support Vector Machines)과 같은 비모수(nonparametric) 또는 비선형(nonlinear) 기법으로는 분석 결과로 도출된 모형을 해석하기 어렵다. 블랙박스 모형에서도 부분의존성 도표 또는 중요도지수 등을 제시하며 설명변수가 반응변수와 어떻게 연관되었는지 파악하려고 노력은 하나, 복잡한 고차효과(higher-order effects) 및 상호작용 효과(interaction effects)로 구성된 블랙박스 모형의 한계는 분명하다. 이러한 모형으로는 설명변수가 어떻게 반응변수와 연관되어 있는지 제대로 파악하기 힘들다.

'예측'에 방점이 찍히는 데이터사이언스와 달리, 사회과학 자료를 분석할 때는 예측뿐만 아니라 설명 또한 중시되어야 한다. 예를 들어 어떤 학생이 실패할 가능성이 높은지 설명도 할 수 있는 기계학습 모형이 필요한 것이다. 교수자가 왜, 어떠한 이유에서 그 학생이 실패할 가능성이 높은지 이해하고 납득할 때, 이후 수반되는 교수 · 학습 전략이 교수자뿐만 아니라 학습자에게도 의미를 주며 더욱 더 효과적으로 기능할 수 있기 때문이다.

기계학습 기법 중 벌점회귀모형(penalized regression)이 설명이 가능한 예측모형을 도출한다(Yoo & Rho, 2020, 2021). 벌점회귀모형은 OLS 회귀모형을 기반으로 하는 선형모형에 벌점함수를 추가한 모형으로, 회귀계수를 OLS 회귀모형의 회귀계수와 비슷하게 해석할 수 있기 때문이다. 이는 사회과학 자료분석 시 크나큰 장점으로 작용한다. 사례 수가 많지 않은 사회과학 자료의 경우 예측 성능에 있어서도 딥러닝이 다른 기계학습 기법에 비하여 그다지 뛰어나지 않다는 연구 또한 속속 등장하고 있다(예: Gervet et al., 2020). 특히 사회과학 대용량 자료분석에서 벌점회귀모형이 랜덤포레스트와 비교할 때 예측력에 있어서도 우위를 보였다는 점을 눈여겨볼 만하다(Yoo & Rho, 2021). 제12장에서는 변수 선택 기법으로 인기 있는 LASSO에 초점을 맞추어 예시와 함께 설명할 것이다. 벌점회귀모형은 선형회귀모형의 일종이므로 벌점회귀모형을 구체적으로 설명하기 전에, 그 근간이 되는 선형회귀모형 및 OLS 방법 또한 다시 정리하겠다.

2 벌점회귀모형

1) 선형회귀모형과 OLS

제6장에서 설명변수가 하나인 단순회귀모형일 때 OLS 방법이 어떻게 구현되는지 편미분 방정식으로 설명하였다. 이 장에서는 설명변수가 두 개 이상인 경우의 OLS를 행렬로 설명하겠다. p개의 설명변수 $X_j\,(j=1,\ldots,p)$로 반응변수 Y에 대한 모형을 만든다고 하자. 이때 $X^T = (X_1, X_2, \ldots, X_p)$ 이다. 선형회귀모형은 식 (12.1)과 같이 표기할 수 있다.

$$Y = f(X) + \epsilon = \beta_0 + \sum_{j=1}^{p} X_j \beta_j + \epsilon \qquad (12.1)$$

i번째 사람의 관측치 $\boldsymbol{x}_i = (x_{i1,} x_{i2,} \cdots, x_{ip})^T$이고, y_i는 반응변수 Y를 측정한 값이다. 회귀계수 벡터 $\boldsymbol{\beta}$를 추정하기 위한 훈련자료를 $(\boldsymbol{x}_1^T, y_1) \ldots (\boldsymbol{x}_n^T, y_n)$라고 하자. 반응변수가 정규분포를 따르는 연속형 변수일 때의 최적화(optimization) 방법인 OLS는 추정치와 관측치 간 차이의 제곱합을 최소로 만들어 주는 β를 추정한다.[1] 선형회귀모형의 OLS 목적함수(objective function)는 식 (12.2a)와 같이 쓸 수 있다. 설명변수 행렬을 n명×p개의 차원인 $\boldsymbol{X}$ 행렬로 코딩한다면, 선형회귀모형의 가정을 충족할 때

---

1) 제6장 예시에서 OLS를 썼다. 범주형 반응변수를 다루는 제7장의 경우에도 정준연결함수(canonical link function)를 쓴다면 최대우도법(maximum likielihood estimation)이 OLS와 같게 된다. 제7장의 이분형 반응변수의 정준연결함수는 로지스틱 함수이므로 최대우도법 결과가 OLS 결과와 같다.

β에 대한 OLS 해는 식 (12.2b)와 같이 정리된다. β를 추정하기 위한 OLS 행렬식은 식 (12.2b)와 같다. 즉, $(\boldsymbol{X}^T\boldsymbol{X})$의 역행렬을 구해야 한다는 것을 알 수 있다. 그런데 설명변수 간 매우 높은 상관으로 인하여 $(\boldsymbol{X}^T\boldsymbol{X})$가 특이행렬(singular matrix)이 되는 경우 역행렬을 산출하기 힘들게 된다. 이 경우 다중공선성(multicollinearity) 문제가 발생했다고 한다.

$$\widehat{\beta^{OLS}} = \arg\min\left\{\frac{1}{2}\sum_{i=1}^{n}(y_i - \beta_0 - \sum_{j=1}^{p}x_{ij}\beta_j)^2\right\} \quad \cdots\cdots (12.2a)$$

$$\widehat{\beta^{OLS}} = (\boldsymbol{X}^T\boldsymbol{X})^{-1}\boldsymbol{X}^T y \quad \cdots\cdots (12.2b)$$

2) ridge: 초기 규제화 기법

OLS를 쓰는 회귀모형에서의 다중공선성(multicollinearity) 문제를 해결하기 위하여 고안된 방법이 바로 ridge(능형회귀)다(Hoerl & Kennard, 1970). 이제 ridge는 초기 규제화 기법으로 더 유명하다. ridge는 $(\boldsymbol{X}^T\boldsymbol{X})$ 행렬의 대각선에 작은 값(λ)을 더해 주어 다중공선성 문제를 해결하고 $(\boldsymbol{X}^T\boldsymbol{X})$ 행렬의 역행렬을 산출할 수 있도록 한다. ridge의 해를 식 (12.3a)와 같이 쓸 수 있다.

$$\widehat{\beta^r} = (\boldsymbol{X}^T\boldsymbol{X} + \lambda\boldsymbol{I})^{-1}\boldsymbol{X}^T y \quad \cdots\cdots (12.3a)$$

OLS 식인 (12.2b)와 비교할 때, ridge 식인 (12.3a)의 역행렬 부분이 달라진 것을 알 수 있다. 즉, ridge는 $(\boldsymbol{X}^T\boldsymbol{X})$ 행렬의 대각요소에 벌점모수(penalty parameter)인 λ를 더해 주었다. 이렇게 대각선에 작은 값을 더한 모양이 산등성이 모양처럼 솟아올랐다고 하여 ridge(능형 또는 능선)라는 이름이 붙었다고 한다(T. Hastie, personal communication, February 9, 2017).

식 (12.3b)는 오차제곱합(squared error)을 손실함수(loss function)로 하는 ridge 목적함수 식이다. 우변 첫 번째 항은 식 (12.2a)와 같고, 우변 두 번째 항이 바로 ridge 벌점에 대한 부분이다. 벌점함수(penalty function)라고도 불리는 우변 두 번째 항은 벌점모수(penalty parameter)인 λ와 회귀계수 제곱의 합으로 이루어져 있다. 벌점함수의 회귀계수 제곱합은 L_2 벌점(L_2 penalty)이라고도 불린다.

$$\widehat{\beta^r} = \arg\min\left\{\frac{1}{2}\sum_{i=1}^{n}(y_i - \beta_0 - \sum_{j=1}^{p}x_{ij}\beta_j)^2 + \lambda\sum_{j=1}^{p}{\beta_j}^2\right\} \quad \cdots\cdots (12.3b)$$

이때 벌점모수 λ가 규제화(regularization) 정도를 결정한다. 즉, 벌점모수 값에 따라 회귀계수가 어느 정도로 축소될지 정해지는 것이다. 벌점모수 값이 0보다 큰 경우 λ값만큼의 벌점을 회귀계수에 일정하게 부과함으로써 ridge는 결국 회귀계수 값을 작게 만들게 된다. 단, λ 값이 0일 경우 식 (12.3b)는 식 (12.2a)의 OLS와 같아지므로 전혀 벌점을 부과하지 않는 비벌점모형이 된다. 주의할 점으로, ridge는 변수 선택을 하지 않는다는 점을 알아둘 필요가 있다. 이에 대한 자세한 설명은 〈심화 12.1〉에서 LASSO와 비교하며 다루었다.

3) LASSO: 대표적인 변수 선택 기법

1996년 Tibshirani가 발표한 LASSO(Least Absolute Shrinkage and Selection Operator)는 기준을 충족하는 어떤 변수 계수를 0으로 축소추정함으로써 그 변수를 모형에서 제외하는 방법이다. 이때 모형에 남게 되는, 계수가 0이 아닌 변수가 해당 모형에서 선택된 변수가 된다. LASSO는 계수 추정 및 변수 선택을 동시에 수행한다는 장점으로 인하여 빅데이터 분석 맥락의 기계학습(machine learning) 또는 통계학습(statistical learning)에서 각광받고 있다.

LASSO 추정식은 식 (12.4)와 같다. ridge에서와 마찬가지로 벌점모수 λ가 클수록 회귀계수가 0에 수렴하고 λ가 작을수록 OLS 추정치와 가까워진다. LASSO는 벌점함수에서 회귀계수 절대값의 합을 쓰며, 이를 L_1 벌점(L_1 penalty)이라고 한다. 이것이 L_2 벌점을 쓰는 ridge와의 근본적인 차이점이다. LASSO가 L_1 벌점을 쓰기 때문에 ridge와 달리 변수 선택이 가능하다. 따라서 ridge와 비교 시 LASSO는 더 간단하고 해석하기 쉬운 모형을 산출하게 된다. 특히 사례 수보다 변수 수가 더 많은 소위

'large p, small n' 자료에서도 변수 선택이 가능하다는 것이 LASSO의 장점이다.

$$\widehat{\beta^L} = \arg\min\left\{\frac{1}{2}\sum_{i=1}^{n}(y_i - \beta_0 - \sum_{j=1}^{p} x_{ij}\beta_j)^2 + \lambda\sum_{j=1}^{p}|\beta_j|\right\} \quad \cdots\cdots (12.4)$$

〈심화 12.1〉 LASSO와 변수 선택

설명변수가 2개인 간단한 예시로 LASSO에서 어떻게 변수 선택이 이루어지는지 설명하겠다. 회귀계수 β_1과 β_2 차원에 오차 윤곽(error contours)과 제약 함수(constraint functions)를 그린다고 하자. 이때 ridge의 벌점 제약(penalty constraint)이 디스크(disk) 모양인 반면, LASSO의 벌점 제약은 다이아몬드 모양이 된다. 따라서 LASSO의 오차 윤곽이 β_1 또는 β_2 축을 건드리는 경우 해당 회귀계수가 0이 되고, 해당 변수는 모형에서 제외된다(Hastie et al., 2009, pp. 69-72).

〈필수 내용: LASSO의 조율모수〉

- 벌점모수(penalty parameter) λ: glmnet( )에서 lambda

4) Selection Counts

제10장과 제11장에서 훈련자료와 시험자료로 자료 분할을 100번 반복하여 예측 측도를 구하고 그 결과를 종합하였다. 벌점회귀모형에서는 모형적합 후 회귀계수가 0이 아닌 변수만 모형에 남기 때문에 자동적으로 변수 선택이 이루어지는 특징이 있다. 이렇게 회귀계수가 0으로 줄어들지 않은 변수는 반응변수를 설명하는 중요한 변수이며, 그때의 회귀계수는 비벌점회귀모형과 비슷하게 해석할 수 있다. 이러한 설명변수의 selection counts(선택 횟수)를 확인함으로써 벌점회귀모형의 장점을 활용할 필요가 있다.

따라서 제12장과 제13장의 벌점회귀모형에서는 예측 측도뿐만 아니라 selection counts도 제시하였다. 구체적으로 벌점회귀모형에 투입된 모든 설명변수에 대하여

100번의 반복 중 몇 번 선택되었는지 selection counts를 제시하고 변수별 선택 횟수에 대한 기술통계 또한 정리하였다. Yoo와 Rho(2020), Yoo와 Rho(2021)에서 25%, 50%, 75%, 100% 선택된 변수를 제시하고 그 결과를 논하였다. 실제 사회과학 대용량 자료를 벌점회귀모형 중 group Mnet으로 분석한 Yoo와 Rho(2020)에서는 적어도 50% 이상 선택된 변수, 즉 두 번 중 한 번은 선택된 변수를 해석할 필요가 있다고 하였다. 비슷한 맥락에서 모의실험 연구를 수행한 Yoo와 Rho(2021)는 LASSO 계열 벌점회귀모형의 경우 75% 이상 선택된 변수를 해석할 것을 제안한 바 있다.

3 R 예시

〈제10~13장의 모형평가 요약〉

기계학습에서 자료를 훈련자료(training set)와 시험자료(test set)로 무선분할한 후 훈련자료로 CV(교차타당화)를 실행하고 시험자료로 예측모형을 평가한다고 하였다. 무선분할에 따라 자료가 달라지고 모형적합 결과 또한 달라질 수 있으므로 무선분할을 여러 번 반복한 후 그 결과를 종합하는 것을 추천한다(Yoo & Rho, 2020, 2021).[2] 제10장부터 제13장의 모형적합 과정은 다음과 같다.

1. 7:3의 비율로 훈련자료와 시험자료를 무선분할한다.
2. 훈련자료에 대하여 10-fold CV로 모형을 적합하고 시험자료로 예측오차를 구한다.
3. 1과 2를 100번 반복한 후 그 결과를 종합한다.

제10장부터 제13장은 기법 간 비교가 가능하도록 같은 예시 자료를 분석하였다. 연속형 자료의 경우 제9장의 k-NN 대체 자료인 prdata1.kNN.csv를, 범주형 자료의 경우 binomdata.csv를 활용하였다.

2) 이렇게 자료를 무선분할하여 k-fold CV를 반복하는 것을 딥러닝(deep learning)에서는 shuffled k-fold CV라고 부른다.

1) 연속형 변수

필수 내용에서 정리한 것과 같이 제10장부터 제13장은 같은 모형평가 방법으로 같은 예시 자료를 적합하여 기법 간 비교를 꾀하였다. 제12장에서는 glmnet 패키지로 LASSO를 적합하였다. [R 12.1]의 전반부는 훈련자료 및 시험자료 분할로 이전 장과 동일하므로 설명을 생략하였다. 주의할 점으로, glmnet 패키지의 자료 객체는 모두 numeric이어야 한다. 연속형 자료 예시인 prdata1.kNN 객체는 k−NN 대체에서 이분형 변수인 B01∼B05 변수를 factor로 변경한 후 얻은 것이다. 따라서 벌점회귀모형적합 전 apply( )와 as.numeric( ) 함수를 활용하여 prdata1.kNN 객체의 변수를 모두 numeric으로 바꾸었다.

[R 12.1]의 후반부에서 glmnet 패키지의 cv.glmnet을 활용하여 교차타당화를 수행한다. cv.glmnet( ) 함수의 입력값 x와 y는 각각 설명변수와 반응변수를 나타낸다. prdata1.kNN 데이터프레임 객체를 대괄호[ ]를 활용하여 훈련/시험자료 및 설명/반응변수로 구분하였다. 먼저 교차타당화 시 훈련자료만을 활용하므로 대괄호[,]의 첫 번째 자리에 r번째 회차의 훈련자료 인덱스를 나타내는 train[,r]을 입력한다. prdata1.kNN의 첫 번째 변수와 두 번째 변수는 각각 ID와 반응변수이므로 자료 객체의 세 번째부터 마지막 23번째 변수가 설명변수가 된다. 따라서 x의 대괄호[,] 두 번째 자리에 3:23을 입력하고, 반응변수인 y에는 대괄호[,]의 두 번째 자리에 자료 객체의 두 번째 변수를 뜻하는 2를 입력하였다. cv.glmnet( )의 나머지 인자는 교차타당화의 세부적인 설정을 의미한다. nfolds는 교차타당화의 fold 수를 뜻하며 디폴트 값인 10으로 설정하였다. ridge의 L_2 벌점과 LASSO의 L_1 벌점 비율을 조정하는 alpha 값을 1로 입력할 경우 ridge의 L_2 벌점 부분이 사라지므로 LASSO 모형을 적합하게 된다.

cv.glmnet( ) 함수의 결과는 각 리스트의 [[r]] 번째 원소로 입력된다. cv.glmnet( ) 외의 명령들은 교차타당화 작업의 편의를 위해 입력되었다. set.seed( ) 함수는 결과의 재생산을 위해 추가하였다. 본 자료의 교차타당화는 매우 짧은 시간 내 완료되나, 실제 대용량 자료분석에서는 훨씬 더 많은 시간이 소요될 수 있다. Sys.time( ) 함수는 R에서 현재 표준 시간을 반환하는 함수로, 교차타당화 작업을 수행할 때 소요되는 시간을 간단하게 측정할 수 있다. 즉, cv.glmnet( )의 수행 전에 시작 시간을 측정하고 cv.glmnet( ) 수행 이후 종료 시간을 측정하여 두 시간을 비교하면 된다. [R 12.1]에서는 시작 시간과 종료 시간을 start_time과 end_time으로 저장하고 이를 비교하도록 입력하였다. 그리고 이 값을 print( ) 함수로 출력할 때 현재 수행되고 있는 회차를 알 수 있도록 회차 번호 r을 함께 출력하도록 설정하였다. 이를 통하여 반복문이 수행될 때 각 회차에서 소요하는 시간을 확인할 수 있다. 이는 특히 모의실험연구에서 유용하게 쓰인다.

교차타당화는 모형의 최적 조율모수(tuning parameter)를 찾는 과정이다. cv.glmnet( ) 함수가 반환하는 객체를 plot( ) 함수에 입력하면 [R 12.1]과 같은 그래프를 얻을 수 있다. [R 12.1]에서는 시범적으로 첫 번째 교차타당화 객체(CV.LASSO[[1]])를 plot( ) 함수에 입력하여 출력하였다. 그래프의 붉은 점은 각 조율모수 λ를 활용할 경우 발생하는 오차를 나타낸다. 단, 그래프의 가로축이 log(λ)임을 유의할 필요가 있다. 오차가 가장 작은 λ값을 갖는 지점과 해당 지점에서 1−표준오차(standard error: se) 만큼 떨어진 지점이 점선으로 표시되어 최적 조율모수로 선택되었음을 알 수 있다. 참고로 이 그래프의 상단에는 해당 λ에서 선택되는 변수의 수를 표시한다. 오차가 최소가 되는 λ값을 쓰는 lambda.min으로 모형을 적합하면 10개의 변수가, 1−표준오차를 나타내는 lambda.1se로 모형을 적합하면 7개의 변수가 선택된다는 것을 알 수 있다.

[R 12.1] LASSO 교차타당화 객체 생성: 연속형 변수

〈R 명령문과 결과〉

〈R code〉

```
install.packages("glmnet")
library(glmnet)

prdata1.kNN<- read.csv("prdata1.kNN.csv")

train = matrix(NA, round(2000*0.7), 100)
for(r in 1:100){
  set.seed(r)
  train[,r] <- sort(sample(1:2000, round(2000*0.7), replace = F))
}
```

```
prdata1.kNN <- apply(prdata1.kNN, 2, as.numeric)
str(prdata1.kNN)


CV.LASSO <- list( )
for(r in 1:100){
  start_time <- Sys.time( )
  set.seed(r)
  CV.LASSO[[r]] <- cv.glmnet(x=prdata1.kNN[train[,r], 3:23],
                             y=prdata1.kNN[train[,r], 2],
                             nfolds = 10, alpha = 1)
  end_time <- Sys.time( )

  print(r)
  print(end_time - start_time)
}
plot(CV.LASSO[[1]])
```

〈R 결과〉

```
> plot(CV.LASSO[[1]])
```

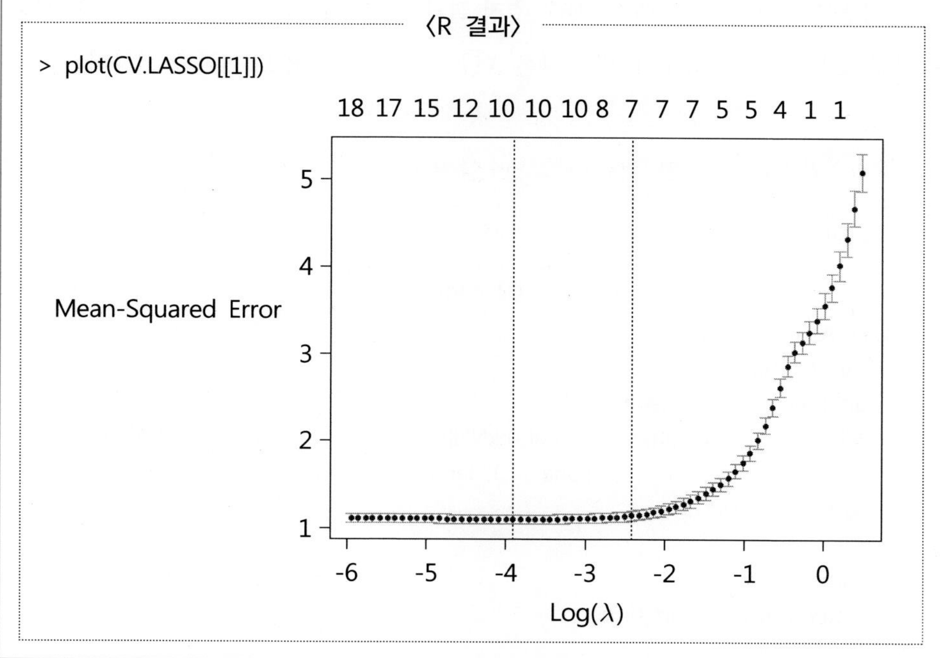

[R 12.2]는 [R 12.1]에서 계산된 최적 조율모수를 활용해 LASSO 모형 객체를 구성하는 방법을 보여 준다. 이때, 각 회차에서는 교차타당화와 동일한 훈련자료 인덱스

를 활용해야 함을 기억해야 한다. 조율모수 값 중 어떤 값이 오차를 가장 작게 하는 값인지를 알아보는 cv.glmnet( ) 함수와 달리, glmnet( ) 함수에서는 단 하나의 λ만을 활용해 모형을 적합한다. 즉, [R 12.1]에서 cv.glmnet( ) 함수로 찾은 최적의 조율모수 값인 CV.LASSO[[r]]$lambda.min를 glmnet( ) 함수의 lambda 인자에 입력하면 된다. 만일 lambda 인자를 따로 입력하지 않는다면 glmnet( ) 함수는 자동으로 λ의 목록을 구성해 여러 λ값에서 모형을 적합해 준다.

[R 12.2] 마지막 명령어로 모형적합 후 첫 번째 회차 모형의 beta 원소를 출력하여 변수 선택 및 계수 추정 결과를 살펴보았다. 첫 번째 회차의 모형이 Gender, L11, L12, L13, L21, L22, L23, B01, R01, R03 변수를 선택한 것을 알 수 있다. 선택된 변수의 회귀계수 값 또한 출력된다. CV에서 가능한 모든 λ 값에 대하여 모형을 적합하기 때문에 cv.glmnet( )이 반환하는 객체에 [R 12.2]에서 구성한 모형이 포함되어 있다. CV.LASSO[[1]]$glmnet.fit$beta 명령문을 입력하면 교차타당화 시 활용한 모든 λ에서 적합한 모형의 변수 선택 및 계수 추정 결과가 저장된 것을 확인할 수 있다. 이 중 최적의 조율모수, 즉 MSE가 가장 작은 λ일 때의 결과가 [R 12.2]과 동일하다.

[R 12.2] LASSO 모형 객체 생성: 연속형 변수

〈R 명령문과 결과〉

〈R code〉

```
MOD.LASSO <- list( )
for(r in 1:100){
  start_time <- Sys.time( )
  MOD.LASSO[[r]] <- glmnet(x=prdata1.kNN[train[,r], 3:23], y=prdata1.kNN[train[,r], 2],
                           alpha = 1, lambda = CV.LASSO[[r]]$lambda.min)
  end_time <- Sys.time( )

  print(r)
  print(end_time - start_time)
}

MOD.LASSO[[1]]$beta
```

〈R 결과〉

```
> MOD.LASSO[[1]]$beta
21 x 1 sparse Matrix of class "dgCMatrix"
               s0
Gender 0.39746183
L11    0.44197373
L12    0.45066480
L13    0.02277860
L14    .
L15    .
L21    0.49027716
L22    0.47215179
L23    0.01447088
L24    .
L25    .
B01    0.37643284
B02    .
B03    .
B04    .
B05    .
R01    0.49071251
R02    .
R03    0.01178043
R04    .
R05    .
```

모형적합을 완료했다면 변수 선택 결과를 확인하고 모형의 예측력을 평가해야 한다. 변수의 선택 여부는 각 모형의 계수 추정 결과를 통해 알 수 있다. 계수가 0으로 추정된 경우 선택되지 않은 변수이며 0이 아닌 경우 선택된 변수다. 총 100회차의 적합에서 어떤 변수가 몇 번 선택되었는지 알아보려면 모든 적합 결과를 한 객체에 담아 확인하는 것이 좋다. [R 12.3]에서 모든 회차의 LASSO 계수 추정치를 하나의 행렬 객체로 정리하는 방법을 보여 준다. 회차를 행에, 변수를 열에 대응시키기 위하여 100*21 크기의 빈 행렬을 생성한다. 행렬의 열 길이는 독립변수의 수와 같다. 이번에도 for 반복문을 활용하여 행렬의 각 행에 각 회차의 계수 추정치를 입력한다. 각 회차의 계수 추정치를 옮겨 담은 후 행렬의 열과 행의 이름을 입력한다. 행 이름으로 회차를 나타내도록 1부터 100의 값이 입력되었고 열 이름으로 변수를 나타내도록 독립 변수의 열 이름을 그대로 옮겼다. str( ) 함수를 활용해 출력 결과를 확인하면 100행×21열의 객체가 구성되었음을 알 수 있다.

[R 12.3] LASSO 계수 추정치 모으기: 연속형 변수

〈R 명령문과 결과〉

〈R code〉

```
Beta.LASSO <- matrix(NA, 100, ncol(prdata1.kNN[,3:23]))
for(r in 1:100){
  Beta.LASSO[r,] <- MOD.LASSO[[r]]$beta[,1]
}
colnames(Beta.LASSO) <- colnames(prdata1.kNN[,3:23])
rownames(Beta.LASSO) <- 1:100

str(as.data.frame(Beta.LASSO))
```

〈R 결과〉

```
> str(as.data.frame(Beta.LASSO))
'data.frame': 100 obs. of  21 variables:
 $ Gender : num  0.397 0.433 0.479 0.357 0.373 ...
 $ L11    : num  0.442 0.435 0.509 0.491 0.448 ...
 $ L12    : num  0.451 0.501 0.452 0.462 0.483 ...
 $ L13    : num  0.02278 0.0257 0.02516 0.01375 0.00844 ...
 $ L14    : num  0 0 -0.036 0 0 ...
 $ L15    : num  0 0 0.000372 0 0 ...
 $ L21    : num  0.49 0.499 0.482 0.475 0.513 ...
 $ L22    : num  0.472 0.465 0.517 0.46 0.478 ...
 $ L23    : num  0.01447 0 0.00562 0.03984 0.01967 ...
 $ L24    : num  0 0.016 -0.0199 0 0 ...
 $ L25    : num  0 0 -0.02831 -0.00586 -0.0022 ...
 $ B01    : num  0.376 0.406 0.385 0.381 0.387 ...
 $ B02    : num  0 0.0297 0.0252 0.0389 0 ...
 $ B03    : num  0 0 0.0719 0 0 ...
 $ B04    : num  0 -0.0864 -0.0775 0 -0.0676 ...
 $ B05    : num  0 -0.01348 0.00223 0 0.03191 ...
 $ R01    : num  0.491 0.504 0.49 0.484 0.496 ...
 $ R02    : num  0 -0.00743 -0.0048 0 -0.00589 ...
```

```
$ R03    : num  0.0118 0.0242 0.0211 0.0151 0.0277 ...
$ R04    : num  0 0.00194 0.0145 0 0.00277 ...
$ R05    : num  0 0.00356 0 0 0 ...
```

이제 [R 12.3]에서 생성한 Beta.LASSO 객체를 분석하여 selection counts 결과 및 계수 추정치의 기술통계 등을 확인하는 과정이다. 행 길이가 독립변수의 수이며 열 길이가 8인 빈(blank) 행렬을 구성한다([R 12.4]). 이때 8은 결과를 제시할 지표가 8개(#, Min, Q1, Med, Q3, Max, Mean, SD)이기 때문이다. 행 이름으로 독립변수명을, 그리고 열 이름으로 8개 지표명을 부여하였다. 이제 각 열에 각 지표를 계산하여 기입하면 된다.

첫 번째로 selection counts 결과는 Beta.LASSO 객체의 각 열(변수) 중 그 값이 0이 아닌 셀의 수를 세면 된다. 각 값을 부호에 따라 −1, 0, 1으로 변환하는 sign( ) 함수와 절대값을 반환하는 abs( ) 함수를 활용하면, 계수가 0으로 추정된 칸은 0, 선택된 계수는 1을 출력하게 된다. 열의 합을 계산해 주는 colSums( ) 함수를 활용하면 선택된 변수의 수를 셀 수 있다. 이 작업을 각 변수에서 for 반복문을 활용해 반복한다.

두 번째로 Quantile(사분위수), Mean(평균), SD(표준편차)를 계산하기 위하여 각각 quantile( ), mean( ), sd( ) 함수를 활용한다. 이때, 각 지표를 계산하기 위해서는 선택된 회차의 값만을 계산에 활용해야 하므로, 인덱스를 활용해 Beta.LASSO의 각 변수에서 행의 값이 0이 아닌(!= 0) 셀만으로 제한한다. 각 지표의 계산 시 종종 NA 혹은 Nan과 같은 특수자료형이 발생하는데, 이는 한 번도 선택되지 않았거나 한 번만 선택된 변수에 대하여 quantile( ), sd( ) 값을 구할 수 없으므로 발생하는 오류다. 분석 결과를 Excel 등에서 관리하기 편리하도록 하려면 NA, Nan 등의 값을 0으로 변환하여 결과를 정리할 수 있다. 0번 또는 1번만 선택된 변수는 사분위수나 표준편차를 해석하지 않으며, NA나 Nan을 그대로 쓸 경우 수치가 아니라 문자 또는 다른 포맷으로 읽는 경우가 있기 때문이다.

이제 Selection.LASSO 객체를 출력하면 된다. 소수점 자리가 너무 많을 경우 가독성이 떨어지므로 round( ) 함수로 적절히 소수점을 처리하여 [R 12.4]와 같은 결과를 얻는다. 변수 수가 더 많다면 order( ) 함수를 활용하여 내림차순으로 정렬할 수도 있다.

적합한 LASSO 모형의 selection counts 결과 Gender, L11, L12, L21, L22, B01, R01, R03 변수가 100회의 모형적합에서 100회 모두 선택되었음을 알 수 있다. 또한, 100회 선택한 변수들은 R03 변수를 제외하면 다른 변수들에 비해 계수 추정치 절대값이 크다는 점을 파악할 수 있었다.

[R 12.4] LASSO Selection Counts 결과 및 추정치 통계량: 연속형 변수

〈R 명령문과 결과〉

〈R code〉

```
Selection.LASSO = matrix(NA, ncol(prdata1.kNN[,3:23]), 8)
rownames(Selection.LASSO) <- colnames(prdata1.kNN[,3:23])
colnames(Selection.LASSO) <- c("#", "Min", "Q1", "Med", "Q3", "Max", "Mean", "SD")

# Selection Counts
Selection.LASSO[,1] <- colSums(abs(sign(Beta.LASSO)))
# Quantile
for(p in 1:ncol(prdata1.kNN[,3:23])){
  Selection.LASSO[p,2:6] <- quantile(Beta.LASSO[Beta.LASSO[,p] != 0, p])
}
# Mean
for(p in 1:ncol(prdata1.kNN[,3:23])){
  Selection.LASSO[p,7] <- mean(Beta.LASSO[Beta.LASSO[,p] != 0, p])
}
# SD
for(p in 1:ncol(prdata1.kNN[,3:23])){
  Selection.LASSO[p,8] <- sd(Beta.LASSO[Beta.LASSO[,p] != 0, p])
}
Selection.LASSO[is.na(Selection.LASSO)] <- 0
Selection.LASSO[is.nan(Selection.LASSO)] <- 0
round(Selection.LASSO, 3)
```

〈R 결과〉

```
> round(Selection.LASSO, 3)
         #    Min     Q1    Med     Q3   Max   Mean    SD
Gender 100  0.291  0.359  0.381  0.404 0.479  0.379 0.033
L11    100  0.405  0.448  0.458  0.471 0.509  0.460 0.018
L12    100  0.430  0.458  0.470  0.482 0.510  0.470 0.018
L13     89  0.001  0.011  0.024  0.032 0.072  0.025 0.015
L14     13 -0.036 -0.015 -0.009 -0.008 0.011 -0.011 0.014
L15     27 -0.056 -0.030 -0.018 -0.002 0.019 -0.018 0.018
L21    100  0.455  0.484  0.492  0.501 0.517  0.491 0.013
L22    100  0.424  0.465  0.475  0.485 0.521  0.476 0.018
L23     75  0.000  0.009  0.014  0.025 0.040  0.017 0.010
L24     36 -0.020  0.004  0.013  0.017 0.045  0.012 0.012
L25     28 -0.051 -0.029 -0.018 -0.007 0.018 -0.018 0.017
B01    100  0.306  0.367  0.386  0.413 0.469  0.388 0.034
B02     62 -0.003  0.013  0.025  0.045 0.110  0.032 0.026
B03     22 -0.056 -0.009  0.000  0.009 0.072  0.000 0.027
B04     29 -0.086 -0.060 -0.027 -0.010 0.026 -0.032 0.031
B05     26 -0.044 -0.016 -0.002  0.013 0.053 -0.002 0.023
R01    100  0.475  0.486  0.490  0.494 0.508  0.490 0.006
R02     50 -0.013 -0.007 -0.005 -0.002 0.001 -0.005 0.003
R03    100  0.006  0.015  0.019  0.023 0.032  0.019 0.006
R04     33 -0.001  0.002  0.004  0.008 0.014  0.005 0.004
R05     21 -0.014 -0.005 -0.002  0.001 0.007 -0.002 0.005
```

시험자료로 모형의 예측력을 평가해야 한다. 제1장에서 기계학습 기법은 설명보다 예측에 방점이 찍힌다고 하였다. 비벌점회귀모형과 비교 시 벌점회귀모형은 회귀계수 검정을 통한 설명보다 모형 예측력에 초점을 맞춘다고 할 수 있다. 제9장에서 설명하였듯이 모형 예측력은 반응변수의 유형에 따라 다른 측도를 쓴다. 연속형 반응변수는 RMSE(Root Mean Squared Error)를, 이분형 반응변수는 예측 정확도(accuracy), kappa, AUC(Area Under the ROC Curve) 등을 제시하는 것이 일반적이다.

[R 12.5]에서 RMSE를 계산하는 방법을 크게 두 단계로 보여 준다. 첫 번째 단계는 훈련자료로 적합한 LASSO 모형을 시험자료에 적용하여 예측값($\hat{Y}$)[3]을 얻는 단계이다. 이때 predict( ) 함수를 활용하여 예측값을 구한다. predict( ) 함수의 첫 번째 입력값은 모형이고, 두 번째 입력값인 newx는 예측값을 계산할 자료다. 이 예시에서는 시험자료에서의 예측값을 구하기 위하여 훈련자료를 제외하도록 −train을 입력하였다. 또한, 설명변수만을 활용하도록 3:23 열을 지정하였다. 주의할 점으로, predict( ) 함수의 두 번째 입력값은 행렬 형태가 되어야 한다. predict( ) 함수의 계산 과정에서 행렬곱(R의 %*% 연산)을 활용하는데, 행렬곱은 행렬 객체에서만 올바르게 작동하기 때

3) 예측값은 모형적합에 활용하지 않았던 시험자료의 각 설명변수에 훈련자료에서 얻은 모형의 계수 추정치를 곱한 뒤 더해 계산된다.

문이다. 객체의 자료형을 알려 주는 class( ) 함수를 실행하면 prdata1.kNN이 이미 행렬 객체임을 알 수 있다. predict( ) 함수의 type 인자는 반응변수의 척도 유형에 따라 달라진다. 연속형 반응변수에서 예측값을 계산하려면 "response"를 입력하면 된다. 지금까지는 예측값을 구하고 저장하는 단계였다.

두 번째 단계에서 RMSE를 계산한다. RMSE는 계산식이 간단하므로 직접 수식을 입력해도 되지만 caret 패키지의 RMSE( ) 함수를 활용하면 더 편리하다. caret 패키지를 불러온 뒤 각 회차의 RMSE를 벡터 객체인 RMSE.LASSO에 순차적으로 저장한다. RMSE( ) 함수의 첫 번째 입력값은 예측값, 두 번째 입력값은 실제 관측치다. 이때 관측치는 시험자료에서의 반응변수 값이므로 prdata1.kNN 객체에서 훈련자료 행을 제외한(−train) 첫 번째 열(2)로 지정하면 된다. 총 100개의 RMSE 값을 모두 저장하고 난 후, summary( ) 함수 또는 sd( ) 함수 등을 활용하여 100개의 LASSO 모형에서 계산된 RMSE의 기술통계를 살펴볼 수 있다. RMSE 평균은 약 1.017, 표준편차는 약 0.028이었다([R 12.5]).

[R 12.5] LASSO 연속형 반응변수 모형 예측력(RMSE): 연속형 변수

〈R 명령문과 결과〉

〈R code〉

```
library(caret)
class(prdata1.kNN)

Pred.LASSO = list( )
for(r in 1:100){
  Pred.LASSO[[r]] <- predict(MOD.LASSO[[r]], newx = prdata1.kNN[-train[,r], 3:23],
                             type = "response")
}

RMSE.LASSO = c( )
for(r in 1:100){
  RMSE.LASSO[r] <- RMSE(Pred.LASSO[[r]], prdata1.kNN[-train[,r], 2])
}

summary(RMSE.LASSO)
sd(RMSE.LASSO)
```

〈R 결과〉

```
> class(prdata1.kNN)
[1] "matrix"

> summary(RMSE.LASSO)
   Min.  1st Qu.  Median   Mean  3rd Qu.   Max.
 0.9299   0.9989   1.0175  1.0168   1.0366  1.0776

> sd(RMSE.LASSO)
[1] 0.02809763
```

2) 범주형 변수

범주형 반응변수에 대하여 LASSO를 적합하는 예시를 보여 주기 위하여 binomdata를 불러왔다. 연속형 변수와 마찬가지로 glmnet 패키지의 cv.glmnet( ) 함수로 교차타당화를 실시한다([R 12.6]). family 인자에 binomial을 입력한 것만 제외하면 연속형 변수의 예시와 동일하다.

[R 12.6] LASSO 교차타당화 객체 생성: 이분형 변수

〈R 명령문과 결과〉

〈R code〉

```
binomdata = read.csv("binomdata.csv")
library(glmnet)

CV.LASSO <- list( )
for(r in 1:100){
  start_time <- Sys.time( )
  set.seed(r)
  CV.LASSO[[r]] <- cv.glmnet(x=as.matrix(binomdata[train[,r], 3:18]),
                             y=binomdata[train[,r], 2],
                             nfolds = 10, alpha = 1, family = "binomial")
  end_time <- Sys.time( )
```

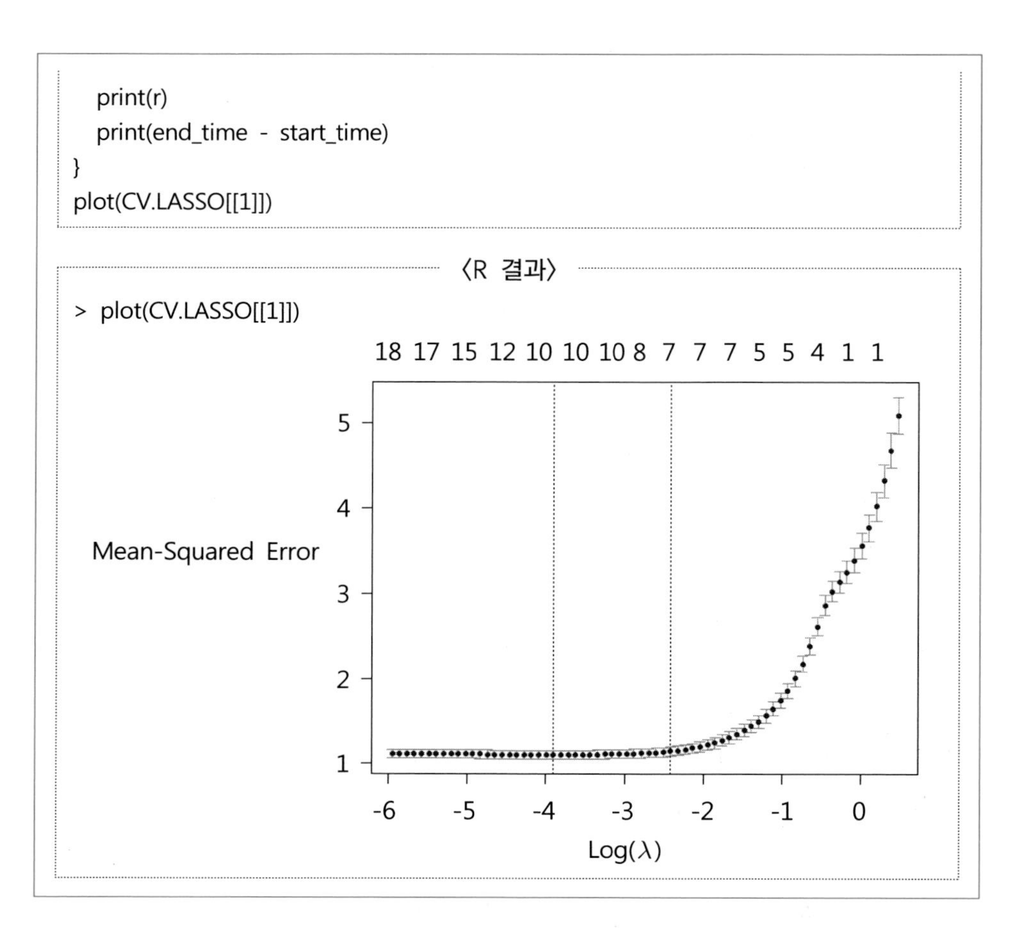

[R 12.6]의 cv.glmnet( )에서 구한 최적의 조율모수 값인 CV.LASSO[[r]] $lambda.min을 [R 12.7]에서 조율모수 값인 lambda에 입력하였다. glmnet( )의 family 인자에 binomial을 입력하여 이분형 반응변수임을 나타낸다.

[R 12.7] LASSO 모형 객체 생성: 이분형 변수

〈R 명령문과 결과〉

〈R code〉

```
MOD.LASSO <- list( )
for(r in 1:100){
  start_time <- Sys.time( )
  MOD.LASSO[[r]] <- glmnet(x=as.matrix(binomdata[train[,r], 3:18]),
                          y=binomdata[train[,r], 2],
                          alpha = 1, lambda = CV.LASSO[[r]]$lambda.min,
                          family = "binomial")
  end_time <- Sys.time( )

  print(r)
  print(end_time - start_time)
}

MOD.LASSO[[1]]$beta
```

〈R 결과〉

```
> MOD.LASSO[[1]]$beta
16 x 1 sparse Matrix of class "dgCMatrix"
             s0
B01  2.86785947
B02 -0.22497396
B03  0.05181836
B04  .
L11  1.06634633
L12  1.04536068
L13  .
L14  0.01766567
L21  1.10862953
L22  .
L23  0.07385032
L24  .
R01  0.29309289
R02 -0.02272799
R03  0.01389783
R04  0.02715759
```

모형을 적합하였으므로 변수 선택 결과를 확인하고 모형의 예측력을 평가해야 한다. [R 12.8]에서 모든 회차의 LASSO 계수 추정치를 하나의 행렬 객체로 정리하였다. 회차를 행에, 변수를 열에 대응시키기 위하여 100*16 크기의 빈 행렬을 생성한다. 이때 행렬의 열 길이인 16은 독립변수의 수와 같다.

[R 12.8] LASSO 계수 추정치 모으기: 이분형 변수

〈R 명령문과 결과〉

〈R code〉

```
Beta.LASSO <- matrix(NA, 100, ncol(binomdata[,3:18]))
for(r in 1:100){
  Beta.LASSO[r,] <- MOD.LASSO[[r]]$beta[,1]
}
colnames(Beta.LASSO) <- colnames(binomdata[,3:18])
rownames(Beta.LASSO) <- 1:100

str(as.data.frame(Beta.LASSO))
```

〈R 결과〉

```
> str(as.data.frame(Beta.LASSO))
'data.frame': 100 obs. of  16 variables:
 $ B01: num  2.87 2.9 3 3.05 2.93 ...
 $ B02: num  -0.225 -0.191 -0.293 -0.255 -0.263 ...
 $ B03: num  0.0518 0.0292 0.1052 0.0293 0.042 ...
 $ B04: num  0 0 0 0.000796 -0.035362 ...
 $ L11: num  1.07 1.1 1.17 1.23 1.14 ...
 $ L12: num  1.05 1.07 1.14 1.1 1.12 ...
 $ L13: num  0 0 0 0.0419 0 ...
 $ L14: num  0.0177 0 0.0187 0 0.0432 ...
 $ L21: num  1.11 1.04 1.11 1.2 1.06 ...
 $ L22: num  0 0 0.0714 0 0.0599 ...
 $ L23: num  0.0739 0 0.0609 0.0114 0 ...
 $ L24: num  0 0 0.00851 0.09826 0 ...
 $ R01: num  0.293 0.3 0.262 0.286 0.264 ...
 $ R02: num  -0.02273 -0.00873 -0.0439 -0.02399 0 ...
 $ R03: num  0.0139 0 0 0.0442 0 ...
 $ R04: num  0.02716 0 0.03348 0.03871 0.00938 ...
```

적합한 LASSO 모형의 selection counts 결과 B01, B02, L11, L12, L21, R01 변수가 100회의 모형적합에서 100회 모두 선택되었음을 알 수 있다([R 12.9]).

[R 12.9] LASSO Selection Counts 결과 및 추정치 통계량: 이분형 변수

〈R 명령문과 결과〉

〈R code〉

```
Selection.LASSO = matrix(NA, ncol(binomdata[,3:18]), 8)
rownames(Selection.LASSO) <- colnames(binomdata[,3:18])
colnames(Selection.LASSO) <- c("#", "Min", "Q1", "Med", "Q3", "Max", "Mean", "SD")

# Selection Counts
Selection.LASSO[,1] <- colSums(abs(sign(Beta.LASSO)))
# Quantile
for(p in 1:ncol(binomdata[,3:18])){
  Selection.LASSO[p,2:6] <- quantile(Beta.LASSO[Beta.LASSO[,p] != 0, p])
}
# Mean
for(p in 1:ncol(binomdata[,3:18])){
  Selection.LASSO[p,7] <- mean(Beta.LASSO[Beta.LASSO[,p] != 0, p])
}
# SD
for(p in 1:ncol(binomdata[,3:18])){
  Selection.LASSO[p,8] <- sd(Beta.LASSO[Beta.LASSO[,p] != 0, p])
}
Selection.LASSO[is.na(Selection.LASSO)] <- 0
Selection.LASSO[is.nan(Selection.LASSO)] <- 0
round(Selection.LASSO, 3)
```

〈R 결과〉

```
> round(Selection.LASSO, 3)
      #    Min     Q1    Med     Q3    Max   Mean    SD
B01 100  2.556  2.861  2.932  3.034  3.297  2.938 0.118
B02 100 -0.541 -0.287 -0.241 -0.190 -0.092 -0.245 0.074
B03  79 -0.030  0.035  0.066  0.120  0.223  0.079 0.055
B04  42 -0.184 -0.100 -0.048 -0.013  0.087 -0.059 0.065
L11 100  1.006  1.102  1.134  1.179  1.316  1.140 0.058
L12 100  0.907  1.007  1.044  1.096  1.201  1.046 0.067
L13  31 -0.051  0.017  0.026  0.048  0.105  0.032 0.040
L14  38 -0.058  0.001  0.015  0.039  0.111  0.019 0.037
L21 100  0.991  1.049  1.095  1.135  1.229  1.099 0.059
L22  41 -0.027  0.013  0.032  0.064  0.121  0.040 0.037
L23  56 -0.034  0.014  0.037  0.061  0.176  0.043 0.040
L24  41 -0.085 -0.038 -0.001  0.019  0.108 -0.003 0.046
R01 100  0.203  0.258  0.275  0.295  0.355  0.277 0.028
R02  78 -0.098 -0.052 -0.033 -0.017 -0.001 -0.036 0.025
R03  43 -0.019  0.007  0.015  0.031  0.068  0.019 0.018
R04  62 -0.026  0.012  0.027  0.040  0.078  0.027 0.021
```

다음은 모형의 예측력을 평가하는 과정이다. 모형의 예측력은 전체 자료 중 훈련자료 70%를 분리하고 남은 30%의 시험자료로 구한다. 이분형 반응변수의 예측 측도로 정확도(accuracy), AUC(Area Under the ROC Curve), kappa 등이 주로 쓰인다. [R 12.10]에서 caret 패키지의 confusionMatrix( ) 함수를 활용하여 구하였다.

[R 12.10] LASSO 모형 예측력: 이분형 변수

〈R 명령문과 결과〉

〈R code〉

```
library(caret)

table.LASSO <- list( )
for(r in 1:100){
  table.LASSO[[r]] <- confusionMatrix(as.factor(predict(MOD.LASSO[[r]],
                                    newx = as.matrix(binomdata[-train[,r], 3:18]),
                                    type = "class")),
                                    as.factor(binomdata[-train[,r], 2]))
}

table.LASSO[[1]]$overall[1:2]
table.LASSO[[1]]$byClass[1:2]
```

〈R 결과〉

```
> table.LASSO[[1]]$overall[1:2]
 Accuracy     Kappa
0.8216667 0.6376975

> table.LASSO[[1]]$byClass[1:2]
 Sensitivity Specificity
 0.7886792   0.8477612
```

[R 12.11]에서 각 측도를 하나의 객체로 정리하였다. 측도를 열로 저장했기 때문에 열 혹은 행마다 함수를 반복적으로 적용해 주는 apply( ) 함수를 활용해 요약치를 쉽게 계산할 수 있다. 예측 정확도를 바탕으로 해석하면, LASSO 모형은 평균적으로 80%의 새로운 사례를 정확하게 분류한다. 이분형 변수 분류 시 분류 일치 정도에 우

연적으로 발생할 확률을 반영한 값인 kappa의 평균이 약 0.59였다. Landis와 Koch (1977)에 따르면, 중간(moderate)값으로 해석할 수 있다.

[R 12.11] LASSO 모형 예측력 요약: 이분형 변수

〈R 명령문과 결과〉

〈R code〉

```
ACC.LASSO <- matrix(NA, 100, 4)
colnames(ACC.LASSO) <- c("acc", "kappa", "sens", "spec")
ACC.LASSO <- as.data.frame(ACC.LASSO)

for(r in 1:100){
  ACC.LASSO$acc[r] <- table.LASSO[[r]]$overall[1]
  ACC.LASSO$kappa[r] <- table.LASSO[[r]]$overall[2]
  ACC.LASSO$sens[r] <- table.LASSO[[r]]$byClass[1]
  ACC.LASSO$spec[r] <- table.LASSO[[r]]$byClass[2]
}
apply(ACC.LASSO, 2, sd)
apply(ACC.LASSO, 2, summary)
```

〈R 결과〉

```
> apply(ACC.LASSO, 2, sd)
       acc      kappa       sens       spec
0.01393317 0.02850201 0.02703546 0.01947003
> apply(ACC.LASSO, 2, summary)
              acc     kappa      sens      spec
Min.    0.7700000 0.5308516 0.6716418 0.7964602
1st Qu. 0.7950000 0.5777187 0.7316087 0.8328651
Median  0.8033333 0.5963841 0.7518797 0.8485759
Mean    0.8050500 0.5981732 0.7473966 0.8477219
3rd Qu. 0.8154167 0.6197323 0.7656413 0.8614458
Max.    0.8400000 0.6690568 0.8000000 0.9011976
```

AUC를 얻기 위하여 ROCR 패키지의 prediction( ) 함수를 활용하였다([R 12.12]). 별도의 confusion matrix를 구성한 후 performance( ) 함수로 AUC를 계산한다. caret 패키지의 confusionMatrix( ) 함수와 유사하게 ROCR의 prediction( ) 함수는 첫 번째

입력값으로 모형의 분류 예측을, 두 번째 입력값으로 실제 범주를 입력받는다. AUC는 이분형 변수 분류 시 절단값(cutoff)에 따른 분류정확도를 보여 주는 ROC 곡선의 면적값을 뜻한다. AUC 값이 클수록 예측 분류가 정확한 것으로 해석한다. summary( )와 sd( )로 AUC의 요약치를 계산한 결과, 평균 0.797, 표준편차 0.014였다.

[R 12.12] LASSO 이분형 반응변수 모형 예측력(AUC)

〈R 명령문과 결과〉

〈R code〉

```
library(ROCR)

AUC.LASSO <- c( )
for(r in 1:100){
  pred <- prediction(as.numeric(predict(MOD.LASSO[[r]],
                              newx = as.matrix(binomdata[-train[,r], 3:18]), type
= "class")),
                    binomdata[-train[,r], 2])
  AUC.LASSO[r] <- performance(pred, measure = "auc")@y.values[[1]]
}

summary(AUC.LASSO)
sd(AUC.LASSO)
```

〈R 결과〉

```
> summary(AUC.LASSO)
   Min.  1st Qu.  Median   Mean  3rd Qu.    Max.
 0.7624   0.7875   0.7965 0.7976   0.8083  0.8320

> sd(AUC.LASSO)
[1] 0.01435517
```

제13장

Enet과 ridge

1. Enet
2. R 예시

〈필수 용어〉

다중공선성, ridge, Enet(Elastic net), selection counts

〈학습목표〉

1. 연구문제에 따라 벌점회귀모형을 선택하고 활용할 수 있다.
2. 반응변수 종류에 따라 ridge와 Enet을 적합하고 평가할 수 있다.

1 Enet(Elastic net)

제12장에서 설명한 LASSO는 OLS 회귀모형에 벌점함수를 추가함으로써 반응변수와 관련이 적은 변수의 계수를 0으로 축소해 모형에서 배제하는 방식으로 변수를 선택한다. 그러나 LASSO는 변수 선택 시 설명변수 간 다중공선성을 고려하지 않는다는 문제가 있으며, 사회과학 대용량 자료분석 시 다중공선성 문제에서 자유로울 수 없다. 이에 대한 해결책으로 제안된 규제화 기법이 바로 Zou와 Hastie(2005)의 Enet (Elastic net)이다. LASSO에 ridge를 결합한 Enet은 LASSO의 강점인 변수 선택 및 ridge의 강점인 다중공선성 문제 해결이 모두 가능하다는 장점을 지닌다.

$$\widehat{\beta^E} = \arg\min\left\{\frac{1}{2}\sum_{i=1}^{n}(y_i - \beta_0 - \sum_{j=1}^{p}x_{ij}\beta_j)^2 + \lambda\sum_{j=1}^{p}(\alpha\,|\beta_j| + (1-\alpha)\beta_j{}^2)\right\} \quad \cdots (13.1)$$

Enet은 식 (13.1)과 같이 표기된다. 우변 첫 번째 항은 오차제곱합 부분으로 제12장의 ridge 및 LASSO 식의 우변 첫 번째 항과 동일하다. 우변 두 번째 항이 바로 Enet의 벌점함수다. Enet의 벌점함수는 LASSO의 L_1 벌점과 ridge의 L_2 벌점이 결합된 형태임을 알 수 있다. Enet 식인 (13.1)에는 두 가지 조율모수가 있다. 첫 번째 조율모수인 λ는 ridge, LASSO에서와 마찬가지로 회귀계수를 얼마나 축소할지를 결정하는 벌점모수다. 두 번째 조율모수인 α는 0부터 1까지의 값을 가지며 ridge의 L_2 벌점과 LASSO의 L_1 벌점 비율을 조정한다. 즉, Enet 식은 조율모수 α가 1에 가까울수록 LASSO, 0에 근접할수록 ridge에 가까워진다. 참고로 Enet의 두 가지 조율모수 중 규제화 정도를 결정하는 조율모수인 λ가 상대적으로 더 중요하다. 특히 사회과학 분야에서는 사례 수가 충분하지 않으므로 두 가지 조율모수를 모두 타당화할 필요가 없다. 따라서 조율모수 α는 연구자의 재량으로 선택하는 것이 일반적이다(T. Hastie, personal communication, February 9, 2017). 참고로 Hastie와 Qian(2016)은 α 값으로 0.5를 제안한 바 있다.

제12장에서 벌점회귀모형 전반에 대하여 설명하고 그중 LASSO 기법에 초점을 맞추어 예시를 제시하였다. 제13장에서는 벌점회귀모형 중 가장 초기 기법인 ridge(능

형회귀) 및 ridge를 활용하여 다중공선성 문제를 보완하는 Enet 기법을 R에서 예시와 함께 설명할 것이다. 마지막으로, 제10장부터 제13장에서 다룬 의사결정나무모형, 랜덤포레스트, LASSO, ridge, Enet 모형의 예측력을 제시하고 기법 간 비교를 실시하였다.

〈필수 내용: Enet의 조율모수〉

- 벌점모수(penalty parameter) λ: glmnet( )에서 lambda
- Enet mixing parameter α: glmnet( )에서 alpha

2 R 예시

〈제10~13장의 모형평가 요약〉

기계학습에서 자료를 훈련자료(training set)와 시험자료(test set)로 무선분할한 후 훈련자료로 CV(교차타당화)를 실행하고 시험자료로 예측모형을 평가한다고 하였다. 무선분할에 따라 자료가 달라지고 모형적합 결과 또한 달라질 수 있으므로 무선분할을 여러 번 반복한 후 그 결과를 종합하는 것을 추천한다(Yoo & Rho, 2020, 2021).[1] 제10장부터 제13장의 모형적합 과정은 다음과 같다.

1. 7:3의 비율로 훈련자료와 시험자료를 무선분할한다.
2. 훈련자료에 대하여 10-fold CV로 모형을 적합하고 시험자료로 예측오차를 구한다.
3. 1과 2를 100번 반복한 후 그 결과를 종합한다.

제10장부터 제13장은 기법 간 비교가 가능하도록 같은 예시 자료를 분석하였다. 연속형 자료의 경우 제9장의 k-NN 대체 자료인 prdata1.kNN.csv를, 범주형 자료의 경우 binomdata.csv를 활용하였다.

1) 이렇게 자료를 무선분할하여 k-fold CV를 반복하는 것을 딥러닝(deep learning)에서는 shuffled k-fold CV라고 부른다.

1) 연속형 변수

벌점회귀모형인 ridge, Enet 모형을 적합하려면 [R 12.1]과 [R 12.2]의 LASSO 모형 적합 방식과 동일한 절차로 진행하되 cv.glmnet( )과 glmnet( ) 함수의 α 인자를 각 모형에 맞는 값으로 선택하면 된다. −net으로 끝나는 모형은 ridge의 L2−norm 벌점이 혼합되므로 조율모수 α가 보통 0.5로 설정된다는 점을 기억하면 편리하다. 참고로 cv.glmnet( )과 glmnet( )의 디폴트 α 값은 1이다.

[R 13.1] [R 13.2]는 ridge, Enet 모형을 적합하는 예시다. ridge의 경우 α 값을 0으로, Enet의 α를 0.5로 설정하였다. 조율모수 [R 13.1]에서 cv.glmnet( )으로 최적의 벌점모수 값을 구하였고, [R 13.2]에서 [R 13.1]의 벌점모수 값으로 모형을 적합하였다.

[R 13.1] ridge, Enet 교차타당화 객체 생성: 연속형 변수

〈R 명령문과 결과〉

〈R code〉

```
library(glmnet)

prdata1.kNN<- read.csv("prdata1.kNN.csv")

train = matrix(NA, round(2000*0.7), 100)
for(r in 1:100){
  set.seed(r)
  train[,r] <- sort(sample(1:2000, round(2000*0.7), replace = F))
}

prdata1.kNN <- apply(prdata1.kNN, 2, as.numeric)
str(prdata1.kNN)

# ridge
CV.ridge <- list( )
```

```
for(r in 1:100){
  start_time <- Sys.time( )
  set.seed(r)
  CV.ridge[[r]] <- cv.glmnet(x=prdata1.kNN[train[,r], 3:23], y=prdata1.kNN[train[,r], 2],
                              nfolds = 10, alpha = 0)
  end_time <- Sys.time( )

  print(r)
  print(end_time - start_time)
}

# Enet
CV.Enet <- list( )

for(r in 1:100){
  start_time <- Sys.time( )
  set.seed(r)
  CV.Enet[[r]] <- cv.glmnet(x=prdata1.kNN[train[,r], 3:23], y=prdata1.kNN[train[,r], 2],
                             nfolds = 10, alpha = 0.5)
  end_time <- Sys.time( )

  print(r)
  print(end_time - start_time)
}
```

[R 13.2] ridge, Enet 모형 객체 생성: 연속형 변수

〈R 명령문〉

〈R code〉

```
# ridge
MOD.ridge <- list( )

for(r in 1:100){
  start_time <- Sys.time( )
  MOD.ridge[[r]] <- glmnet(x=(prdata1.kNN[train[,r], 3:23], y=prdata1.kNN[train[,r], 2],
                                alpha = 0, lambda = CV.ridge[[r]]$lambda.min)
  end_time <- Sys.time( )

  print(r)
  print(end_time - start_time)
}

# Enet
MOD.Enet <- list( )

for(r in 1:100){
  start_time <- Sys.time( )
  MOD.Enet[[r]] <- glmnet(x=prdata1.kNN[train[,r], 3:23], y=prdata1.kNN[train[,r], 2],
                                alpha = 0.5, lambda = CV.Enet[[r]]$lambda.min)
  end_time <- Sys.time( )

  print(r)
  print(end_time - start_time)
}
```

모형적합을 완료했다면 변수 선택 결과를 확인하고 모형의 예측력을 평가해야 한다. 변수의 선택 여부는 각 모형의 계수 추정 결과를 통해 알 수 있다. 계수가 0으로 추정된 경우 선택되지 않은 변수이며 0이 아닌 경우 선택된 변수다. 총 100회차의 적합에서 어떤 변수가 몇 번 선택되었는지 알아보려면 모든 적합 결과를 한 객체에 담아 확인하는 것이 좋다.

[R 13.3]에서 모든 회차의 ridge, Enet 계수 추정치를 하나의 행렬 객체로 정리하였다. 회차를 행에, 변수를 열에 대응시키기 위하여 100*21 크기의 빈 행렬을 생성한다. 행렬의 열 길이는 독립변수의 수와 같다. 이번에도 for 반복문을 활용하여 행렬의 각 행에 각 회차의 계수 추정치를 입력하여 각 회차의 계수 추정치를 옮겨 담은 후 행렬의 열과 행 이름을 입력한다. 행 이름으로 회차를 나타내도록 1부터 100의 값이 입력되었고 열 이름으로 변수를 나타내도록 독립변수의 열 이름을 그대로 옮겼다. str( ) 함수를 활용해 출력 결과를 확인하면 100행×21열의 객체가 구성되었음을 알 수 있다.

[R 13.3] ridge, Enet 계수 추정치 모으기: 연속형 변수

〈R 명령문〉

〈R code〉

```
# ridge
Beta.ridge <- matrix(NA, 100, ncol(prdata1.kNN[,3:23]))

for(r in 1:100){
  Beta.ridge[r,] <- MOD.ridge[[r]]$beta[,1]
}

colnames(Beta.ridge) <- colnames(prdata1.kNN[,3:23])
rownames(Beta.ridge) <- 1:100

# Enet
Beta.Enet <- matrix(NA, 100, ncol(prdata1.kNN[,3:23]))

for(r in 1:100){
  Beta.Enet[r,] <- MOD.Enet[[r]]$beta[,1]
}

colnames(Beta.Enet) <- colnames(prdata1.kNN[,3:23])
rownames(Beta.Enet) <- 1:100
```

[R 13.3]에서 생성한 Beta.ridge, Beta.Enet 객체로 selection counts 결과 및 추정치의 기술통계 등을 확인해야 한다. 행 길이가 독립변수의 수이며 열 길이가 8인 빈(blank) 행렬을 구성한다([R 13.4]). 이때 8은 결과를 제시할 지표가 8개(#, Min, Q1, Med, Q3, Max, Mean, SD)이기 때문이다. 행 이름으로 독립변수명, 그리고 열 이름으로 8개 지표명을 부여하였다. 이제 각 열에 각 지표를 계산하여 기입하면 된다.

첫 번째로 selection counts 결과는 Beta.ridge 객체의 각 열(변수) 중 그 값이 0이 아닌 셀의 수를 세면 된다. 각 값을 부호에 따라 −1, 0, 1로 변환하는 sign( ) 함수와 절댓값을 반환하는 abs( ) 함수를 활용하면, 계수가 0으로 추정된 칸은 0을 그리고 선택된 계수는 1을 출력하게 된다. 이 상태에서 열의 합을 계산해 주는 colSums( ) 함수를 활용하면 선택된 변수의 수를 셀 수 있다. 이 작업을 각 변수에서 for 반복문을 활용해 반복한다.

두 번째로 Quantile(사분위수), Mean(평균), SD(표준편차)를 계산하기 위하여 각각 quantile( ), mean( ), sd( ) 함수를 활용한다. 이때, 각 지표를 계산하기 위해서는 선택된 회차의 값만을 계산에 활용해야 하므로, 인덱스를 활용해 Beta.ridge의 각 변수에서 행의 값이 0이 아닌(!= 0) 셀만으로 제한한다. 각 지표의 계산 시 종종 NA 혹은 Nan과 같은 특수자료형이 발생하는데, 이는 한 번도 선택되지 않았거나 한 번만 선택된 변수에 대하여 quantile( ), sd( ) 값을 구할 수 없으므로 발생하는 오류다. 분석결과를 Excel 등에서 관리하기 편리하도록 하려면 NA, Nan 등의 값을 0으로 변환하여 결과를 정리할 수 있다. 0번 또는 1번만 선택된 변수는 사분위수나 표준편차를 해석하지 않으며, NA나 Nan을 그대로 쓸 경우 수치가 아니라 문자 또는 다른 포맷으로 읽는 경우가 있기 때문이다.

이제 Selection.ridge 객체를 출력하면 된다. 소수점 자리가 너무 많을 경우 가독성이 떨어지므로 round( ) 함수로 적절히 소수점을 처리하여 [R 13.4]와 같은 결과를 얻는다. 변수의 수가 더 많다면 order( ) 함수를 활용하여 내림차순으로 정렬할 수 있다.

[R 13.4] ridge Selection Counts 결과 및 추정치 통계량: 연속형 변수

〈R 명령문과 결과〉

〈R code〉

```
Selection.ridge = matrix(NA, ncol(prdata1.kNN[,3:23]), 8)
rownames(Selection.ridge) <- colnames(prdata1.kNN[,3:23])
colnames(Selection.ridge) <- c("#", "Min", "Q1", "Med", "Q3", "Max", "Mean", "SD")

# Selection Counts
Selection.ridge[,1] <- colSums(abs(sign(Beta.ridge)))
# Quantile
for(p in 1:ncol(prdata1.kNN[,3:23])){
  Selection.ridge[p,2:6] <- quantile(Beta.ridge[Beta.ridge[,p] != 0, p])
}
# Mean
for(p in 1:ncol(prdata1.kNN[,3:23])){
  Selection.ridge[p,7] <- mean(Beta.ridge[Beta.ridge[,p] != 0, p])
}
# SD
for(p in 1:ncol(prdata1.kNN[,3:23])){
  Selection.ridge[p,8] <- sd(Beta.ridge[Beta.ridge[,p] != 0, p])
}
Selection.ridge[is.na(Selection.ridge)] <- 0
Selection.ridge[is.nan(Selection.ridge)] <- 0
round(Selection.ridge, 3)
```

〈R 결과〉

```
> round(Selection.ridge, 3)
         #    Min     Q1    Med     Q3   Max   Mean    SD
Gender 100  0.308  0.364  0.387  0.407 0.448  0.384 0.029
L11    100  0.397  0.432  0.443  0.453 0.476  0.443 0.016
L12    100  0.419  0.438  0.450  0.458 0.485  0.449 0.016
L13    100  0.001  0.048  0.055  0.068 0.095  0.057 0.017
L14    100 -0.034 -0.010  0.002  0.013 0.042  0.003 0.016
L15    100 -0.061 -0.015 -0.005  0.004 0.050 -0.005 0.019
L21    100  0.427  0.454  0.463  0.472 0.490  0.462 0.013
L22    100  0.399  0.440  0.449  0.459 0.496  0.450 0.016
L23    100 -0.001  0.022  0.033  0.041 0.059  0.033 0.013
L24    100 -0.013  0.016  0.022  0.032 0.063  0.023 0.014
L25    100 -0.051 -0.017 -0.004  0.008 0.045 -0.006 0.020
B01    100  0.326  0.385  0.401  0.428 0.479  0.404 0.032
B02    100 -0.050  0.045  0.065  0.083 0.156  0.065 0.034
B03    100 -0.088 -0.034 -0.007  0.009 0.074 -0.010 0.032
B04    100 -0.124 -0.064 -0.037 -0.023 0.058 -0.042 0.035
B05    100 -0.066 -0.035 -0.003  0.023 0.084 -0.003 0.037
R01    100  0.440  0.453  0.457  0.460 0.468  0.456 0.005
R02    100 -0.002  0.003  0.005  0.008 0.016  0.006 0.004
R03    100  0.015  0.022  0.025  0.030 0.041  0.025 0.005
R04    100 -0.005  0.001  0.006  0.010 0.019  0.006 0.005
```

selection counts 결과, 모든 설명변수가 100회의 ridge 모형에서 100회 모두 선택되었음을 알 수 있다([R 13.4]). 이는 ridge가 회귀계수를 0으로 축소하지 않기 때문이다. 반면, 같은 과정을 반복한 Enet에서는 변수 선택이 이루어졌음을 확인할 수 있다([R 13.5]). LASSO에서와 마찬가지로 100회 선택한 변수들은 R03 변수를 제외하면 다른 변수들에 비하여 계수 추정치 절대값이 비교적 크다는 특징이 있었다. Enet의 selection counts 결과는 LASSO 결과와 크게 다르지 않았다. 사회과학 대용량 자료분석에서 selection counts 적용 후 LASSO와 Enet의 변수 선택 결과가 비슷했다는 Yoo와 Rho(2021)의 모의실험 연구와 일관되는 결과라 하겠다.

[R 13.5] Enet Selection Counts 결과 및 추정치 통계량: 연속형 변수

〈R 명령문과 결과〉

〈R code〉

```
Selection.Enet = matrix(NA, ncol(prdata1.kNN[,3:23]), 8)
rownames(Selection.Enet) <- colnames(prdata1.kNN[,3:23])
colnames(Selection.Enet) <- c("#", "Min", "Q1", "Med", "Q3", "Max", "Mean", "SD")

# Selection Counts
Selection.Enet[,1] <- colSums(abs(sign(Beta.Enet)))
# Quantile
for(p in 1:ncol(prdata1.kNN[,3:23])){
  Selection.Enet[p,2:6] <- quantile(Beta.Enet[Beta.Enet[,p] != 0, p])
}
# Mean
for(p in 1:ncol(prdata1.kNN[,3:23])){
  Selection.Enet[p,7] <- mean(Beta.Enet[Beta.Enet[,p] != 0, p])
}
# SD
for(p in 1:ncol(prdata1.kNN[,3:23])){
  Selection.Enet[p,8] <- sd(Beta.Enet[Beta.Enet[,p] != 0, p])
}
Selection.Enet[is.na(Selection.Enet)] <- 0
Selection.Enet[is.nan(Selection.Enet)] <- 0
round(Selection.Enet, 3)
```

〈R 결과〉

```
> round(Selection.Enet, 3)
         #    Min     Q1    Med     Q3   Max   Mean    SD
Gender 100  0.296  0.363  0.385  0.409 0.481  0.383 0.032
L11    100  0.404  0.448  0.457  0.471 0.509  0.460 0.018
L12    100  0.434  0.457  0.470  0.482 0.508  0.469 0.018
L13     93  0.001  0.016  0.029  0.037 0.074  0.029 0.016
L14     24 -0.039 -0.015 -0.004  0.002 0.020 -0.007 0.014
L15     35 -0.065 -0.031 -0.018 -0.003 0.023 -0.017 0.020
L21    100  0.452  0.482  0.491  0.499 0.518  0.490 0.013
L22    100  0.422  0.463  0.473  0.484 0.519  0.475 0.017
L23     83  0.000  0.011  0.018  0.025 0.042  0.018 0.011
L24     45 -0.022  0.004  0.012  0.019 0.046  0.012 0.013
L25     32 -0.062 -0.030 -0.018 -0.009 0.022 -0.020 0.019
B01    100  0.309  0.373  0.391  0.418 0.475  0.393 0.034
B02     69 -0.005  0.017  0.029  0.050 0.117  0.037 0.027
B03     28 -0.057 -0.012  0.001  0.011 0.074 -0.002 0.028
B04     36 -0.100 -0.052 -0.034 -0.019 0.029 -0.036 0.031
B05     35 -0.044 -0.019 -0.001  0.017 0.061 -0.003 0.026
R01    100  0.473  0.483  0.487  0.493 0.507  0.488 0.007
R02     53 -0.012 -0.007 -0.005 -0.002 0.002 -0.005 0.003
R03    100  0.008  0.016  0.020  0.025 0.033  0.020 0.006
R04     44 -0.001  0.001  0.004  0.007 0.018  0.005 0.005
R05     33 -0.015 -0.005 -0.001  0.000 0.008 -0.002 0.005
```

이제 시험자료로 모형의 예측력을 평가한다. 제12장의 LASSO 예시에서와 마찬가지로 연속형 반응변수는 RMSE(Root Mean Squared Error)를, 이분형 반응변수는 예측 정확도(accuracy), kappa, AUC(Area Under the ROC Curve)로 예측력을 제시하겠다. [R 13.6]은 연속형 반응변수를 활용한 ridge와 Enet 모형에서 RMSE를 계산하는 방법을 크게 두 단계로 제시한다. 첫 번째 단계는 훈련자료로 적합한 각 모형을 시험자료에 적용하여 예측값($\hat{Y}$)[2]을 얻는 단계다. 이때 predict( ) 함수를 활용하여 예측값을 구한다. predict( ) 함수의 첫 번째 입력값은 모형이고, 두 번째 입력값인 newx는 예측값을 계산할 자료다. 이 예시에서는 시험자료에서의 예측값을 구하기 위하여 훈련자료를 제외하도록 −train을 입력하였다. 또한, 설명변수만을 활용하도록 3:23 열을 지정하였다. 주의할 점으로, predict( ) 함수의 두 번째 입력값은 행렬 형태가 되어야 한다. predict( ) 함수의 계산 과정에서 행렬곱(R의 %*% 연산)을 활용하는데, 행렬곱은 행렬 객체에서만 올바르게 작동하기 때문이다. 객체의 자료형을 알려 주는 class( ) 함수를 실행하면 prdata1.kNN이 이미 행렬 객체임을 알 수 있다. predict( ) 함수의 type

2) 예측값은 모형적합에 활용하지 않았던 시험자료의 각 설명변수에 훈련자료에서 얻은 모형의 계수 추정치를 곱한 뒤 더해 계산된다.

인자는 반응변수의 척도 유형에 따라 달라진다. 연속형 반응변수에서 예측값을 계산하려면 type 인자에 response를 입력하면 된다. 지금까지는 예측값을 구하고 저장하는 단계였다.

다음 단계에서 RMSE를 계산한다. RMSE는 계산식이 간단하므로 직접 수식을 입력해도 되는데 caret 패키지의 RMSE( ) 함수를 활용하면 더 편리하다. caret 패키지를 불러온 뒤 각 회차의 RMSE를 벡터 객체인 RMSE.ridge와 RMSE.Enet에 순차적으로 저장한다. RMSE( ) 함수의 첫 번째 입력값은 예측값, 두 번째 입력값은 관측치다. 이때 관측치는 시험자료에서의 반응변수 값이므로 prdata1.kNN 객체에서 훈련자료 행을 제외한(−train) 첫 번째 열(2)로 지정하면 된다. 총 100개의 RMSE 값을 모두 저장하고 난 후, summary( ) 함수 또는 sd( ) 함수 등을 활용하여 100개의 ridge와 Enet 모형에서 계산된 RMSE의 기술통계를 살펴볼 수 있다. 이 예시에서 ridge의 RMSE 평균은 약 1.029, 표준편차는 약 0.030, Enet의 RMSE 평균과 표준편차는 각각 1.017, 0.028였다([R 13.6]). 제12장의 LASSO의 RMSE 평균이 약 1.017, 표준편차가 약 0.028이었던 점을 감안하면, ridge, LASSO, Enet 모형의 RMSE는 95% 신뢰구간이 서로 겹친다. 즉, 예측력에 있어 모형 간 차이는 미미하였다.

[R 13.6] ridge, Enet 연속형 반응변수 모형 예측력(RMSE): 연속형 변수

〈R 명령문과 결과〉

〈R 결과〉

```
> class(prdata1.kNN)
[1] "matrix"

# ridge
> summary(RMSE.ridge)
   Min.  1st Qu.  Median    Mean  3rd Qu.    Max.
 0.9428   1.0092   1.0309  1.0291   1.0499  1.0913

> sd(RMSE.ridge)
[1] 0.02951334

# Enet
> summary(RMSE.Enet)
   Min.  1st Qu.  Median    Mean  3rd Qu.    Max.
 0.9297   0.9990   1.0177  1.0174   1.0373  1.0799

> sd(RMSE.Enet)
[1] 0.0283624
```

2) 범주형 변수

범주형 반응변수로 ridge와 Enet 벌점회귀모형을 적합하는 예시를 제시하기 위하여 binomdata를 불러온다. 연속형 변수와 마찬가지로 glmnet 패키지의 cv.glmnet( ) 함수로 교차타당화를 실시한다([R 13.7]). 이분형 반응변수이므로 cv.glmnet( ) 함수의 family 인자를 binomial로 입력한 것을 제외하면 연속형 변수의 예시와 동일하다.

[R 13.7] ridge, Enet 교차타당화 객체 생성: 이분형 변수

〈R 명령문〉

〈R code〉

```
# ridge
CV.ridge <- list( )

for(r in 1:100){
  start_time <- Sys.time( )
  set.seed(r)
  CV.ridge[[r]] <- cv.glmnet(x=as.matrix(binomdata[train[,r], 3:18]),
                             y=binomdata[train[,r], 2],
                             nfolds = 10, alpha = 0, family = "binomial")
  end_time <- Sys.time( )

  print(r)
  print(end_time - start_time)
}

# Enet
CV.Enet <- list( )

for(r in 1:100){
  start_time <- Sys.time( )
  set.seed(r)
  CV.Enet[[r]] <- cv.glmnet(x=as.matrix(binomdata[train[,r], 3:18]),
                            y=binomdata[train[,r], 2],
                            nfolds = 10, alpha = 0.5, family = "binomial")
  end_time <- Sys.time( )

  print(r)
  print(end_time - start_time)
}
```

[R 13.7]에서 구한 최적의 벌점모수로 ridge와 Enet 모형을 적합하는 코드를 [R 13.8]에 제시하였다.

[R 13.8] ridge, Enet 모형 객체 생성: 이분형 변수

〈R 명령문〉

〈R code〉

```
# ridge
MOD.ridge <- list( )

for(r in 1:100){
  start_time <- Sys.time( )
  MOD.ridge[[r]] <- glmnet(x=as.matrix(binomdata[train[,r], 3:18]),
                           y=binomdata[train[,r], 2],
                           alpha = 0, lambda = CV.ridge[[r]]$lambda.min,
                           family = "binomial")
                           end_time <- Sys.time( )

                           print(r)
                           print(end_time - start_time)
}

# Enet
MOD.Enet <- list( )

for(r in 1:100){
  start_time <- Sys.time( )
  MOD.Enet[[r]] <- glmnet(x=as.matrix(binomdata[train[,r], 3:18]),
                          y=binomdata[train[,r], 2],
                          alpha = 0.5, lambda = CV.Enet[[r]]$lambda.min,
                          family = "binomial")
  end_time <- Sys.time( )

  print(r)
  print(end_time - start_time)
}
```

이제 Beta.ridge, Beta.Enet 객체를 조작하여 selection counts 결과 및 추정치의 기술통계 등을 확인할 수 있다. 행 길이가 독립변수의 수이며 열 길이가 8인 빈(blank) 행렬을 구성한다. 연속형 변수 예시와 마찬가지로 ridge는 어떤 변수도 0으로 계수를 축소하지 않았고([R 13.9]), Enet 결과 B01, B02, L11, L12, L21, R01 변수가 100회의 모형적합에서 100회 모두 선택되었다([R 13.10]).

[R 13.9] ridge Selection Counts 결과 및 추정치 통계량: 이분형 변수

〈R 명령문과 결과〉

〈R code〉

```
Selection.ridge = matrix(NA, ncol(binomdata[,3:18]), 8)
rownames(Selection.ridge) <- colnames(binomdata[,3:18])
colnames(Selection.ridge) <- c("#", "Min", "Q1", "Med", "Q3", "Max", "Mean", "SD")

# Selection Counts
Selection.ridge[,1] <- colSums(abs(sign(Beta.ridge)))
# Quantile
for(p in 1:ncol(binomdata[,3:18])){
  Selection.ridge[p,2:6] <- quantile(Beta.ridge[Beta.ridge[,p] != 0, p])
}
# Mean
for(p in 1:ncol(binomdata[,3:18])){
  Selection.ridge[p,7] <- mean(Beta.ridge[Beta.ridge[,p] != 0, p])
}
# SD
for(p in 1:ncol(binomdata[,3:18])){
  Selection.ridge[p,8] <- sd(Beta.ridge[Beta.ridge[,p] != 0, p])
}
Selection.ridge[is.na(Selection.ridge)] <- 0
Selection.ridge[is.nan(Selection.ridge)] <- 0
round(Selection.ridge, 3)
```

〈R 결과〉

```
> round(Selection.ridge, 3)
      #    Min     Q1    Med     Q3    Max   Mean    SD
B01 100  2.573  2.861  2.927  3.024  3.296  2.936 0.113
B02 100 -0.591 -0.358 -0.313 -0.265 -0.147 -0.315 0.069
B03 100 -0.089  0.095  0.135  0.180  0.284  0.132 0.069
B04 100 -0.239 -0.098 -0.046  0.008  0.155 -0.049 0.080
L11 100  1.018  1.113  1.147  1.183  1.313  1.150 0.056
L12 100  0.920  1.020  1.053  1.101  1.218  1.055 0.064
L13 100 -0.092 -0.009  0.022  0.052  0.158  0.023 0.051
L14 100 -0.088 -0.021  0.015  0.052  0.160  0.015 0.051
L21 100  0.997  1.058  1.102  1.140  1.231  1.102 0.057
L22 100 -0.068  0.002  0.033  0.064  0.171  0.036 0.050
L23 100 -0.073  0.023  0.051  0.083  0.195  0.053 0.052
L24 100 -0.134 -0.042 -0.012  0.037  0.140 -0.007 0.059
R01 100  0.221  0.273  0.291  0.310  0.368  0.292 0.027
R02 100 -0.117 -0.075 -0.056 -0.037  0.017 -0.057 0.028
R03 100 -0.046 -0.003  0.018  0.032  0.087  0.016 0.027
R04 100 -0.052  0.015  0.036  0.054  0.092  0.034 0.029
```

[R 13.10] Enet Selection Counts 결과 및 추정치 통계량: 이분형 변수

〈R 명령문과 결과〉

〈R code〉

```
Selection.Enet = matrix(NA, ncol(binomdata[,3:18]), 8)
rownames(Selection.Enet) <- colnames(binomdata[,3:18])
colnames(Selection.Enet) <- c("#", "Min", "Q1", "Med", "Q3", "Max", "Mean", "SD")

# Selection Counts
Selection.Enet[,1] <- colSums(abs(sign(Beta.Enet)))
# Quantile
for(p in 1:ncol(binomdata[,3:18])){
  Selection.Enet[p,2:6] <- quantile(Beta.Enet[Beta.Enet[,p] != 0, p])
}
# Mean
for(p in 1:ncol(binomdata[,3:18])){
  Selection.Enet[p,7] <- mean(Beta.Enet[Beta.Enet[,p] != 0, p])
}
# SD
for(p in 1:ncol(binomdata[,3:18])){
  Selection.Enet[p,8] <- sd(Beta.Enet[Beta.Enet[,p] != 0, p])
}
Selection.Enet[is.na(Selection.Enet)] <- 0
Selection.Enet[is.nan(Selection.Enet)] <- 0
round(Selection.Enet, 3)
```

〈R 결과〉

```
> round(Selection.Enet, 3)
      #    Min     Q1    Med     Q3    Max   Mean    SD
B01 100  2.510  2.865  2.926  3.013  3.254  2.937 0.121
B02 100 -0.571 -0.327 -0.273 -0.227 -0.113 -0.280 0.073
B03  93 -0.052  0.061  0.100  0.147  0.263  0.104 0.059
B04  70 -0.225 -0.093 -0.037 -0.005  0.112 -0.052 0.070
L11 100  0.988  1.110  1.143  1.180  1.337  1.145 0.056
L12 100  0.918  1.011  1.055  1.100  1.194  1.050 0.065
L13  60 -0.079  0.006  0.020  0.057  0.128  0.027 0.044
L14  62 -0.066 -0.008  0.021  0.042  0.130  0.019 0.043
L21 100  0.969  1.058  1.091  1.148  1.226  1.101 0.061
L22  70 -0.049  0.009  0.030  0.062  0.149  0.036 0.042
L23  77 -0.052  0.014  0.047  0.070  0.181  0.048 0.044
L24  65 -0.104 -0.040 -0.002  0.030  0.124 -0.004 0.053
R01 100  0.210  0.265  0.280  0.302  0.367  0.284 0.028
R02  90 -0.104 -0.065 -0.044 -0.029  0.008 -0.046 0.025
R03  76 -0.033  0.001  0.012  0.027  0.080  0.016 0.022
R04  80 -0.036  0.016  0.033  0.045  0.084  0.031 0.023
```

ridge와 Enet 모형의 예측력을 평가하는 방법을 각각 [R 13.11]과 [R 13.12]에 제시하였다. 모형의 예측력은 전체 자료 중 훈련자료 70%를 분리하고 남은 30%의 시험자료로 구한다. 구체적으로 caret 패키지의 confusionMatrix( ) 함수를 활용하여 다양한 모형 예측력을 계산하였다.

[R 13.11] ridge 모형 예측력: 이분형 변수

〈R 명령문과 결과〉

〈R code〉

```
library(caret)

table.ridge <- list( )
for(r in 1:100){
  table.ridge[[r]] <- confusionMatrix(as.factor(predict(MOD.ridge[[r]],
                                newx = as.matrix(binomdata[-train[,r], 3:18]),
                                type = "class")),
                        as.factor(binomdata[-train[,r], 2]))
}

table.ridge[[1]]$overall[1:2]
table.ridge[[1]]$byClass[1:2]
```

〈R 결과〉

```
> table.ridge[[1]]$overall[1:2]
 Accuracy      Kappa
0.8216667  0.6379835

> table.ridge[[1]]$byClass[1:2]
 Sensitivity  Specificity
 0.7924528   0.8447761
```

[R 13.12] Enet 모형 예측력: 이분형 변수

〈R 명령문과 결과〉

〈R code〉

```
library(caret)

table.Enet <- list( )
for(r in 1:100){
  table.Enet[[r]] <- confusionMatrix(as.factor(predict(MOD.Enet[[r]],
                                      newx = as.matrix(binomdata[-train[,r], 3:18]),
                                      type = "class")),
                                      as.factor(binomdata[-train[,r], 2]))
}

table.Enet[[1]]$overall[1:2]
table.Enet[[1]]$byClass[1:2]
```

〈R 결과〉

```
> table.Enet[[1]]$overall[1:2]
 Accuracy     Kappa
0.8250000  0.6444695

> table.Enet[[1]]$byClass[1:2]
 Sensitivity  Specificity
 0.7924528  0.8507463
```

[R 13.13]과 [R 13.14]에서 각각 ridge와 Enet에 대하여 예측 측도를 하나의 객체로 정리하였다. 측도를 열로 저장했기 때문에 열 혹은 행마다 함수를 반복적으로 적용해 주는 apply( ) 함수를 활용해 요약치를 쉽게 구할 수 있다. 예측 정확도를 바탕으로 해석하면, ridge 모형은 평균적으로 80%의 새로운 사례를 정확하게 분류한다. kappa 평균이 약 0.596으로 Landis와 Koch(1977)의 기준에 따르면, 중간(moderate)값이다. Enet 모형의 kappa 평균이 약 0.597으로, ridge와 차이가 거의 없었다. 제12장의 LASSO 모형의 예측력과 크게 다르지 않았다.

[R 13.13] ridge 모형 예측력 요약: 이분형 변수

〈R 명령문과 결과〉

〈R code〉

```
ACC.ridge <- matrix(NA, 100, 4)
colnames(ACC.ridge) <- c("acc", "kappa", "sens", "spec")
ACC.ridge <- as.data.frame(ACC.ridge)

for(r in 1:100){
  ACC.ridge$acc[r] <- table.ridge[[r]]$overall[1]
  ACC.ridge$kappa[r] <- table.ridge[[r]]$overall[2]
  ACC.ridge$sens[r] <- table.ridge[[r]]$byClass[1]
  ACC.ridge$spec[r] <- table.ridge[[r]]$byClass[2]
}
apply(ACC.ridge, 2, sd)
apply(ACC.ridge, 2, summary)
```

〈R 결과〉

```
> apply(ACC.ridge, 2, sd)
       acc      kappa       sens       spec
0.01390818 0.02857522 0.02605989 0.01953703
> apply(ACC.ridge, 2, summary)
              acc     kappa      sens      spec
Min.    0.7750000 0.5309351 0.6828358 0.7876106
1st Qu. 0.7950000 0.5767716 0.7304800 0.8287099
Median  0.8033333 0.5960030 0.7485371 0.8456015
Mean    0.8038833 0.5960491 0.7485629 0.8448576
3rd Qu. 0.8150000 0.6176186 0.7658661 0.8573587
Max.    0.8383333 0.6668956 0.8057851 0.8892216
```

[R 13.14] Enet 모형 예측력 요약: 이분형 변수

〈R 명령문과 결과〉

〈R code〉

```
ACC.Enet <- matrix(NA, 100, 4)
colnames(ACC.Enet) <- c("acc", "kappa", "sens", "spec")
ACC.Enet <- as.data.frame(ACC.Enet)

for(r in 1:100){
  ACC.Enet$acc[r] <- table.Enet[[r]]$overall[1]
  ACC.Enet$kappa[r] <- table.Enet[[r]]$overall[2]
  ACC.Enet$sens[r] <- table.Enet[[r]]$byClass[1]
  ACC.Enet$spec[r] <- table.Enet[[r]]$byClass[2]
}
apply(ACC.Enet, 2, sd)
apply(ACC.Enet, 2, summary)
```

〈R 결과〉

```
> apply(ACC.Enet, 2, sd)
       acc      kappa       sens       spec
0.01425055 0.02942719 0.02738894 0.01927389
> apply(ACC.Enet, 2, summary)
              acc     kappa      sens      spec
Min.    0.7716667 0.5341087 0.6776557 0.7905605
1st Qu. 0.7945833 0.5774894 0.7303658 0.8312829
Median  0.8033333 0.5935798 0.7494770 0.8484896
Mean    0.8046167 0.5974061 0.7481275 0.8464452
3rd Qu. 0.8166667 0.6182979 0.7680608 0.8605995
Max.    0.8400000 0.6694215 0.8041667 0.8922156
```

마지막으로 AUC를 얻기 위하여 ROCR 패키지를 활용하였다([R 13.15]). ROCR 패키지는 prediction( ) 함수를 활용하여 별도의 Confusion matrix를 구성하고 performance( ) 함수로 AUC를 계산한다. prediction( ) 함수는 caret의 confusionMatrix( ) 함수와 유사하게 첫 번째 입력값으로 모형의 분류 예측을, 두 번째 입력값으로 실제 범주를 입력받는다. summary( )와 sd( )로 AUC의 기술통계를 계산하면 [R 13.15]와 같다. AUC 역시 LASSO, ridge, Enet 모형 간 차이가 미미하였다.

[R 13.15] ridge, Enet 이분형 반응변수 모형 예측력(AUC)

〈R 명령문과 결과〉

〈R code〉

```
library(ROCR)

AUC.ridge <- c( )
for(r in 1:100){
  pred <- prediction(as.numeric(predict(MOD.ridge[[r]],
                     newx = as.matrix(binomdata[-train[,r], 3:18]), type = "class")),
                     binomdata[-train[,r], 2])
  AUC.ridge[r] <- performance(pred, measure = "auc")@y.values[[1]]
}

summary(AUC.ridge)
sd(AUC.ridge)


AUC.Enet <- c( )
for(r in 1:100){
  pred <- prediction(as.numeric(predict(MOD.Enet[[r]],
                     newx = as.matrix(binomdata[-train[,r], 3:18]), type = "class")),
                     binomdata[-train[,r], 2])
  AUC.Enet[r] <- performance(pred, measure = "auc")@y.values[[1]]
}

summary(AUC.Enet)
sd(AUC.Enet)
```

〈R 결과〉

```
> summary(AUC.ridge)
  Min.  1st Qu.  Median   Mean  3rd Qu.   Max.
 0.7649  0.7876  0.7969  0.7967  0.8074  0.8322
> sd(AUC.ridge)
[1] 0.01432459

> summary(AUC.Enet)
  Min.  1st Qu.  Median   Mean  3rd Qu.   Max.
 0.7639  0.7875  0.7964  0.7973  0.8084  0.8325
> sd(AUC.Enet)
[1] 0.01484975
```

3) 모형 간 예측력 비교

제10장부터 제13장에 걸쳐 같은 예시 자료를 훈련자료와 시험자료로 100번 무선 분할하여 훈련자료로 교차타당화를 실행하고 시험자료로 예측모형을 평가하는 것을 반복하였다. 그 결과를 연속형 변수의 경우 RMSE, 범주형 변수의 경우 예측정확도로 정리하였다. 구체적으로 RMSE와 예측 정확도의 평균(Mean), 표준편차(SD), 그리고 95% 신뢰구간의 하한계와 상한계를 제시하였다. RMSE 값은 작을수록 좋고 예측 정확도 값은 클수록 좋다.

연속형 변수의 경우 나무모형의 예측력이 가장 나빴고, 다음이 랜덤포레스트 순이었다. 벌점회귀모형의 예측력이 가장 좋았다. 〈표 13.1〉에서 LASSO, ridge, Enet 벌점회귀모형의 RMSE 신뢰구간이 나무모형 및 랜덤포레스트와 겹치지 않으면서 더 작다는 것을 확인할 수 있다. 다시 말해, 95% 신뢰수준에서 벌점회귀모형의 예측력이 나무모형과 랜덤포레스트의 예측력보다 더 높았다. 예측력이 높기로 유명한 랜덤포레스트보다 벌점회귀모형의 예측력이 더 높았다는 점을 특기할 만하다. 이는 사회과학 대용량 자료를 분석한 Yoo와 Rho(2021)와 일치하는 결과다. 그러나 벌점회귀모형 간 차이는 통계적으로 유의하지 않았다. 벌점회귀모형 간 신뢰구간은 서로 중복되었다.

〈표 13.1〉 연속형 변수의 모형 예측력 비교(RMSE)

	Mean(SD)	신뢰구간의 하한계	신뢰구간의 상한계
tree(제10장)	1.530(0.044)	1.444	1.616
RF(제11장)	1.194(0.036)	1.123	1.265
LASSO(제12장)	1,017(0.028)	0.962	1.072
ridge(제13장)	1.029(0.030)	0.970	1.088
Enet(제13장)	1.017(0.028)	0.962	1.073

반면, 범주형 변수의 경우 제10장부터 제13장의 기법 간 예측 정확도 차이는 미미하였다(〈표 13.2〉). 예측 정확도 평균값이 벌점회귀모형, 랜덤포레스트, 나무모형 순

으로 높아 보이나, 각 기법의 95% 신뢰구간이 서로 겹치므로 이 차이는 통계적으로 유의하지 않다. 지면 관계상 여기에서는 제시하지 않았으나, 민감도, 특이도, AUC, kappa 등의 다른 예측 측도에 대해서도 같은 절차를 반복하고 그 결과를 비교할 것을 추천한다.

〈표 13.2〉 범주형 변수의 모형 예측력 비교(예측 정확도)

	Mean(SD)	신뢰구간의 하한계	신뢰구간의 상한계
tree(제10장)	0.770(0.015)	0.740	0.800
RF(제11장)	0.786(0.013)	0.760	0.812
LASSO(제12장)	0.805(0.014)	0.778	0.833
ridge(제13장)	0.804(0.014)	0.777	0.831
Enet(제13장)	0.805(0.014)	0.777	0.833

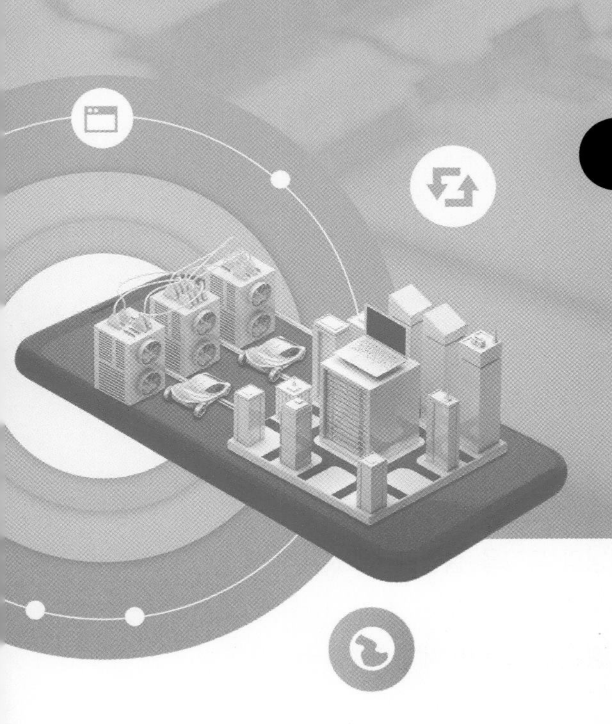

제14장

텍스트마이닝: 키워드 분석

1. 개관
2. 전처리와 형태소 분석
3. 웹크롤링과 키워드 분석
4. R 예시

<필수 용어>

비지도학습, 웹크롤링, TDM, TF, TF-IDF

<학습목표>

1. 비지도학습으로서 텍스트마이닝의 특징을 설명할 수 있다.
2. 웹크롤링 기법을 이해한다.
3. 텍스트 자료에 대하여 전처리(정규화, 불용어 제거 등)를 수행할 수 있다.
4. TDM, TF, TF-IDF의 개념을 이해하고, 키워드 분석을 수행할 수 있다.

1 개관

빅데이터 시대의 도래로 다양한 형태의 자료가 수집된다. 전통적인 분석 방식에서 쓰이는 행(row)이 관측치이고 열(column)이 변수인 정형자료(structured data)는 물론이고 이미지(image), 소리(sound), 텍스트(text)와 같은 비정형자료(unstructured data)가 점점 늘어나고 있다. 비정형자료는 자료에 대한 레이블링(labeling) 없이는, 즉 표식을 붙이지 않고서는 연구자의 관심 변수를 직접적으로 제시하지 못하기 때문에 주로 비지도학습(unsupervised learning) 기법으로 분석된다. 대표적인 비지도학습으로 군집분석(cluster analysis)이 있다. 군집분석은 기계학습뿐만 아니라 다변량통계에서도 다루는 기법이다. 연구자가 학생들의 성취도를 예측하는 모형을 만들고자 할 때, 연구자가 수집한 자료에 성취도 변수가 있다면 이 변수를 반응변수로 하는 지도학습(supervised learning) 모형을 구축할 수 있다. 그러나 성취도 변수가 없다면 연구자는 다른 변수들을 활용하여 비슷한 특성을 보이는 학생들끼리 군집을 만든 후 군집별로 어떤 특징이 있는지 비교함으로써 이를 성취도와 관련시켜 파악하려 할 수 있다. 즉, 군집분석은 비지도학습 기법이다.

텍스트마이닝(text mining) 또한 비지도학습 기법으로 분류된다. 텍스트마이닝은 단어 그대로 텍스트 자료로부터 중요한 정보를 추출하는 기법이다. 텍스트마이닝 연구의 예시를 간단히 들어 보겠다. 연구자가 온라인에서 수집한 신문 기사 및 댓글을 분석하여 어떤 사회적 이슈에 대한 사람들의 관심도를 알아보려 한다고 하자. 이때 텍스트마이닝의 키워드 분석을 활용하여 특정 단어가 텍스트에서 얼마나 자주 등장하는지, 그 단어의 문서 내 중요도가 어떠한지 등을 분석함으로써 해당 이슈에 대한 관심도를 파악할 수 있다.

컴퓨터공학에서 텍스트마이닝과 관련된 최신 기법들을 주도하고 있으며, 사회과학자들도 이에 합세하여 실제 사회과학 텍스트 자료분석에 텍스트마이닝 기법을 활용하고 있다. 즉, 텍스트마이닝은 간학문적인 발전을 이루고 있는 분야라 하겠다. 텍스트마이닝 기법이 발달하기 이전에는 이를테면 면접법으로 수집된 텍스트 자료분석은 주로 질적연구(qualitative research)에서 담당해 왔다. 질적연구에서는 인터뷰를 녹음하고 전사하여(transcribe) 텍스트 자료로 만든 후, 전사된 텍스트 자료를 코딩하

고 그 결과를 범주화한다. 이때, 질적연구 기법에 대한 노하우뿐만 아니라 연구자의 내용학적 전문성이 크게 중시되며, 통계 모형은 전혀 고려되지 않는다. 그러나 텍스트마이닝 기법의 발달로 인하여 이제 질적연구 자료인 텍스트 자료분석에 있어서도 통계 및 기계학습 모형을 적용할 수 있게 되었다. 이를테면 인류학, 사회학, 교육학, 심리학, 정치학과 같은 사회과학 분야에서 키워드 분석(keywords analysis) 및 토픽모형(topic model)과 같은 텍스트마이닝 기법을 적용하는 연구가 증가하는 추세다.

제14장과 제15장에서 텍스트마이닝을 다루겠다. 이 장에서는 웹크롤링으로 텍스트 자료를 수집한 후 정규화 및 불용어 제거와 같은 전처리 예시를 보여 주겠다. 이후 TF, TF-IDF와 같은 키워드 분석을 설명하고 그러한 기법들이 실제 텍스트 자료분석에서 어떻게 활용되는지 그 예시를 제시할 것이다. 다음 장인 제15장에서는 토픽모형을 설명할 것이다.

2 전처리와 형태소 분석

웹페이지 등으로부터 수집된 텍스트 원자료는 보통 바로 텍스트 분석을 하기에 적합하지 않다. 따라서 텍스트 자료를 분석에 적합한 상태로 만들려면 전처리가 필수적이다. 텍스트 자료 전처리에는 분석 시 불필요하다고 생각되는 불용어를 제거하는 작업과 동의어 · 유사어를 정규화하는 작업이 포함된다. 텍스트 자료 전처리 수행 시 주로 사용되는 R 패키지로 tm 패키지(Feinerer & Hornik, 2020)[1]와 stringr 패키지(Wickham, 2019)가 있다. 전처리 수행 후 형태소 분석이 수반된다.

---

1) tm 패키지의 tm은 'text mining'의 약자다.

1) 전처리: 불용어 제거

R의 tm 패키지는 연구자가 불필요하다고 생각하는 단어를 별도로 설정할 경우 해당 단어를 불용어로 처리하므로 말뭉치를 기본 단위로 하는 텍스트 자료 전처리에 적합하다. 이를테면 '학교폭력'을 키워드로 얻은 텍스트 자료분석에서 해당 단어가 모든 텍스트에 포함되기 때문에 불용어로 처리해 분석에서 제외하는 것이 좋다. 우리말에서 '그런데' '그리고' '거기' '여기'와 같이 이어 주는 말, '이' '그' '저' 등의 지시대명사처럼 분석 시 의미를 부여할 필요가 없는 단어도 일반적으로 불용어로 처리한다.

또한, tm 패키지 혹은 stringr 패키지를 활용하면 한글 텍스트 분석 시 불필요하다고 판단되는 0~9까지의 숫자, a~z까지의 대소문자 알파벳, 특수기호, 문장부호 등을 자동으로 제거할 수 있다. 그런데 이 경우 '3학년'은 '학년'으로, 'V리그'는 '리그'로 숫자나 알파벳이 삭제되며 'EBS'는 글자 자체가 아예 없어지는 문제가 발생한다. 이를 방지하려면 불용어 처리 전 연구에 중요하다고 생각되는 단어들을 한글로 변환하는 작업이 필수적이다.

2) 전처리: 정규화

전처리 일환으로 정규화(normalization) 작업도 필요하다. 텍스트마이닝에서 정규화는 단어를 통일하는 것을 뜻한다. 우리말 문서에서 통일이 필요한 경우를 다음과 같이 정리할 수 있다.

① 비슷한 뜻을 가지고 있으나 다르게 표현되는 단어
② 띄어쓰기로 인해 다른 단어로 인식되는 단어
③ 복수형 어미가 붙은 단어
④ 축약어

이를테면 '중간고사'와 '중간시험'은 뜻이 같은데도 다르게 표현되는 단어다. '교육부장관'과 '교육부 장관'은 띄어쓰기가 달라 다른 단어로 인식되므로 같은 단어로 처리하여 분석해야 한다. '학생들'과 같은 복수형 어미가 붙은 단어는 단수형('학생')으로 통일하여 취급한다. 축약어로는 '학폭'과 같은 줄임말이 있다. 마찬가지로 '학교폭력'과 '학폭'은 뜻이 같기 때문에 다른 단어로 취급되지 않도록 통일해 처리해야 한다. 정규화 작업 시 주로 활용되는 패키지는 tm 패키지다.

3) 형태소 분석

형태소(morphlogy)는 의미의 최소단위다. 즉, 더 이상 쪼개면 의미를 찾을 수 없는 가장 작은 의미 요소를 뜻한다. 형태소 분석을 한다는 것은 문장을 형태소로 바꾸는 작업을 의미한다. 형태소를 체언(명사, 대명사, 수사), 용언(형용사, 동사), 독립언(부사, 관형사, 감탄사)의 자립형태소와 조사, 어미, 접사 등의 의존형태소로 구분할 수 있다.

한국어 자연어 처리에서 형태소 분석을 위해 사용하는 R 패키지로는 KoNLP, NLP4kec, RmecabKo, RKOMORAN 등이 있다. 이 책에서는 KoNLP 패키지를 사용하였다. KoNLP는 JAVA로 작성되었으며 한나눔 형태소 분석기를 기반으로 하고 있다. 한나눔 형태소 분석기는 KAIST의 SWRC(Semantic Web Research Center)에서 제작하였다.

3 웹크롤링과 키워드 분석

1) 웹크롤링

웹크롤링(webcrawling)은 웹페이지상에 존재하는 데이터를 자동으로 탐색하면서 수집하는 것을 뜻한다. 웹에서 수집되는 데이터로 텍스트, 이미지, 동영상 등이 있고, 수집을 위해 활용되는 대표적인 프로그램으로 Python과 R이 있다. 이 책에서는 R을 활용한 예시를 제시한다. R에서 웹크롤링을 수행하기 위하여 rvest(Wickham, 2021),

httr(Wickham, 2020), stringr(Wickham, 2019) 패키지를 사용할 수 있다. 각 패키지를 간단하게 설명하겠다. rvest는 html 문서로 된 웹페이지에서 텍스트 자료 추출에 쓴다. httr은 R에서의 http[2] 요청 및 응답에 관한 작업에 사용된다. stringr 패키지는 문자열 처리에 특화된 패키지로 stringr의 줄임말인 'str_'이 함수 머리말에 등장하는 특징이 있다.

rvest에서 사용되는 함수로 read_html( ), html_attr( ), html_nodes( ), html_text( ) 등이 있다. read_html( )는 입력된 주소 혹은 파일에 접근하여 웹 문서를 가져온다. html_node( )는 필요한 노드(node)를 선택하도록 한다. html_text( )는 노드 안의 텍스트 내용을 추출하도록 하며, html_attrs( )는 지정된 속성값(attribute)을 추출하도록 한다. httr 패키지에서는 GET 함수를 사용한다. GET 함수는 입력된 인터넷 주소에 연결하여 웹페이지의 데이터를 요청하여 불러온다. stringr 패키지의 str_trim 함수는 문자열의 접두, 접미 부분에서 공백 문자를 제거하는 함수다. 웹크롤링에 대한 자세한 설명은 4절에 다루었다.

2) 키워드 분석

키워드 분석(keywords analysis)을 텍스트마이닝에서 기본적으로 수행되는 단계로 볼 수 있다. 예를 들어, 웹크롤링 후 전처리된 텍스트 자료에 대하여 키워드 분석을 수행함으로써 전반적인 경향을 살펴보아야 한다. 그 결과에 따라 필요하다면 전처리 작업을 반복하고, 그 이후 토픽모형을 적합하게 되는 것이다. 대표적인 키워드 분석으로 TF(Term Frequency analysis, 단어 빈도 분석)와 TF−IDF(Term Frequency-Inverse Document Frequency analysis, 단어 빈도−역문서 빈도 분석)가 있다.

TF는 특정 단어가 문서 집단 내에 얼마나 자주 등장하는지를 나타내는 값이므로 그 값이 클수록 중요하다고 생각한다. TF를 산출하기 위하여 문서별 단어의 출현 빈도를 산출하고 이를 합산한다(송태민, 송주영, 2016). TF−IDF 또한 어떤 단어가 특정 문서 내에서 얼마나 중요한 것인지를 나타내는데, TF−IDF를 이해하려면 DF(Document

2) Client(사용자)와 Server(웹서버)가 통신할 때 사용되는 통신 규약을 의미한다.

Frequency, 문서 빈도수)에 대한 이해가 선행되어야 한다. DF는 문서 간 특정 단어가 얼마나 자주 사용되는지 나타내는 값이다. 그런데 '집' '씨' '우리' '그녀'와 같은 보편적 단어는 특정 문서에서 빈도는 높으나 중요도는 낮다. 반대로 특정 문서에서 빈도가 낮은 단어가 중요도가 높다고 생각할 수 있기 때문에 DF 값에 역수를 취한 IDF(Inverse Document Frequency, 역문서 빈도) 값이 클수록 해당 단어의 중요도가 높다고 판단한다. 따라서 그 값이 클수록 중요한 단어라고 여겨지는 TF와 IDF의 곱인 TF−IDF 값으로 단어의 중요도를 파악한다.

텍스트마이닝에서는 전처리한 자료에 대하여 DTM(Document-Term Matrix) 혹은 TDM (Term-Document Matrix)을 생성하여 분석한다. DTM은 가로가 각 문서, 세로는 단어를 나타낸 문서×단어 행렬이고, TDM은 가로가 단어, 세로가 각 문서를 나타낸 단어×문서 행렬이다. 말뭉치를 DTM으로 구성하기 위하여 tm 패키지의 DocumentTermMatrix( ) 함수를 사용하고, TDM으로 구성하기 위하여 같은 패키지의 TermDocumentMatrix( ) 함수를 사용한다. TF(Term Frequency, 단어 빈도 분석)와 TF−IDF 산출은 TDM과 DTM에서 모두 가능한데, 이 장에서는 TDM으로 진행하였다.

4 R 예시

1) 웹크롤링

다음뉴스 웹사이트에서 '학교폭력'을 키워드로 검색하였다. 간단한 예시를 보여줄 목적으로 수집 기간을 2020년 4월 1일부터 6일까지로 설정한 후 뉴스를 최신으로 정렬한다. 이 과정을 [그림 14.1]에서 순서대로 표시하였다.

[그림 14.1] 다음뉴스에서 뉴스 기간 설정하기

웹크롤링(크롤링)을 하기 쉬운 주소를 추출하기 위하여 현재 웹페이지에서 키보드의 F12(또는 마우스 오른쪽 클릭 후 검사)를 누르면 크롬 브라우저의 오른쪽에 HTML 문서 구조가 나타난다. 오른쪽 문서 구조에서 키보드의 Ctrl+F를 누르면 검색창이 활성화된다. 이 검색창에 linkClusterView 라는 단어로 검색을 하면 [그림 14.2]와 같이 링크 주소를 확인할 수 있다. 이 링크를 클릭하여 주소창으로 이동한다.

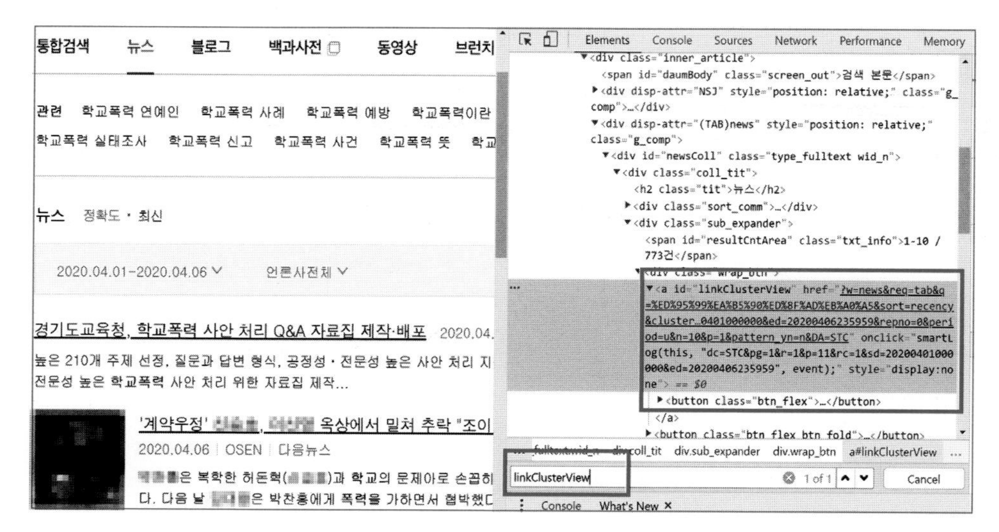

[그림 14.2] 크롤링을 위한 주소 추출하기

이동한 웹페이지에서 주소를 확인하고, 다음과 같이 주소를 9개로 나누었다.

http://search.daum.net/search?w=news&req=tab&q=%ED%95%99%EA%B5%90%ED%8F%AD%EB%A0%A5&sort=recency&cluster=y&viewio=i&sd=20200401000000&ed=20200406235959&repno=0&period=u&n=10&p=1&pattern_yn=n&DA=STC

① http://search.daum.net/search?w=news&req=tab&q=
② %ED%95%99%EA%B5%90%ED%8F%AD%EB%A0%A5
③ &sort=recency&cluster=y&viewio=i&sd=
④ 20200401000000
⑤ &ed=
⑥ 20200406235959
⑦ &repno=0&period=u&n=10&p=
⑧ 1
⑨ &pattern_yn=n&DA=STC

②는 이 예시의 검색어인 학교폭력에 해당한다. ④는 검색 기간 시작일, ⑥은 검색 기간 종료일, ⑧은 페이지 숫자다. 이 부분을 변경하면 검색어, 검색 기간 시작일과 종료일이 변경된다. 이 주소를 입력하여 페이지를 바꿔 보면 페이지 번호에 해당되는 주소 마지막 부분의 숫자가 달라지는 것을 알 수 있다. 수집된 전체 페이지를 확인하면 2020년 4월 1일부터 4월 6일까지의 기사는 총 78페이지가 검색된다. 이 페이지 번호가 [R 14.1]의 for(i in 1:78)에 들어간다. 그리고 페이지 숫자 앞까지인 ①부터 ⑦까지의 주소를 R코드의 list.url <- ''에서 '' 사이에 넣는다. url = paste0(list.url, i)은 paste0 함수로 list.url 뒤에 숫자 i를 붙이라는 뜻이다. 즉, for(i in 1:78)에서 i는 1부터 78까지의 값을 갖게 된다. url에 접근하여 웹 문서를 가져온 후 이를 h.list에 저장한다.

이 예시에서는 다음뉴스에서 웹크롤링을 실시하였는데, 개별 신문사 웹사이트에서 기사 제목을 클릭하여 기사를 볼 수도 있다. 신문사별로 웹사이트 양식이 다르므로 하나의 코드로 크롤링하는 것이 힘든 반면, 다음뉴스에서는 같은 구조로 기사를 정리하여 보여 주기 때문에 크롤링이 수월한 편이다. 다음뉴스의 검색 결과는 [그림 14.3]과 같다.

[그림 14.3] 다음뉴스 페이지로 이동하는 경로 확인하기

R에서 뉴스 검색 페이지에 접속하고, 그중 다음뉴스를 제공하는 페이지로 이동하여 뉴스 내용을 수집하기 위하여 구글 크롬에 'http://search.daum.net/search?w=news&req=tab&q=%ED%95%99%EA%B5%90%ED%8F%AD%EB%A0%A5&sort=recency&cluster=y&viewio=i&sd=20200401000000&ed=20200406235959&repno=0&period=u&n=10&p=1&pattern_yn=n&DA=STC' 주소를 입력하고 키보드의 F12 키를 클릭한다. [그림 14.4]와 같이 '다음뉴스' 글자 위의 오른쪽 버튼을 클릭하고 검사를 클릭하면 HTML 문서 쪽에서 해당하는 부분으로 이동하며 음영으로 표시된다.

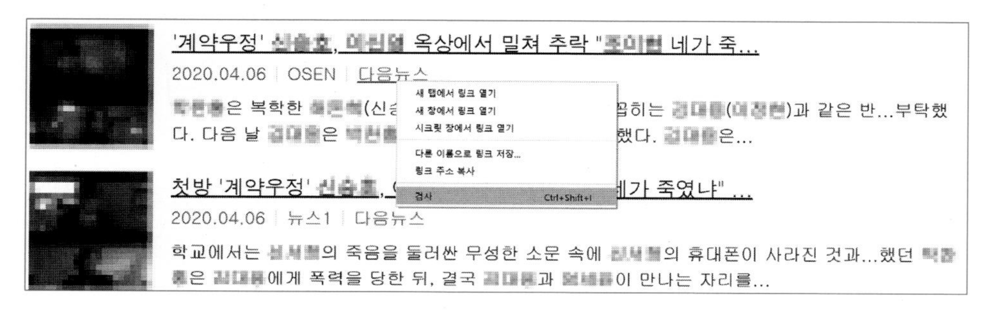

[그림 14.4] 개발자도구 활성화하기

오른쪽 HTML 문서 구조에서 음영이 진 곳을 마우스로 가져가면 [그림 14.5]와 같이 '다음뉴스'라는 글자에 해당하는 부분이 a.f_nb에 해당되는 것을 확인할 수 있다. 이를 R코드에 적용하면 title.links = html_nodes(h.list, 'a.f_nb')로 입력할 수 있다. 즉, 앞서 저장된 h.list에서 a.f_nb에 해당되는 노드를 선택하는 것이다. 또한, 오른쪽 HTML 문서 구조에서 음영이 진 위치의 href="http//…"는 다음뉴스의 링크를 타고 들어가면 나오는 웹페이지를 뜻한다. 이 웹페이지에 접속하기 위하여 html_attr 함수를 사용하여 article.links = html_attr(title.links, 'href') 식으로 입력한다.

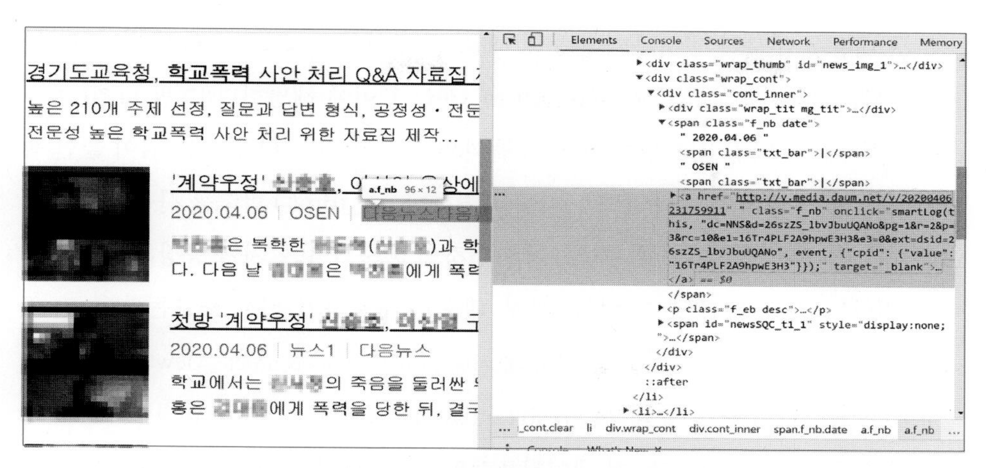

[그림 14.5] 다음뉴스로 이동하는 노드 추출하기

GET 함수를 이용해 앞에서 입력된 인터넷 주소에 연결해 웹페이지의 데이터를 불러온 후 read_html 함수로 웹문서를 가져와 이를 저장한다. 이는 h=read_html(GET(link))로 나타낼 수 있다. 뉴스의 웹페이지에 접속한 후 뉴스 제목과 본문을 크롤링하기 위하여 제목과 본문에 해당하는 부분을 찾는다. 제목은 h3.tit_view 노드를 가지고 있다([그림 14.6]). html_nodes로 뉴스의 웹페이지에서 h3.tit_view 노드를 추출하고, html_text를 통해 노드 안의 텍스트 내용을 추출한다. 지정한 범위 내에서 중복되는 데이터를 제외하고 고유한 데이터만 추출하는 unique 함수를 사용해 중복되는 데이터를 제외하도록 한다. 이를 정리하면 title = unique(html_text(html_nodes(h, 'h3.tit_view')))가 된다.

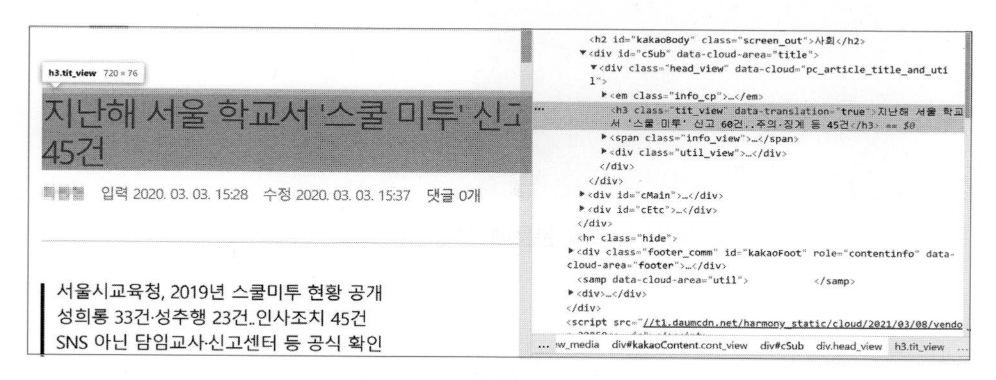

[그림 14.6] 뉴스의 제목에 해당하는 노드 추출하기

본문 내용을 추출하기 위하여 본문의 내용을 포괄하는 노드를 찾아야 한다. 현재 기사에서는 div#harmonyContainer.article_view가 이에 해당한다([그림 14.7]). str_trim( ) 함수를 추가한 것이 이전 노드 추출과의 차이점이다. 이 함수는 읽어 들인 텍스트에서 접두, 접미 부분의 공백 문자를 제거한다. str_trim( ) 함수를 사용하지 않고 크롤링한 결과를 엑셀 파일에 저장하여 확인하면 본문의 첫 글자가 등장하기까지 공백이 길다는 것을 확인할 수 있다. 본문 내용을 추출하기 위한 코드는 content = unique(str_trim(html_text(html_nodes(h, 'div#harmonyContainer.article_view'))))와 같다.

추출한 텍스트의 제목 및 내용을 result = data.frame(titles, contents) 명령어를 통해 데이터프레임으로 저장한다. 이 데이터프레임을 csv 파일로 저장하기 위하여 write.csv(result, 'example.csv', row.names = F)과 같은 명령어를 입력한다. 이때 row.names = F의 F는 FALSE의 약자로, 행 이름(번호)을 생략하도록 하는 명령어다. F 대신 T 혹은 TRUE로 입력할 경우 행 번호가 생성된다. 이 예시에서는 행 번호가 필요하지 않아 row.names = F로 설정하였다. 지금까지의 과정을 모두 담은 R 코드를 [R 14.1]에 제시하였다.

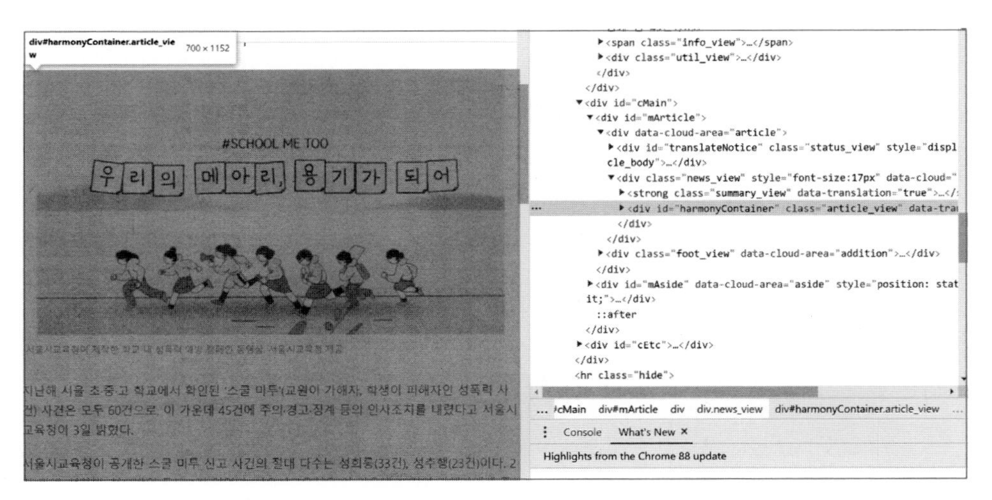

[그림 14.7] 뉴스의 본문에 해당하는 노드 추출하기

[R 14.1] 다음뉴스에서 뉴스 수집하기

〈R 명령문과 결과〉

〈R code〉

```
library(httr)
library(rvest)
library(stringr)

list.url <-
'https://search.daum.net/search?w=news&req=tab&q=%ED%95%99%EA%B5%90%ED%8F%AD%EB%A0%A5&sort=recency&cluster=y&viewio=i&sd=20200401000000&ed=20200406235959&repno=0&period=u&n=10&p='

titles = c( )
contents =c( )

for(i in 1:78){
  url = paste0(list.url, i)
  h.list = read_html(url)

  #링크 추출
  title.links = html_nodes(h.list, 'a.f_nb')
  article.links = html_attr(title.links, 'href')

  for(link in article.links){
    {h=read_html(GET(link))

    #제목
    title = unique(html_text(html_nodes(h, 'h3.tit_view')))
    titles = c(titles, title)

    #본문
    content = unique(str_trim(html_text(html_nodes(h, 'div#harmonyContainer.article_view'))))
    contents = c(contents, content)
    print(link)
    }
  }
}
# 결과 저장
result = data.frame(titles, contents)
write.csv(result, 'example.csv', row.names = F)
```

〈R 결과〉

```
[1] "http://v.media.daum.net/v/20201028155627692"
[1] "http://v.media.daum.net/v/20201022090004532"
[1] "http://v.media.daum.net/v/20201018095509821"
[1] "http://v.media.daum.net/v/20201029195803958"
[1] "http://v.media.daum.net/v/20201029170532407"
                                        ---(중략)---
> # 결과 저장
> result = data.frame(titles, contents)
> write.csv(result, 'example.csv', row.names = F)
```

2) 전처리와 형태소 분석

분석을 수행하기 위해 웹크롤링으로 수집하여 저장한 example.csv 파일을 불러온다. '학교폭력'을 한 단어로 검색하여 웹크롤링을 했는데, 수집된 자료를 보면 '학교' 또는 '폭력'만 있는 문서도 수집된 것을 확인할 수 있다. grep( ) 함수를 활용하여 "학교폭력"을 한 단어로 포함하는 문서만 추출한 후, 이를 news_1.csv에 저장하였다. 그 결과, example.csv의 226개의 문서가 57개로 줄어들었다.

stringr 패키지의 str_replace_all( ) 함수로 문장부호, 특수문자, 영문자, 숫자 등을 제거할 수 있다([R 14.2]). 그러나 이 함수를 일괄적으로 적용할 경우 중요한 정보가 삭제될 수도 있으므로 주의해야 한다. 연구에 있어 중요하다고 판단되는 영문자, 숫자 등은 str_replace_all( ) 작업 진행 전 news$contents <- str_replace_all(news$contents, 'SNS','에스엔에스')와 같이 바꿀 필요가 있다.

[R 14.2] str_replace_all( ) 함수로 불용어 제거하기

〈R 명령문〉

〈R code〉

```
news = read.csv('example.csv', stringsAsFactors = F)

#학교폭력 단어가 일치하는 문서만 저장
news_1 <- news[grep("학교폭력", news$contents),]
write.csv(news_1, "news_1.csv")

library(stringr)
news_1$contents <- str_replace_all(news_1$contents, '[[:punct:]]',' ') # 문장부호 제거
news_1$contents <- str_replace_all(news_1$contents,'[^[:alpha:][:blank:]]', ' ') # 특수
문자 제거
news_1$contents <- str_replace_all(news_1$contents, '[a-zA-Z]',' ') # 영문자 제거
news_1$contents <- str_replace_all(news_1$contents, '[[:digit:]]',' ') # 숫자 제거
news_1$contents <- str_replace_all(news_1$contents, '₩₩s+',' ') #중복된 공백 제거
```

불용어를 제거한 자료를 VectorSource( ) 함수를 활용하여 말뭉치(Corpus)로 변환하였다([R 14.3]). 그리고 Corpus 형식을 가지는 자료에 tm 패키지의 tm_map( ) 함수를 적용하여 단어를 통일했다. tm_map( )의 gsub는 특정 단어를 제거하거나 다른 단어로 교체할 때 사용한다. [R 14.3]에서 활용한 기본코드인 docs <- tm_map(docs, content_transformer(gsub), pattern = " ", replacement = " ")에서 pattern = " " 부분에 바꿀 단어를, replacement = " "에 바뀌게 되는 단어를 입력하면 된다. 여러 단어를 하나의 단어로 일치시킬 때는 '|' 기호를 활용하면 된다. 예를 들어, pattern = "모집정원|모집인원|선발인원", replacement = "모집정원"으로 입력하면 모집정원, 모집인원, 선발인원이 모집정원으로 대체된다.

[R 14.3] tm_map( ) 함수로 정규화하기

〈R 명령문〉

〈R code〉

```
library(tm)
docs <- VCorpus(VectorSource(news_1$contents))

docs <- tm_map(docs, content_transformer(gsub), pattern =
        "사회부총리|교육부총리", replacement = "교육부장관")
docs <- tm_map(docs, content_transformer(gsub), pattern =
        "시도교육청", replacement = "교육청")
docs <- tm_map(docs, content_transformer(gsub), pattern =
        "학교장", replacement = "교장")
docs <- tm_map(docs, content_transformer(gsub), pattern =
        "경북도교육청", replacement = "경북교육청")
docs <- tm_map(docs, content_transformer(gsub), pattern =
        "사람들", replacement = "사람")
docs <- tm_map(docs, content_transformer(gsub), pattern =
        "생기부", replacement = "학교생활기록부")
docs <- tm_map(docs, content_transformer(gsub), pattern =
        "콘덴츠", replacement = "콘텐츠")
docs <- tm_map(docs, content_transformer(gsub), pattern =
        "엔번방|번방", replacement = "엔번방")
docs <- tm_map(docs, content_transformer(gsub), pattern =
        "애플리케이션", replacement = "어플리케이션")
docs <- tm_map(docs, content_transformer(gsub), pattern =
        "예방의", replacement = "예방")
docs <- tm_map(docs, content_transformer(gsub), pattern =
        "이태원 클라쓰", replacement = "이태원클라쓰")
```

형태소 분석을 위하여 KoNLP 패키지(Jeon, 2020)를 활용하였다. KoNLP 패키지를 설치하기 전 Java 설치가 선행되어야 한다. installr 패키지는 windows 환경에서 R에서 사용하는 여러 외부 프로그램을 명령어를 통하여 Java를 설치하는 패키지다([R 14.4]). 2021년 3월 기준으로 KoNLP 패키지는 CRAN(Comprehensive R Archive Network)에서 내려진 상태이므로 GitHub 버전으로 설치해야 한다. remote 패키지는 GitHub에 저장된 R 패키지를 다운로드하여 설치한다. remote 패키지 설치 후 KoNLP를 설치하고

KoNLP를 불러온다.

KoNLP 패키지의 useSejongDic( ) 함수로 세종사전을 실행한다. 이 함수는 세종사전에 포함된 명사를 기반으로 텍스트에서 명사를 추출하는데, 사전에 없는 명사의 경우 명사 다음에 오는 조사까지 함께 명사로 추출된다는 문제가 발생한다. 예를 들어 '사이버폭력'이 세종사전에 없는 단어라면 '사이버폭력이' '사이버폭력을' '사이버폭력은'과 같은 조사까지 포함한 단어가 모두 명사로 추출되는 것이다. buildDictionary( ) 함수의 user_dic 옵션에서 data.frame(term=c("사이버폭력"), tag="ncn"))을 입력하면 세종사전에 '사이버폭력'이 저장되어 문제가 해결된다. 이렇게 사전에 설정되지 않은 단어는 실제 분석을 수행한 뒤에 파악할 수 있다. 따라서 텍스트마이닝에서는 전처리를 수행하는 중에 사전에 수록되지 않은 단어를 추가하고 다시 전처리를 실시하는 과정이 반복될 수 있다. [R 14.4]에서 '강제구인' '강제전학'과 같은 세종사전에 없는 단어를 다수 저장하였음을 확인할 수 있다.

다음으로 자료를 문자형 벡터로 변환하는 as.character( ) 함수를 활용하여 분석에 사용할 텍스트 자료를 문자형으로 변환하였다. str_split( ) 함수는 문자열에서 지정된 표현을 기준으로 분리하는 함수다. 이 예시에서는 띄어쓰기를 기준으로 한 문장을 여러 단어로 나누었다. 마지막으로 KoNLP 패키지의 extractNoun( ) 함수를 활용하여 문장에서 명사를 추출하였다.

[R 14.4] KoNLP 설치 및 KoNLP를 활용한 명사 추출

〈R 명령문과 결과〉

〈R code〉

```
install.packages("installr")
library(installr)
install.java( )
install.packages("remote")
remotes::install_github("haven-jeon/KoNLP",upgrade="never",INSTALL_opts=c("--no
-multiarch"))

library(KoNLP)
```

```
statDic(which="current")
useSejongDic( ) # 세종사전 불러오기
buildDictionary(ext_dic = "sejong",
                user_dic = data.frame(term=c("강제구인","강제전학","경리단길","경
                기도교육청","경북교육청","공수도장","교육지원청","교직원힐링센터","
                국민청원","그루밍","금융맨","누리꾼","닐슨코리아","대전고법","도교육
                청","무단전재","문재인","박사방","박새로이","박서준","비대면","사이버
                폭력","상당경찰서","서울시교육청","선플","성착취","성착취물","쌍방향
                ","스마트폰","스쿨미투","승소","시교육청","아시아경제","연합뉴스","엔
                번방","온라인교육","웹툰","윤스토리엔터테인먼트","이다윗","이재정","
                이태원클라쓰","이호진","인권단체","장근원","재배포","재배포금지","전
                교조","조선일보","조주빈","증인소환장","차은동","카카오톡","콘텐츠","
                텔레그램","통학로","팝업창","하트래빗","학교지원팀","학습콘텐츠","행
                복학교거점지원센터","허그유","희재"), tag="ncn")) # 사용자 사전 추가

ko.noun <- function(docs){
  w <- as.character(docs)
  w <- str_split(w, ' ')[[1]]
  w <- paste(w[nchar(w) <= 20], collapse = ' ')
  extractNoun(w)
}
```

〈R 결과〉

```
URL 'https://download.java.net/openjdk/jdk11/ri/openjdk-11+28_windows-x64_bin.zip'
을 시도합니다
Content type 'application/zip' length 187396683 bytes (178.7 MB)
downloaded 178.7 MB
...
```

3) 키워드 분석

(1) TF

TF를 얻으려면 TermDocumentMatrix( ) 함수를 활용하면 되는데, 이 함수를 적용하기 전 [R 14.5]에서와 같이 불용어를 설정하는 것이 좋다. TermDocumentMatrix( ) 함수에서 불용어를 설정하는 stopwords 옵션이 포함되기 때문이다.

[R 14.5] 불용어 설정하기

〈R 명령문〉

〈R code〉

```
myStopwords=c('가운데','가장','가지','각각','각자','각종','갖고','같은','같이','경우','경향','경
향닷컴','경향신문','계속',"계희수",'관련','권혜림','그간','그는','그대로','그동안','그때','그래서
','그러나','그런','그리고',"김도윤",'김동우','김슬기','김장욱','김정희기자','나머지','남자','너무
',"노컷뉴스",'누구','누군가','뉴시스','뉴시스통신사','닐슨코리아','다른','다만','다양','달리','담
당','당시','당연','대폭','덜기','동안','들이','때문','또는','또한','로도','로운','만약','만여',"말해",'
매우','먼저','모두','모든','모습','무단복제','무단전재','무언가','물론',"박동욱",'박세연',"박재구
",'박준','박창호','반드시','반면','배성윤','번째','부분','부터','비롯','사상','사실','사이','사진','상
대','새로운','서로','서울경제','성보','순간','시안','시작',"신대희",'신문','실제','심동준','아니다','
아니라','아래','아무','아시아경제','안팎','앞서','앞으로','애초','약간','어느','어디','어떤','어떨까
','어떻게','어려운','얼마','없다','여기','여자','역시','오늘','용이','우리','위주','윤요섭','의외','이
날','이데일리','이런','이문','이번','이시연','이야기','이영욱',"이윤희",'이제','이태','이태인','이
하','이후','일보','자가','자신','장충식','재배포','재배포금지','저는','저작권자','전자신문','전재','
정도','정작','제가','조선일보','주요','주의','중간','지금','지난','첫째',"최인진","최준혁",'충북인
뉴스','크게','투데이','특히','파이낸셜','폭력','하게','하기','하자','하지만','학교','학교폭력','한경
닷컴','한국일보','한편','해서','훌륭')
```

TF를 산출하는 코드를 [R 14.6]에 정리하였다. TermDocumentMatrix의 control = list( ) 부분은 TDM 생성과 관련된 옵션을 설정하는 부분이다. tokenize = ko.noun으로 설정하면 이전 단계에서 KoNLP 패키지의 함수를 이용하여 명사를 추출하고 단어를 쪼갠 부분이 적용된다. wordLengths로 단어 길이를 정한다. 단어의 길이를 제한하지 않을 경우 '중' '신' '술' '총' '병'과 같은 한 글자 단어들이 수집되는데, 한 글자 단어는 해석이 쉽지 않으며 중의적인 뜻을 지니는 경우가 많다. 가령 '중'이라는 단어는 종교적인 의미와 '~하는 중'의 의미가 있으며, '총'은 무기 또는 합계를 뜻하기도 한다. 따라서 wordLengths(2,Inf)를 활용하여 두 글자 이상 무한대까지 단어 길이를 설정하였다. weighting은 가중치 함수를 지정하는 부분이다. 기본값은 단어의 출현 빈도를 나타내는 TF로 되어 있고, 이를 TF-IDF, Bin, Smart 등의 옵션으로 바꿀 수 있다. TF 산출 후 그 값을 기준으로 상위 1,000개의 단어를 빈도수로 정렬하여 확인하는 것이 좋다. 이를 근거로 세종사전에 추가해야 할 단어, 불용어로 설정해야 할 단어, 정규화를 할 필요가 있는 단어 등을 판단한 뒤 경우에 따라 전처리 작업을 반복할 수 있다.

[R 14.6] TF 산출하기

〈R 명령문과 결과〉

〈R code〉

```
library(slam)

#TF
tdm = TermDocumentMatrix((docs),
                        control = list(tokenize=ko.noun,
                                       wordLengths=c(2, Inf),
                                       weighting = weightTf,
                                       stopwords = myStopwords))

word.count = as.array(rollup(tdm, 2))
word.order = order(word.count, decreasing = T)
freq.word = word.order[1:1000]
row.names(tdm[freq.word,])

tdm.matrix <- as.matrix(tdm)
sumfreq <- rowSums(tdm.matrix)
tdm.sum <- cbind(as.matrix(tdm), sumfreq)
data <- subset(tdm.sum, sumfreq>1) # 사용 빈도 1인 단어 제거
data2 <- subset(data, select=-sumfreq)
final.matrix<- t(data2)
sumfreq2 <- colSums(final.matrix) # 열 합계
ord <- order(sumfreq2, decreasing = T) # 합계 크기로 내림차순 정렬
sumfreq2[ord]

# TF 결과를 csv 파일로 저장
write.csv(sumfreq2[ord], 'word_TF.csv')
```

〈R 결과〉

```
[1] "학생"        "경찰"          "교육"      "지원"
[5] "온라인"      "학부모"        "중학교"    "사안"
[9] "사건"        "교육지원청"    "예방"      "조치"
[13] "처리"       "피해자"        "범죄"      "사이버"
                       ---(후략)---
```

(2) TF-IDF

TF-IDF(Term Frequency-Inverse Document Frequency, 단어 빈도-역문서 빈도)를 얻으려면 DTM 생성 부분에서 weighting의 옵션을 변경하면 된다. [R 14.7]에서 weighting = function(x) weightTfIdf(x, normalize=TRUE)로 설정하여 TF-IDF를 산출하였다. 이후 [R 14.6]의 TF에서와 같은 명령어를 수행하면 TF-IDF를 기준으로 상위 1,000개의 단어를 확인할 수 있다.

[R 14.7] TF-IDF 산출하기

〈R 명령문과 결과〉

〈R code〉

```
#TF-IDF
tdm.idf <- TermDocumentMatrix((docs),
                              control = list(tokenize=ko.noun,
                                             wordLengths=c(2, Inf),
                                             weighting = function(x)
                                               weightTfIdf(x, normalize=TRUE),
                                             stopwords = myStopwords))

word.count.idf <- as.array(rollup(tdm.idf, 2))
word.order.idf <- order(word.count.idf, decreasing = T)
freq.word.idf <- word.order.idf[1:1000]
row.names(tdm.idf[freq.word.idf,])
tdm.idf.matrix <- as.matrix(tdm.idf)
sumfreq.idf <- rowSums(tdm.idf.matrix)
tdm.sum.idf <- cbind(as.matrix(tdm.idf), sumfreq.idf)
data.idf <- subset(tdm.sum.idf , select=-sumfreq)
final.matrix.idf <- t(data.idf)
sumfreq.idf <- colSums(final.matrix.idf) # 열 합계
ord.idf <- order(sumfreq.idf, decreasing = T) # 합계 크기로 내림차순 정렬
sumfreq.idf[ord.idf]

# TF-IDF 결과를 csv 파일로 저장
write.csv(sumfreq.idf[ord.idf],'word_TF_IDF.csv')
```

〈R 결과〉

```
[1]  "처리"      "온라인"        "사안"        "중학교"
[5]  "자료집"    "학부모"        "교육지원청"  "디지털"
[9]  "경찰"      "경기도교육청"  "교육"        "업무"
[13] "사이버"    "가해자"        "범죄"        "지원"
```

---(후략)---

제15장

텍스트마이닝: 토픽모형

1. 개관
2. LDA
3. R 예시

〈필수 용어〉

토픽모형, DTM, LDA

〈학습목표〉

1. 토픽모형의 특징을 이해하고 설명할 수 있다.
2. 텍스트 자료를 토픽모형 기법으로 분석할 수 있다.

1 개관

빅데이터 시대인 현재 엄청난 속도로 어마어마한 양의 자료가 다양한 형태로 생성되며 저장되고 있다. 궁금한 점이 있을 때 구글(Google)과 같은 검색 엔진을 활용하여 문서, 이미지, 동영상, 지도 등을 확인하는 것은 이제 현대인들의 일상이 되었다. 웹(web)에서 검색어만 입력하면 수없이 많은 관련 자료가 쏟아져 나오고, 상위에 제시되는 검색 결과 몇 개를 클릭하면 용케도 내가 원하는 정보를 제공하는 경우가 많다. 어떻게 그 많은 자료 중 내가 원하는 것을 잘 파악해서 선별하는 것인지 신기하게 생각한 적이 있을 것이다. 이를 가능하게 하는 기술적 발전은 컴퓨터공학이 주도하고 있으나(〈심화 15.1〉 참고), 수집된 텍스트 자료를 분류하고 텍스트 자료로부터 중요한 정보를 추출하는 텍스트마이닝(text mining) 기법 및 그 응용에 대한 관심은 학문 분야를 막론하고 나날이 높아지고 있다.

특히 텍스트마이닝 중 확률적 토픽모형(probabilistic topic model, 이하 토픽모형)은 혼합모형(mixture model)으로, 관측치가 잠재(latent) 변수인 토픽(topic) 또는 주제(theme)에 할당될 확률을 추정한다. 토픽모형과 같은 텍스트마이닝 기법을 단어 그대로 광산에서 금을 캐듯이(mining) 방대한 텍스트(text)로부터 숨어 있는 중요한 토픽 또는 주제를 찾아내는 기법이라고 생각할 수 있다. 비정형자료인 텍스트 자료를 분석하는 토픽모형은 비지도학습으로 분류되는데, 제14장에서 군집분석도 비지도학습에 속한다고 하였다. 군집분석이 관측치를 오직 하나의 군집에 할당하는 반면, 토픽모형은 관측치가 각 토픽에 할당될 확률을 모두 제시하는 것이 군집분석과 토픽모형의 주된 차이점이다. 그런데 텍스트마이닝의 분석 자료가 말 그대로 텍스트 자료, 즉 단어들로 구성된 문서 자료임을 감안할 때, 같은 단어라 하더라도 맥락에 따라 다른 토픽에 할당되는 확률을 구하는 토픽모형이 군집분석보다 적절하다 하겠다. 단, 이는 어디까지나 일관된 구조를 보이는 텍스트 자료가 충분히 있어서 안정적인 모형이 도출될 때만 그러하다. 즉, 토픽모형이 언제나 가장 좋은 모형이라고 할 수는 없다. 특히 토픽이 잠재 변수인 점을 고려할 때, 충분하지 못한 텍스트 자료로부터 도출된 토픽모형은 텍스트 자료를 대표하기 힘들다. 다른 기계학습 기법과 마찬가지로 토픽모형 또한 이론적 배경과 더불어 내용학적 지식[예: 주어진 코퍼스(corpus)에 대한 토픽 수]이 뒷받침되지 않는다면 과대해석될 위험이 있으므로 주의할 필요가 있다.

토픽모형은 LDA(latent Dirichlet allocation, 잠재 디리클레 할당)로부터 감성분석(sentimental analysis), STM(Structural Topic Model) 등으로 발전하고 있다. 이를테면 STM은 LDA와 달리 텍스트 저자 정보, 텍스트 생성일과 같은 메타자료도 분석에서 활용한다는 특징이 있다. LDA에서 토픽 수 결정이 임의적인 반면, STM에서는 토픽 수를 타당화(validation) 후 결정할 수 있다는 점도 큰 장점이다(Roberts, Stewart, & Tingley, 2018). 그러나 우리 사회과학 분야 텍스트마이닝 연구에서는 LDA가 여전히 가장 인기 있는 기법으로 꼽힌다. 특히 LDA는 온라인 뉴스 자료와 같은 텍스트 자료 분석에서 주로 활용되고 있다. 이를테면 권순보, 유진은(2018)은 '수능절대평가'를 주제로 2,577건의 온라인 뉴스기사와 댓글을 웹크롤링(webcrawling)으로 수집한 후 LDA를 실시하여 키워드 및 주제를 추출하고 그 함의를 논하였다.

제14장에서 웹크롤링부터 시작하여 정규화, 불용어 제거와 같은 전처리 및 키워드 분석을 설명하였다. 이 장에서는 토픽모형의 이론을 설명하고 실제 자료분석에서 어떻게 활용되는지 예시를 통하여 보여 줄 것이다. 구체적으로 제14장에서 전처리한 자료로 사회과학 연구에서 가장 많이 활용된 LDA 토픽모형을 적합하는 예시를 제시하겠다.

〈심화 15.1〉 IR과 IE

검색 엔진에서 정보를 검색하고 인출하는 것은 컴퓨터공학에서는 IR(Information Retrieval)에 해당된다. 이와 관련된 영역으로 IE(Information Extraction)가 있다. IE는 자연어 처리(Natural Language Processing: NLP)를 통하여 이미지, 오디오, 동영상 등으로부터 내용을 추출하고 자동으로 주석을 다는 등의 역할을 담당한다.

2 LDA[3)]

LDA 알고리즘을 도식화하여 설명하겠다. LDA를 경험적 베이즈 모수모형(parametric empirical Bayes models)이라고 볼 수 있으므로, [그림 15.1]에서 베이지안(Bayesian) 통계의 'plate' 표기법을 이용하였다(Blei, 2012; Blei, Ng, & Jordan, 2003). 단어($W_{d,n}$)는 문서 내에 위치하며, $Z_{d,n}$과 $W_{d,n}$은 단어 수준에서, θ_d는 문서 수준에서 그리고 β_k는 토픽 수준에서의 반복을 뜻한다. 또한, LDA 알고리즘에서는 d번째 문서의 토픽 비율 θ_d가 모수가 α인 Dirichlet 분포를 따르며, d번째 문서의 n번째 할당에 해당되는 $Z_{d,n}$은 θ_d를 모수로 하는 다항분포를 따른다고 가정한다. $K\times V$ 행렬인 β_k는 V개 단어에 대한 모든 K개 토픽의 빈도(또는 확률) 값을 뜻한다. 이 알고리즘에서 유일하게 관측되는 노드(node)인 d번째 문서의 n번째 단어 $W_{d,n}$은 $Z_{d,n}$과 β_k의 직접적인 영향을 받는다고 가정한다.

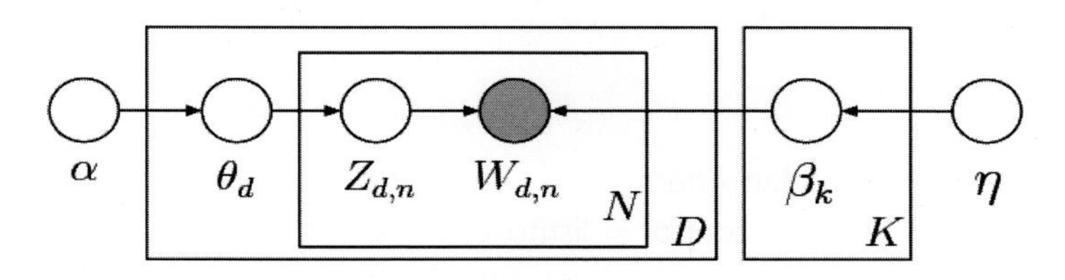

[그림 15.1] LDA 그래프 모형(Blei, 2012, p. 81)

베이지안 통계 관점에서 LDA의 특징을 더 자세히 설명하겠다. 다항분포 함수가 로그우도 함수가 되는 LDA에서는 Dirichlet 분포를 이용함으로써 알고리즘이 단순해진다는 장점이 있다. 즉, 사전분포(prior distribution)인 토픽 비율이 Dirichlet 분포를 따르는 켤레 사전분포(conjugate prior distribution)이므로, 사후분포(posterior distribution) 또한 Dirichlet 분포를 따르게 된다. 이때 Dirichlet 분포를 이용하여 분석 대상이 되는 모든 문서가 토픽 세트(set of topics)는 같지만 각각의 토픽 비율이 다르다고 가정하는 점이 LDA 기법에서의 주요한 특징이다(Blei, 2012). 정리하면, LDA에서 토픽 비

---

3) 권순보, 유진은(2018)에서 부분적으로 인용하였다.

율(또는 토픽 수)에 따라 사전분포의 영향이 결정되며, 잠재(latent) 모수인 토픽 비율, 토픽 할당 등을 확률모형으로부터 추정하는 것이 LDA의 주된 목적이라 할 수 있다.

3 R 예시

1) 토픽 수 선택

제14장의 전처리 자료로 LDA 모형을 추정하려 한다. LDA는 DTM(Document-Term Matrix)을 입력 자료로 활용하므로 가장 먼저 DTM을 생성하였다([R 15.1]).

[R 15.1] DTM 생성하기

〈R 명령문〉

〈R code〉

```
dtm = DocumentTermMatrix(docs,
                         control = list(tokenize=ko.noun,
                                        wordLengths=c(2, Inf),
                                        weighting = weightTf,
                                        stopwords = myStopwords))
```

LDA에서는 토픽(topic) 수에 따라 분석 및 결과 해석이 달라지기 때문에 토픽 수를 결정하는 것이 매우 중요하다. 보통 연구자의 내용학적 지식뿐만 아니라 통계적인 수치를 근거로 토픽 수를 결정한다. 즉, 통계적인 수치를 바탕으로 토픽 개수의 범위를 설정하고 그 범위 내에서 토픽 수를 바꿔 가며 모형을 탐색하여 토픽 개수를 선택하는 것이 토픽모형의 일반적인 적합 절차다. 따라서 같은 텍스트 자료를 분석하더라도 연구자의 판단 및 전문성에 따라 토픽 수가 달라질 수 있다.

토픽 수를 결정하기 위한 통계적인 수치를 산출하는 방법으로 ldatuning 패키지의

FindTopicsNumber 함수를 사용하는 방법, topicmodels 패키지의 perplexity 함수를 사용하는 방법, Ponweiser의 로그우도 조화평균을 이용하는 방법(Ponweiser, 2012) 등이 있다. 이 책에서는 Ponweiser의 로그우도 조화평균을 활용하였다. 이 방법에서는 토픽 수를 2부터 시작하여 늘려 가면서 로그우드 조화평균이 최대가 되는 k 값을 찾는다. [R 15.2]에서 토픽 수의 범위를 명령어의 sequ <- seq(2, 50, 1) 부분에서 설정한다. [그림 15.2]에서 토픽 수에 따른 로그우도 조화평균 값을 보여 준다. R 실행 결과, 16개의 토픽 수가 적정한 값으로 나타났다. 단, 베이지안 통계 기법을 근간으로 하는 LDA의 특성으로 인하여 R을 실행할 때마다 선택되는 토픽 개수가 달라질 수 있음에 주의해야 한다. 특히 이 예시 자료는 기간을 짧게 하여 수집하고 전처리한 소규모 자료이므로 더욱 그러하다.

[R 15.2] 토픽 수 추정

〈R 명령문과 결과〉

〈R code〉

```
# 모든 토픽의 빈도가 0인 경우의 문서 제거
dtm_1 <- dtm[row_sums(dtm) > 0,]

# 조화평균을 이용한 토픽 수 추정
library(topicmodels)
harmonicMean <- function(logLikelihoods, precision=2000L) {
  library("Rmpfr")
  llMed <- median(logLikelihoods)
  as.double(llMed - log(mean(exp(-mpfr(logLikelihoods, prec = precision)+ llMed))))
}

k = 2
burnin = 1000
iter = 1000
keep = 50
fitted <- LDA(dtm_1, k = k, method = "Gibbs",control=list(burnin = burnin, iter = iter,
keep=keep))
```

```
logLiks <- fitted@logLiks[-c(1:(burnin/keep))]
sequ <- seq(2, 50, 1)
fitted_many <- lapply(sequ, function(k) LDA(dtm_1, k = k, method =
                         "Gibbs",control = list(burnin = burnin, iter = iter, keep = keep)
))

logLiks_many <- lapply(fitted_many, function(L)
  L@logLiks[-c(1:(burnin/keep))])
hm_many <- sapply(logLiks_many, function(h) harmonicMean(h))
plot(sequ, hm_many, type = "l")

# 토픽 수 결정
sequ[which.max(hm_many)]
```

〈R 결과〉

```
[1] 16
```

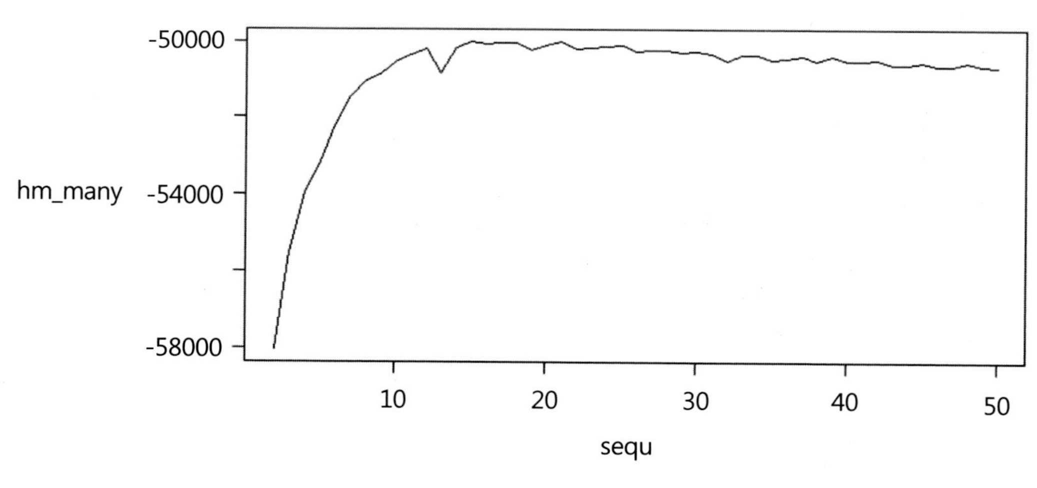

[그림 15.2] 토픽 수 추정

2) LDA 실행

LDA 모형은 topicmodels 패키지의 LDA( ) 함수로 적합한다([R 15.3]). LDA( ) 함수의 k 값은 토픽 개수를 뜻한다. 이 예시에서는 [R 15.2]에서 추정한 값인 16을 입력하였다. LDA 모형에서는 DTM(Document-Term Matrix)으로 문서에 잠재한 토픽의 생성 확률을 추정한다. [문서×단어] 행렬인 DTM은 [문서×토픽]×[토픽×단어] 행렬로 분해 가능하다. [R 15.3]에서 [문서×토픽] 행렬과 [토픽×단어] 행렬의 차원을 확인하였다. 이 예시에서 문서×토픽 행렬은 57×16 행렬이며 토픽×단어 행렬은 16×1827 행렬이다.

[R 15.3] LDA 실행

〈R 명령문과 결과〉

〈R code〉

```
#LDA 실행
lda_out <- LDA(dtm_1, control=list(seed=42), k=16)

#문서×토픽 행렬의 차원
dim(lda_out@gamma)
#토픽×단어 행렬의 차원
dim(lda_out@beta)
```

〈R 결과〉

```
> #문서×토픽 행렬의 차원
> dim(lda_out@gamma)
[1] 57   16
> #토픽×단어 행렬의 차원
> dim(lda_out@beta)
[1] 16 1827
```

다음은 도출된 각 토픽에 대하여 이름을 붙이는 단계다. 토픽명은 토픽에 포함된 단어를 포괄해야 한다. 토픽명을 정하기 위하여 토픽이 포함될 확률이 높은 문서를 읽고 해당 문서들이 무엇에 대한 것인지 파악하는 것도 한 가지 방법이다. 해당 토픽의 단어가 주로 포함된 문서를 여러 건 읽다 보면 토픽명에 대한 아이디어를 얻을 수 있기 때문이다. terms( ) 함수로 출력되는 단어의 개수를 조절하고 토픽에 포함된 단어를 확인할 수 있다. [R 15.4]에서 16개 토픽에 포함된 상위 단어 10개를 출력하고 그 결과를 〈표 15.1〉에 정리하였다.

각 토픽에 대한 내용을 일부 살펴보겠다. 토픽 1은 스쿨미투 이후 재판 출석에 대한 내용이고, 토픽 3은 학교폭력 예방 공모전에 대한 내용, 토픽 6은 인천 여중생 집단 성폭행 사건과 관련된 내용이다. 토픽 7은 렌트카를 훔쳐 사망 사고를 낸 촉법소년에 대한 내용, 토픽12는 경찰청이 주관한 사이버 범죄 예방 행사에 대한 내용, 토픽 14는 경기도교육청에서 학교폭력에 대한 사안 처리를 위한 자료집을 만들어 제작 및 배포하는 내용으로 판단된다. 토픽에 대한 제목을 붙여 보면 토픽 1은 '스쿨미투 이후 재판 출석의 문제점', 토픽 3은 '학교폭력 예방 공모전', 토픽 6은 '인천 여중생 집단 성폭력 가해자 강제전학 철회', 토픽 7은 '촉법소년 렌트카 절도 사건 처벌 국민청원', 토픽 12는 '사이버 범죄 예방의 날 행사', 토픽 14는 '경기도교육청 학교폭력 사안 처리 자료집 제작 및 배포'로 이름을 붙일 수 있다.

토픽 2와 토픽 10은 드라마 '이태원클라쓰' 내용과 관련된다는 점이 흥미롭다. 최근 '펜트하우스' '경이로운 소문' '굿캐스팅' '계약우정' 등 학교폭력을 소재로 하는 드라마가 꾸준히 등장한다. 학교폭력이 중요한 사회적인 이슈이므로 여러 드라마에서 학교폭력을 다루었으며, 특히 시청률이 어느 정도 담보되는 드라마의 경우 관련 내용이 뉴스 기사를 뒤덮어 드라마 이름, 주인공 이름 등이 몇 가지 토픽에서 상위 단어를 선점한 것으로 보인다.

[R 15.4] 토픽별 상위 10개 단어

〈R 명령문과 결과〉

〈R code〉

```
#토픽별 상위 10개 단어
topic_word <- terms(lda_out, 10)
write.csv(topic_word, 'topic_word.csv')
```

〈표 15.1〉 토픽별 상위 10개 단어

	Topic1	Topic2	Topic3	Topic4	Topic5	Topic6	Topic7	Topic8
1	재판	이다윗	교육	온라인	영화	학부모	청와대	피해자
2	교사	장면	예방	지원	공수도	중학교	촉법소년	교감
3	학생	박새로이	안전	교육	극장	가해자	소년	가족
4	증인소환장	이호진	공모전	학생	개봉	초등학교	청원	사건
5	성폭력	장근원	경찰	개학	감독	강제전학	개정	무죄
6	스쿨미투	박서준	사회	수업	인기	인천	답변	선고
7	진행	촬영	공헌	원격	공개	전학	국민청원	성추행
8	법원	고민	동영상	학교지원팀	사태	조치	미만	재판
9	법정	이태원클라쓰	운동본부	부산	그노스	성폭행	범죄	검찰
10	출석	단밤	홍보	체험	서비스	인근	연령	경험
	Topic9	Topic10	Topic11	Topic12	Topic13	Topic14	Topic15	Topic16
1	성폭력	이다윗	가족	사이버	경찰	사안	학생	대전
2	학생	연기	수사	경찰	피해자	처리	중학교	차량
3	디지털	이태원클라쓰	경찰	범죄	신고	교육지원청	학부모	경찰
4	도박	이호진	사건	예방	여성	자료집	서명운동	사건
5	경북교육청	감독	학생	콘텐츠	디지털	경기도교육청	인근	처벌
6	문제	관심	신변보호	안전	상담	절차	전학	동구
7	엔번방	생각	폭행	청소년	성범죄	업무	인천	렌터카
8	예방	서른	국민청원	진행	수사	심의위원회	여중생	범죄
9	센터	박새로이	요청	예정	대구	폭력대책	강제전학	오전
10	교육	배우	발생	홈페이지	적극	제작	사건	오토바이

문서별 토픽의 확률을 산출하는 명령문과 결과 일부를 [R 15.5]에 제시하였다. 문서별 토픽 확률과 토픽명의 관계를 12번 토픽에 초점을 맞추어 설명하겠다. [R 15.5]의 결과에서 12번 토픽에 할당될 확률값이 0이 아닌 문서는 28, 31, 45, 48, 51, 52번이었다. 특히 48번과 52번 문서의 확률값이 0.999로 가장 높은 반면, 31번, 45번 문서의 확률값은 각각 0.655, 0.639로 상대적으로 낮았다. 확률값이 높은 48번과 52번, 그리고 확률값이 상대적으로 낮은 45번 문서를 〈표 15.2〉에 제시하였다. 앞서 12번

토픽명을 '사이버 범죄 예방의 날 행사'로 붙인 바 있다. 확률값이 0.999이었던 48번과 52번 문서는 말 그대로 사이버 범죄 예방의 날 행사와 관련된 내용이라는 것을 확인할 수 있다. 반면, 45번 문서는 대구지방경찰청이 사이버 범죄 예방교육 대상을 학생에서 학부모까지 확대한다는 내용이었다. 사이버 폭력 예방이라는 측면에서 토픽 12를 일정 부분 반영하고 있으나, 이 문서는 48번과 52번 문서처럼 직접적으로 '사이버 범죄 예방의 날 행사'를 설명하지는 않았다.

[R 15.5] 문서별 토픽의 확률

〈R 명령문과 결과〉

〈R code〉

```
#문서별 토픽의 확률
pos_lda <- posterior(lda_out)
lda_topic <- data.frame(pos_lda$topics)
lda_topicr <- round(lda_topic, 3)
lda_topicr
write.csv(lda_topicr, 'lda_topicr.csv')
```

〈R 결과〉

```
> lda_topicr
     X1    X2    X3    X4    X5    X6    X7    X8    X9   X10   X11   X12
1  0.000 0.000 0.000 0.000 0.000 0.000 0.000 0.000 0.000 0.000 0.000 0.000
2  0.000 0.000 0.998 0.000 0.000 0.000 0.000 0.000 0.000 0.000 0.000 0.000
                              ---(중략)---
27 0.000 0.000 0.000 0.000 0.000 0.000 0.000 0.000 0.000 0.000 0.000 0.000
28 0.000 0.000 0.000 0.000 0.000 0.000 0.000 0.000 0.000 0.000 0.000 0.998
29 0.000 0.000 0.000 0.000 0.000 0.997 0.000 0.000 0.000 0.000 0.000 0.000
30 0.999 0.000 0.000 0.000 0.000 0.000 0.000 0.000 0.000 0.000 0.000 0.000
31 0.000 0.000 0.000 0.000 0.000 0.000 0.000 0.000 0.000 0.000 0.342 0.655
32 0.000 0.000 0.000 0.000 0.000 0.999 0.000 0.000 0.000 0.000 0.000 0.000
33 0.000 0.000 0.000 0.000 0.000 0.629 0.000 0.000 0.000 0.000 0.000 0.000
34 0.000 0.000 0.000 0.000 0.000 0.997 0.000 0.000 0.000 0.000 0.000 0.000
35 0.000 0.000 0.000 0.000 0.000 0.000 0.000 0.000 0.999 0.000 0.000 0.000
36 0.000 0.000 0.000 0.000 0.000 0.000 0.000 0.000 0.000 0.000 0.000 0.000
37 0.000 0.000 0.000 0.000 0.000 0.998 0.000 0.000 0.000 0.000 0.000 0.000
38 0.000 0.000 0.000 0.000 0.000 0.999 0.000 0.000 0.000 0.000 0.000 0.000
39 0.000 0.000 0.000 0.000 0.000 0.999 0.000 0.000 0.000 0.000 0.000 0.000
40 0.000 0.000 0.000 0.000 0.000 0.000 0.000 0.000 0.999 0.000 0.000 0.000
41 0.000 0.000 0.000 0.000 0.000 0.998 0.000 0.000 0.000 0.000 0.000 0.000
42 0.000 0.000 0.000 0.000 0.000 0.998 0.000 0.000 0.000 0.000 0.000 0.000
43 0.000 0.000 0.000 0.000 0.000 0.999 0.000 0.000 0.000 0.000 0.000 0.000
44 0.000 0.000 0.000 0.000 0.000 0.999 0.000 0.000 0.000 0.000 0.000 0.000
45 0.000 0.000 0.223 0.000 0.000 0.000 0.000 0.000 0.071 0.000 0.000 0.639
46 0.000 0.000 0.000 0.999 0.000 0.000 0.000 0.000 0.000 0.000 0.000 0.000
47 0.000 0.000 0.000 0.000 0.000 0.000 0.000 0.000 0.999 0.000 0.000 0.000
48 0.000 0.000 0.000 0.000 0.000 0.000 0.000 0.000 0.000 0.000 0.000 0.999
49 0.000 0.000 0.000 0.999 0.000 0.000 0.000 0.000 0.000 0.000 0.000 0.000
50 0.000 0.000 0.000 0.000 0.000 0.000 0.000 0.000 0.000 0.000 0.000 0.000
51 0.000 0.000 0.000 0.000 0.000 0.000 0.000 0.000 0.000 0.000 0.000 0.998
52 0.000 0.000 0.000 0.000 0.000 0.000 0.000 0.000 0.000 0.000 0.000 0.999
53 0.000 0.000 0.000 0.999 0.000 0.000 0.000 0.000 0.000 0.000 0.000 0.000
```

〈표 15.2〉 웹크롤링을 통해 수집한 뉴스 기사 예시

45번 문서
대구지방경찰청은 사이버 범죄 예방교육 대상을 학생에서 학부모까지 확대한다고 2일 밝혔다. 이번 교육 대상 확대는 청소년을 대상으로 하는 사이버 성폭력 등 각종 범죄로 인해 사회적 불안감이 조성됨에 따라 마련됐다. 교육 내용도 일반적인 학교폭력에서 사이버 성폭력 · 사이버 도박 · 청소년 자살 · 교통 안전 등 다양한 주제로 구성했다. 또 최근 문제가 되고 있는 텔레그램 성착취 피해자 중 아동청소년이 다수 포함된 만큼 유사 피해사례가 없도록 예방요령 등을 포함했다. 교육자료는 신학기 개학에 맞춰 배포하기 위해 지난 1월부터 제작해왔으며 지난 1일 대구경찰청에서 콘텐츠 시연회를 개최했다. 경찰은 이달까지 보완작업을 거쳐 교육청과 협의를 통해 개학 후 전 초중고교 학부모를 대상으로 교육을 실시할 예정이다. 또 특별예방교육 자료를 다양한 온 · 오프라인 콘텐츠로 제작해 경찰관서 홈페이지와 대구경찰 SNS 등에 게시하고 리플릿 형태로 제작 후 각급 학교 가정통신문으로 배부할 계획이다. 대구경찰청 관계자는 "지역 청소년경찰학교(3곳)에서도 동일한 내용의 교육을 진행해 다양한 경찰체험(경찰제복착용, 과학수사체험, 사격체험 등)과 함께 교육을 진행할 예정이다"고 말했다.
48번 문서
경찰청이 오는 2일 '사이버범죄 예방의 날'을 맞아 사이버범죄에 대한 국민의 인식을 높이기 위한 온라인 홍보 활동을 적극 진행한다. 경찰청은 지난 2월 24일부터 '대국민 사이버안전 콘텐츠 공모전'과 '사이버 학교폭력 예방 선플달기 운동'을 실시하고 있다고 1일 밝혔다. 콘텐츠 공모전에서는 총 528점이 접수돼 전문가 심사와 온라인 투표를 거쳐 최종 44개 작품이 선정됐다고 전했다. 최우수 수상작에는 포스터 부문 '공든 탑'이 뽑혔다. 우수 수상작은 '너만 몰라 사이버캅'(영상), '당신은 더 이상 승객이 아닙니다'(포스터), '사이버 성범죄 4대 유통망'(카드뉴스) 등이다. 경찰청은 입상작을 사이버안전 콘텐츠 공모전 홈페이지에 게시하고, 사이버범죄 예방 홍보활동에 적극 활용할 계획이다. 또 4월 말까지 선플운동본부와 함께 '선플 달기 운동'을 진행하고 이에 참여한 우수 학교 4개교를 선정해 경찰청장 감사장을 수여할 예정이다. 경찰청은 사이버범죄 예방의 날 기념 전용 홈페이지도 개설했다. 이곳에 신종 코로나바이러스 감염증(코로나19) 관련 범죄와 메신저 피싱 등 주요 사이버범죄에 대해 예방 · 홍보 콘텐츠를 게시했다고 밝혔다. 홈페이지에서는 오는 9일까지 최근 발생이 급증하고 있는 메신저 피싱 피해 예방수칙 관련 퀴즈 이벤트를 진행한다. 예방수칙은 2일부터 경찰청 공식 페이스북 · 인스타그램 등을 통해서도 알릴 예정이다. 경찰청 관계자는 "경찰청에서 운영 중인 무료 앱인 '사이버캅' '폴안티스파이' 등을 사용하면 사이버사기 · 악성코드 등 각종 사이버범죄 예방에 도움을 받을 수 있을 것"이라고 말했다.

52번 문서
경찰청은 4월 2일 '사이버범죄 예방의 날'을 맞아 사이버안전에 대한 국민 인식을 높이기 위한 다양한 홍보활동을 전개한다고 1일 밝혔다. 사이버범죄 예방의 날은 사이버범죄 예방의 중요성과 실천 방법에 대해 생각해 보는 기회를 갖자는 의미로 2015년 제정됐다. 경찰은 국민적 관심을 높이고자 2월부터 '대국민 사이버안전 콘텐츠 공모전'과 '사이버 학교폭력 예방 선플달기운동'을 진행하고 있다. 사이버안전 콘텐츠 공모전에는 동영상 · 카드뉴스 · 포스터 등 3개 부문에 528점이 접수됐다. 이 가운데 전문가 심사와 온라인 국민투표를 거쳐 최종 44개 작품이 선정됐다. 입상작은 홈페이지에 게시하고, 향후 사이버범죄 예방홍보 활동에 활용될 예정이다. 선플운동본부와 함께하는 선플달기 운동은 이달 말까지 진행하고, 참여한 우수 학교 4개교를 선정해 경찰청장 감사장 등을 수여할 예정이다. 아울러 경찰은 다양한 사이버범죄 예방홍보 콘텐츠를 만날 수 있도록 사이버범죄 예방의 날 기념 전용 홈페이지도 개설했다. 신종 코로나바이러스감염증(코로나19) 이슈를 악용한 범죄, 메신저 피싱 등 주요 사이버범죄 예방수칙 등을 확인할 수 있다. 또 전국 경찰관서와 관계기관의 전광판, 홈페이지, 소셜네트워크서비스(SNS) 등을 활용해 예방 콘텐츠를 제작 · 배포하는 등 국민에게 쉽게 다가갈 수 있는 사이버범죄 예방 수칙을 홍보해 나갈 방침이다. 특히 경찰은 사이버사기 · 악성코드 등 각종 사이버범죄 예방을 위해 무료로 배포하고 있는 '사이버캅' '폴안티스파이' 앱 사용을 당부했다. 경찰 관계자는 "국민 눈높이에 맞는 다양한 정보를 제공하고, 관계기관과 협업해 사이버범죄에 즉시 대응할 수 있는 다양한 정책을 추진해 나가겠다"고 말했다.

시각화를 통하여 토픽에 포함된 단어의 출현 확률을 제시하면 토픽별 키워드와의 관계를 직관적으로 파악할 수 있다. [R 15.6]에서 토픽별 상위 10개 단어에 대한 막대그래프를 제시하였다.

[R 15.6] 토픽별 상위 10개 단어에 대한 막대그래프

〈R 명령문과 결과〉

〈R code〉

```
#토픽별 상위 10개 단어 그래프 생성
library(ggplot2)
library(tidytext)
library(dplyr)

g_topic <- tidy(lda_out, matrix="beta")

g_topic10 <- g_topic %>%
group_by(topic) %>%
top_n(10, beta) %>%
ungroup( ) %>%
arrange(topic, -beta)

g_topic10 %>%
mutate(term=reorder(term, beta)) %>%
ggplot(aes(term, beta, fill=factor(topic))) +
geom_col(show.legend=FALSE) +
facet_wrap(~ topic, scales="free") +
coord_flip( ) +
theme(axis.text.y = element_text(color = "black"))

# 각 토픽의 상위 10개 단어 베타값 저장
write.csv(as.matrix(g_topic10), "g_topic10.csv")
```

〈R 결과〉

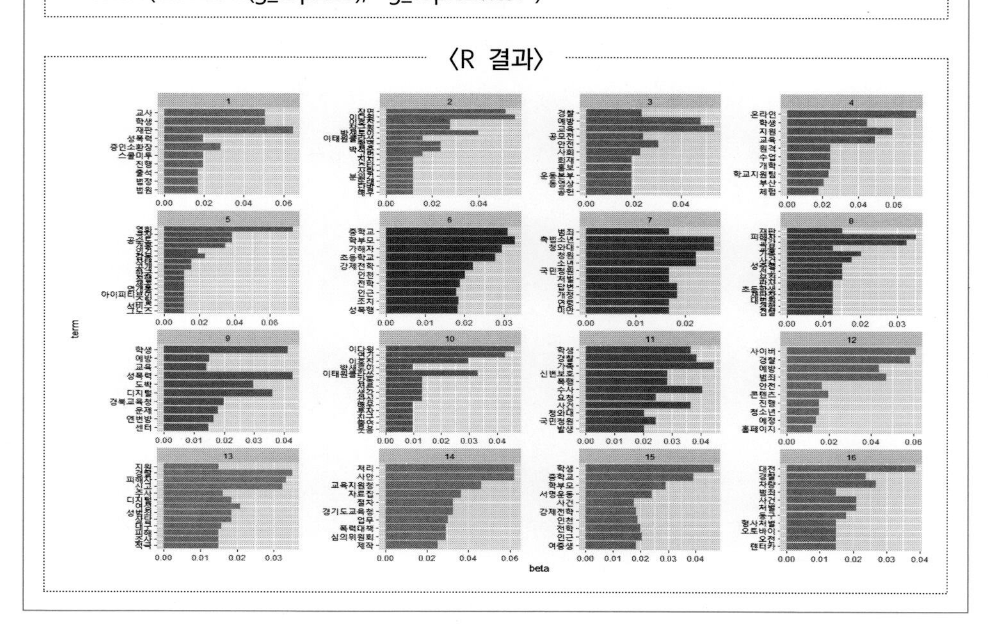

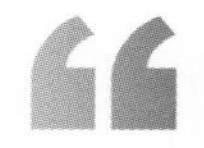

R, 자료, 표, 그림, 심화 정리

R

제2장

제3장

제4장

제5장

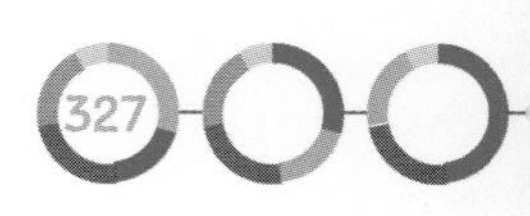

제10장

제11장

제12장

제15장

분석 자료

제2,3장

제4,5장

제6장

제7장

제8장

제9장

제10~13장

표

제2장

제5장

제7장

제9장

제13장

제15장

그림

제1장

제3장

제9장

심화

제8장

제9장

제10장

제12장

제15장

강성원, 이동현, 장기복, 진대용, 홍한움, 한국진, 김진형, 강선아, 김도연, 정은혜(2017). 환경 빅데이터 분석 및 서비스 개발(KEI 사업보고서 2017-07). 한국환경정책 · 평가연구원.

권순보, 유진은(2018). 텍스트 마이닝 기법을 통한 수능 절대평가 개편안에 대한 언론과 여론 분석. 열린교육연구, 26(2), 57-79. doi:10.18230/tjye.2018.26.2.57

남애리(n.d.). 나라살림의 기본설계도: 인구주택총조사. 국가기록원. https://theme.archives.go.kr/next/koreaOfRecord/census.do

박성현, 박태성, 이영조(2018). 빅데이터와 데이터 과학: 4차 산업혁명 시대의 연금술. 자유아카데미.

박창이, 김용대, 김진석, 송종우, 최호식(2013). R을 이용한 데이터마이닝(개정판). 교우사.

보건복지부(2018). 신 사회적 위험 증가에 따른 복지 위기가구 발굴 대책. 보건복지부 복지행정지원관. https://policy.nl.go.kr/search/searchDetail.do?rec_key=SH2_PLC20180223764

송태민, 송주영(2016). (R을 활용한)소셜 빅데이터 연구방법론. 한나래아카데미.

유진은(2015a). 한 학기에 끝내는 양적연구방법과 통계분석. 학지사.

유진은(2015b). 랜덤 포레스트: 의사나무결정의 대안으로서의 데이터 마이닝 기법. 교육평가연구, 28(2), 427-448. http://scholar.dkyobobook.co.kr/searchDetail.laf?barcode=4010024423341

유진은(2019). 기계학습: 교육 대용량/패널 자료와 학습분석학 자료분석으로의 적용. 교육공학연구, 35(2), 313-338. doi:10.17232/KSET.35.2.313

유진은(2020). 기계학습 기법을 활용한 플립러닝 강좌의 LMS 로그파일 분석 사례 연구. 열린교육연구, 28(5), 79-102. http://dx.doi.org/10.18230/tjye.2020.28.5.79

유진은, 김형관, 노민정(2020). Group Mnet 기계학습 기법을 통한 중학생의 끈기(grit) 관련 변수 탐색. 한국청소년연구, 31(1), 161-185. doi:10.14816/sky.2020.31.1.157

조하만, 김상원, 전영신, 박혜영, 강우정(2015). 조선시대 측우기 등장과 강우량 관측망에 대한 역사적 고찰. 한국기상학회 대기, 25(4), 719-734. doi:10.14191/Atmos.2015.25.4.719

Admiraal, W., Huizenga, J., Akkerman, S., & Dam, G. T. (2011). The concept of flow in collaborative game-based learning. *Computers in Human Behavior, 27*(3), 1185–1194. doi:10.1016/j.chb.2010.12.013

Ambroise, C., & McLachlan, G. J. (2002). Selection bias in gene extraction on the basis of microarray gene-expression data. *Proceedings of the National Academy of Sciences of the United States of America, 99*, 6562–6566. doi:10.1073/pnas.102102699

Beretta, L., & Santaniello, A. (2016). Nearest neighbor imputation algorithms: A critical evaluation. *BMC Medical Informatics and Decision Making, 16*(S3), 197–208. https://doi.org/10.1186/s12911-016-0318-z

Blei, D. M. (2012). Probabilistic topic models. *Communications of the ACM, 55*(4), 77–84. doi:10.1145/2133806.2133826

Blei, D. M., Ng, A. Y., & Jordan, M. I. (2003). Latent Dirichlet allocation. *Journal of Machine Learning Research, 3*(1), 993–1022.

Breiman, L. (2001). Random forests. *Machine Learning, 45*(1), 5–32. doi:10.1023/A:1010933404324

Breiman, L., Friedman, J., Stone, C. J., & Olshen, R. A. (1984). *Classification and regression trees*. CRC press.

Bzdok, D., Altman, N., & Krzywinski, M. (2018). Statistics versus machine learning. *Nature Methods, 15*(4), 233–234. doi:10.1038/nmeth.4642

Cho, M., & Yoo, J. S. (2017). Exploring online students' self-regulated learning with self-reported surveys and log files: A data mining approach. *Interactive Learning Environment, 25*(8), 970–982. doi:10.1080/10494820.2016.1232278

Collins, L. M., Schafer, J. L., & Kam, C. (2001). A comparison of inclusive and restrictive strategies in modern missing data procedures. *Psychological Methods, 6*(4), 330–351. doi:10.1037/1082-989X.6.4.330

Cutler, D. R., Edwards, T. C., Beard, K. H., Cutler, A., Hess, K. T., Gibson, J., & Lawler, J. J. (2007). Random forests for classification in ecology. *Ecology, 88*(11), 2783–2792. doi:10.1890/07-0539.1

Dempster, A. P., Laird, N. M., & Rubin, D. B. (1977). Maximum likelihood from incomplete data via the EM algorithm. *Journal of the Royal Statistical Society: Series B (Methodological), 39*(1), 1–22. doi:10.1111/j.2517-6161.1977.tb01600.x

Eck, R. V. (2006). Digital game-based learning: It's not just the digital natives who are restless. *EDUCAUSE Review, 41*(2), 1–16.

Ekaputra, G., Lim, C., & Eng, K. I. (2013, December 2–4). *Minecraft: A game as an education and scientific learning tool* [Paper presentation]. Information Systems International Conference, Bali, Indonesia.

Feinerer, I., & Hornik, K. (2020). *tm: Text Mining Package*. R package version 0.7–8. https://CRAN.R-project.org/package=tm

Gervet, T., Koedinger, K., Schneider, J., & Mitchell, T. (2020). When is deep learning the best approach to knowledge tracing? *Journal of Educational Data Mining, 12*(3), 31–54. doi:10.5281/zenodo.4143614

Gower, J. C. (1971). A general coefficient of similarity and some of its properties. *Biometrics, 27*(4), 857–871. doi:10.2307/2528823

Hastie, T., & Qian, J. (2016). *Glmnet vignette*. https://web.stanford.edu/~hastie/Papers/Glmnet_Vignette.pdf

Hastie, T., Tibshirani, R., & Friedman, J. (2009). *The elements of statistical learning*. Springer Publishing.

Holderness, C. G. (2016). Problems using aggregate data to infer individual behavior: Evidence from law, finance, and ownership concentration. *Critical Finance Review, 5*(1), 1–40. doi:10.1561/104.00000028

Huizenga, J., Admiraal, W., Akkerman, S., & ten Dam, G. (2009). Mobile game-based learning in secondary education: Engagement, motivation and learning in a mobile city game. *Journal of Computer Assisted Learning, 25*(4), 332–344. doi:10.1111/j.1365–2729.2009.00316.x

Isbilir, E., Cakir, M. P., Acarturk, C., & Tekerek, A. S. (2019). Towards a multimodal model of cognitive workload through synchronous optical brain imaging and eye tracking measures. *Frontiers in Human Neuroscience, 13*, 375. doi:10.3389/fnhum.2019.00375

Jeon, H. (2020). *KoNLP: Korean NLP package*. R package version 0.80.2. https://cran.r-project.org/web/packages/KoNLP/index.html

Landis, J. R., & Koch, G. G. (1977). An application of hierarchical kappa-type statistics in the assessment of majority agreement among multiple observers. *Biometrics, 33*(2), 363–374. doi:10.2307/2529786

Lantz, B. (2015). *Machine learning with R* (2nd ed.). Packt Publishing.

Linn, M. C., Gerard, L., Ryoo, K., McElhaney, K., Liu, O. L., & Rafferty, A. N. (2014). Computer-guided inquiry to improve science learning. *Science, 344*(6180), 155–156. doi:10.1126/science.1245980

Little, R. J. A., & Rubin, D. B. (2002). *Statistical analysis with missing data* (2nd ed.).

Wiley.

Macfayden, L., & Dawson, S. P. (2012). Numbers are not enough Why e-learning analytics failed to inform an institutional strategic plan. *Educational Technology & Society, 15*(3), 149-163. https://www.jstor.org/stable/jeductechsoci.15.3.149

Marquis, J. (2013, APR 4). *Gamification and education: Value added or lost?* Retrieved from https://www.onlineuniversities.com/blog/2013/04/gamification-and-education-value-added-or-lost

Mitchell, T. M. (1997). *Machine learning.* McGraw Hill.

Morgan, J. N., & Messenger, R. C. (1973). *THAID: A sequential search program for the analysis of nominal scale dependent variables.* Institute for Social Research, University of Michigan.

Morgan, J. N., & Sonquist, J. A. (1963). Problems in the analysis of survey data, and a proposal. *Journal of the American Statistical Association, 57,* 415-134. http://cda.psych.uiuc.edu/statistical_learning_course/morgan_sonquist.pdf

Neter, J., Kutner, M. H., Nachtsheim, C. J., & Wasserman, W. (1996) *Applied linear statistical models* (4th ed.). WCB McGraw-Hill.

Oxford Learner's Dictionaries (n.d.). Artificial intelligence. In *Oxford Learner's Dictionaries.* Retrieved March 31, 2021, from https://www.oxfordlearnersdictionaries.com/definition/english/artificial-intelligence?q=artificial+intelligence

Peitek, N., Siegmund, J., Parnin, C., Apel, S., & Brechmann, A. (2018, June 14-17). *Toward conjoint analysis of simultaneous eye-tracking and fMRI data for program-comprehension studies* [Paper presentation]. EMIP Workshop on Eye Movements in Programming, Warsaw, Poland. doi:10.1145/3216723.3216725

Ponweiser, M. (2012). *Latent Dirichlet allocation in R.* https://epub.wu.ac.at/3558/1/main.pdf

Plass, J. L., Homer, B. D., & Kinzer, C. K. (2015). Foundations of game-based learning. *Educational Psychologist, 50*(4), 258-283. doi:10.1080/00461520.2015.1122533

Prensky, M. (2003). Digital game-based learning. *Computers in Entertainment(CIE), 1*(1), 1-4. doi:10.1145/950566.950596

Quinlan, J. R. (1993). *C4.5: Programs for machine learning.* Morgan Kaufmann.

Quinlan, J. R. (1996). Improved use of continuous attributes in C4.5. *Journal of Artificial Intelligence Research, 4,* 77-90. doi.org/10.1613/jair.279

Roberts, M. E., Stewart, B. M., & Tingley, D. (2018) *STM: R package for structural topic models.* http://www.structuraltopicmodel.com

Rubin, D. B. (1976). Inference and missing data. *Biometrika, 63*(3), 581–592. doi:10.1093/biomet/63.3.581

Samuel, A. L. (1959). Some studies in machine learning using the game of checkers. *IBM Journal of Research and Development, 3*(3), 210–229. doi:10.1147/rd.33.0210

Schafer, J. L. (1997). *Analysis of incomplete multivariate data*. CRC press.

Schafer, J. L., & Graham, J. W. (2002). Missing data: Our view of the state of the art. *Psychological Methods, 7*(2), 147–177. doi:10.1037/1082–989X.7.2.147

Shadish, W. R., Cook, T. D., & Campbell, D. T. (2002). *Experimental and quasi-experimental designs for generalized causal inference*. Houghton, Mifflin.

Shmueli, G. (2010). To explain or to predict? *Statistical Science, 25*(3), 289–310. doi: 10.1214/10–STS330

Silver, D., Huang, A., Maddison, C. J., Guez, A., Sifre, L., van Den Driessche, G., Schrittwieser, J., Antonoglou, I., Panneershelvam, V., Lanctot, M., Dieleman, S., Grewe, D., Nham, J., Kalchbrenner, N., Sutskever, I., Lillicrap, T., Leach, M., Kavukcuoglu, K., Graepel, T., & Hassabis, D. (2016). Mastering the game of Go with deep neural networks and tree search. *Nature, 529*(7587), 484–489. doi:10.1038/nature16961

Siroky, D. S. (2009). Navigating random forests and related advances in algorithmic modeling. *Statistics Surveys, 3*, 147–163. doi:10.1214/07–SS033

Smith, V. C., Lange, A., & Huston, D. R. (2012). Predictive modeling to forecast student outcomes and drive effective interventions in online community college courses. *Journal of Asynchronous Learning Networks, 16*(3), 51–61. doi:10.24059/olj.v16i3.275

Strobl, C., Malley, J., & Tutz, G. (2009). An introduction to recursive partitioning: Rationale, application, and characteristics of classification and regression trees, bagging, and random forests. *Psychological Methods, 14*(4), 323–348. doi:10.1037/a0016973

Turing, A. M. (1950). Computing machinery and intelligence. *Mind, 59*(236), 433–460. doi:10.1093/mind/LIX.236.433

Wickham, H. (2019). *stringr: Simple, consistent wrappers for common string operations*. R package version 1.4.0. https://cran.r-project.org/web/packages/stringr/index.html

Wickham, H. (2020). *httr: Tools for working with URLs and HTTP*. R package version 1.4.2. https://cran.r-project.org/web/packages/httr/index.html

Wickham, H. (2021). *rvest: Easily harvest (scrape) web pages*. R package version 1,0.0.

https://cran.r-project.org/web/packages/rvest/index.html

Yoo, J. E. (2009). The effect of auxiliary variables and multiple imputation on parameter estimation in confirmatory factor analysis. *Educational and Psychological Measurement, 69*(6), 929–947. doi:10.1177/0013164409332225

Yoo, J. E. (2013). *Multiple imputation with structural equation modeling: Using auxiliary variables when data are missing.* LAP Lambert Academic Publishing.

Yoo, J. E. (2018). TIMSS 2011 student and teacher predictors for mathematics achievement explored and identified via elastic net. *Frontiers in Psychology, 9*, 317. doi: 10.3389/fpsyg.2018.00317/full

Yoo, J. E., & Rho, M. (2017). TIMSS 2015 Korean student, teacher, and school predictor exploration and identification via random forests. *The SNU Journal of Education Research, 26*, 43–61.

Yoo, J. E., & Rho, M. (2020). Exploration of predictors for Korean teacher job satisfaction via a machine learning technique, group Mnet. *Frontiers in Psychology, 11*, 441. doi:10.3389/fpsyg.2020.00441

Yoo, J. E., & Rho, M. (2021). Large-scale survey data analysis with penalized regression: A Monte Carlo simulation on missing categorical predictors. *Multivariate Behavioral Research.* doi:10.1080/00273171.2021.1891856

You, J. W. (2016). Identifying significant indicators using LMS data to predict course achievement in online learning. *Internet and Higher Education, 29*, 23–30. doi:10.1016/j.iheduc.2015.11.003

Zou, H., & Hastie, T. (2005). Regularization and variable selection via the elastic net. *Journal of the Royal Statistical Society Series B (Statistical Methodology), 67*(2), 301–320. doi:10.1111/j.1467-9868.2005.00503.x

인명

내용

저자 소개

유진은 (Yoo, Jin Eun)

2000년대 초반 미국 Purdue 대학교 통계학과 석사과정 중 데이터마이닝을 포함한 다양한 통계 기법을 공부하였고 2014년 이래 기계학습 및 빅데이터 분석과 관련된 여러 MOOC 강좌를 수강하였다. 2015년 한국연구재단 대학연구인력국제교류 지원사업에 '교육관련 빅데이터 분석을 위한 데이터마이닝 기법'이 선정되어 미국 San Francisco 주립대학교 컴퓨터공학과로 연구년을 가게 된 것을 계기로 연구 주제를 빅데이터 분석 및 기계학습으로 완전히 바꾸게 되었다. 이를 바탕으로 2015년과 2016년에 각각 랜덤포레스트와 벌점회귀모형을 사회과학 대용량 자료분석에 적용한 국내외 첫 번째 논문을 출판하였다.
2017년 한국연구재단의 중견연구자 지원사업에 선정된 '기계학습 기법을 통한 교육 패널자료분석' 과제를 통하여 대용량 자료분석 시 변수 선택 및 다중공선성, 결측치 처리, 범주형 예측변수의 응답 불균형과 같은 문제들을 실증자료분석 및 모의실험을 통하여 연구해 왔다. 또한 교내외 연구방법론 워크숍에서 기계학습 및 데이터마이닝 기법을 다루었으며, 대학원 과정 '기계학습' 강좌를 개설하여 석 · 박사과정 대학원생들을 지도하고 있다.

미국 Purdue University 측정평가연구방법론 박사(Ph. D.)
미국 Purdue University 응용통계 석사(M. S.)
미국 Purdue University 교육심리(영재교육) 석사(M. S.)
서울대학교 사범대학 교육학과 졸업

전 미국 San Francisco 주립대학교 컴퓨터공학과 Research Scholar
미국 Pearson, Inc. Psychometrician
한국교육과정평가원 부연구위원

현 한국교원대학교 제1대학 교육학과 교수
『*Frontiers in Psychology*』(SSCI) Associate Editor
『*Innovation and Education*』 Associate Editor
열린교육연구 부회장 및 편집위원

〈대표 저서〉
『교육평가: 연구하는 교사를 위한 학생평가』(2019, 학지사)
『한 학기에 끝내는 양적연구방법과 통계분석』(2015, 학지사)
『*Multiple imputation with structural equation modeling*』(2013, LAP Lambert Academic Publishing)

AI 시대

빅데이터 분석과 기계학습

AI, Big Data Analysis, and Machine Learning

2021년 6월 10일 1판 1쇄 인쇄
2021년 6월 20일 1판 1쇄 발행

지은이 • 유진은

펴낸이 • 김진환

펴낸곳 • (주) 학지사

04031 서울특별시 마포구 양화로 15길 20 마인드월드빌딩

대표전화 • 02)330-5114 팩스 • 02)324-2345

등록번호 • 제313-2006-000265호

홈페이지 • http://www.hakjisa.co.kr

페이스북 • https://www.facebook.com/hakjisa

ISBN 978-89-997-2435-0 93310

정가 19,000원